"十三五"国家重点出版物出版规划项目
量子科学出版工程（第二辑）

New Theory on
Ordering and Integral of
Quantum Mechanics Operators

范洪义　吴　泽　陈俊华　著

量子科学出版工程
Quantum Science
Publishing Project

量子力学算符
排序与积分新论

中国科学技术大学出版社

内 容 简 介

量子力学的有序算符内的积分方法，是牛顿-莱布尼茨积分理论的一个新分支，以量子力学的算符观可以简单而又统一地理解数学物理方法的一些内容，并给予充实和发展．有序算符内的积分方法能使我们更深层次地理解物理理论，通过数学公式把握物理，实现“物理要求—数学推导物理公式—公式的物理涵义解读与深化”三步走．作者还用有序算符内的积分方法建立了算符特殊函数理论（特别是算符 δ-函数理论），进而探寻其在量子论中的新应用．

图书在版编目(CIP)数据

量子力学算符排序与积分新论/范洪义，吴泽，陈俊华著．—合肥：中国科学技术大学出版社，2021．3

（量子科学出版工程．第二辑）

国家出版基金项目

“十三五”国家重点出版物出版规划项目

ISBN 978-7-312-05199-9

Ⅰ．量…　Ⅱ．①范…　②吴…　③陈…　Ⅲ．量子力学—算符—研究　Ⅳ．O413．1

中国版本图书馆 CIP 数据核字(2021)第 136391 号

量子力学算符排序与积分新论

LIANGZI LIXUE SUANFU PAIXU YU JIFEN XINLUN

出版　中国科学技术大学出版社
安徽省合肥市金寨路 96 号，230026
http：//press．ustc．edu．cn
https：//zgkxjsdxcbs．tmall．com

印刷　合肥华苑印刷包装有限公司

发行　中国科学技术大学出版社

经销　全国新华书店

开本　787 mm×1092 mm　1/16

印张　15．5

字数　305 千

版次　2021 年 3 月第 1 版

印次　2021 年 3 月第 1 次印刷

定价　90．00 元

前言

多年前，天才物理学家、诺贝尔物理学奖得主理查德·费曼曾说："没有人了解量子力学."时过境迁，如今的情形如何呢？

诚然，人们对量子现象的理解取得了某些进展，但是物理概念框架仍然保持原样，譬如说，波粒二象性和不确定性原理仍然坚如磐石，不可动摇.

要进一步理解量子力学，单凭做实验是不够的，因为有不确定性原理限制着，而且观察者支配仪器的主观臆想和被测物理系统的关联，导致观察者甚至都不知道仪器测量到的结果是否就是他心中所企求的.

然而，存在另一条深入理解量子力学的途径，那就是另辟蹊径创造适合量子力学的特殊数学并扎扎实实地发展之，这件事，纯数学家不可能做到，因为他们早就训练成了他们习惯的思维方式.而笔者注意到量子力学理论处理的是算符，算符在其自身表象中才转化为数，算符之间大多是不可交换的，排列时有先后次序.一个典型的例子是生算符和灭算符不可交换，所谓不生不灭.因此，如何从一种排序规则转换为另一种排序规则，就是量子力学的基本问题之一.笔者有幸发明了有序算符内的积分方法，结合发展表象理论，使得这一困扰多年的问题得以解决.在此基础上理解量子力学可谓是实现了"欲穷千里目，更上一层楼".

一个算符，在一种排序规则下是一种函数，在转换为另一种排序规则后将变成另一种函数,持有这种理念,对于量子力学的“怪异”就不以为然,仿佛外星人未必有与地球人同样的思维一样. 有序算符内的积分方法是一种新的数学物理方法,但万变不离其宗,所以我们要追溯其原始点.

数学物理方法，顾名思义，是一门介于数学和物理之间的学问，强调数学为物理服务，在服务中引申和发展数学. 数学应在物理和其他学科中找到归宿，尤其在物理中有用才弥足珍贵，这也就是为什么大物理学家比大数学家更广为人知的原因.

数学家可以自己制定游戏规则，而物理学家则必须屈从自然规则，故物理有自己的特点和独立性，能为物理服务的数学都是物理学家锤炼过的并用物理学家自己的语言表达出来的. 数学家与物理学家的思维方式大相径庭，爱因斯坦曾诙谐地说:“自从数学家入侵了相对论以来，我本人再也不能理解相对论了.”不少情形下，物理学家要自己开拓新数学分支，并逐步得到数学家的认可. 有的科学家，如牛顿，既是物理学家，又是发明微积分的大数学家，但人们还是称他为物理学家.

尽管数学公式出现在物理书中，但是数学公式本身不只是思想和理念，还需要对其作物理解释，通过数学公式把握物理既是理论物理学家的天职，又是其独具之才. 理论物理学家既要向数学家学习，学习他们创造的一些知识和方法、逻辑推导能力，但更要注意不同处，根据物理需要自己创造数学. 如狄拉克创造的 δ-函数，费曼创造的路径积分，笔者创造的对由狄拉克符号组成的算符的积分(有序算符内的积分)方法和 Weyl-排序方法，都不曾受数学家的思维模式的束缚. δ-函数赋予数学家研究广义函数的机会，有序算符内的积分方法也为数学家扩充微积分领域提供了契机.

对于数学家而言，一旦掌握了解决某个问题的捷径，其他的方法都可以不必深究. 而对于同一个物理问题，物理学家则应该从不同的角度来分析与考察，因为这样做往往会悟到新的物理理论. 物理学专业学生在大学阶段学的数学家的严密的数学语言会无形中遏止他们对理论物理学的浪漫想象，所以物理学专业学生宜掌握跳跃式的方法学数学.

总之，尽管前沿理论物理学家越来越重视数学，希望创造的物理理论超前数学，或起码与数学家的成果自洽或者殊途同归，但是物理学家在探索的过程中不能期望数学家来雪中送炭，而必须自力更生，因为理论物理学家的抽象功夫有具体的目标.

数学物理方法作为一门独立的学问也许开始于傅里叶，他在 1822 年出版的《热的分析理论》中将热传导问题转化为数学分析的方程，在从数学原理出发试图建立统一的物理学方面做出了开创性的研究. 傅里叶变换能把一个方波展开为无穷多正弦波的叠加，平静的湖面下原来有暗流涌动，难怪要“风乍起，吹皱一池春水”了. 尽管在他以前，物理现象的数学处理在力学中已经是登峰造极了. 但是，傅里叶的贡献突出地表明了数学形式的重要性，它既是从形形色色的物理现象抽象出来的，其方程解对不同学科的问题有普适性，又能前瞻将来的学科发展. 例如，海森伯在构建他的量子力学理论时，一开始就将电子坐标用傅里叶展开来分析.

“物观无方，因人而异”，搞数学出身的人写数学物理方法与出身物理世家的人写出来的不同，有科研成果的与不搞科研的人写出来的又不同，加之数理是无常中形成的规律，目前书市上的数学物理方法方面的书已有多种.

本书的撰写目的是从量子力学的算符理论出发理解和发展数学物理方法，按笔者的愚见，数学物理方法不应该被视为只是一个摆动于数学和物理之间的“单摆”，时而摆向数学，时而又趋近物理，而应体现数学和物理水乳交融. 即从量子物理的概念与物理要求出发架构数学并深入推导，在数学推导中提炼方法，又能峰回路转到更上一层次的物理理论，便于读者在熟悉数学公式中把握物理，实现“物理要求—数学推导物理公式—公式的物理涵义解读与深化”三步走.

笔者之所以有能力做到从量子力学的算符理论出发理解和发展数学物理方法，是仰仗了笔者自创的有序算符内的积分方法，这一理论开创了牛顿-莱布尼茨积分理论的一个新分支，即对狄拉克 Ket-Bra 算符实现积分，从而使得量子力学的态矢量、投影算符和表象幺正变换之间可以用有序算符内的积分方法联系起来，使量子力学的数理气脉贯通. 这就像一幅好的山水画有了灵动，既能听到潺潺流水声，又能看到云蒸霞蔚. 有序算符内的积分方法包括正规排序、反正规排序、$\mathfrak{X}$-排序、$\mathfrak{P}$-排序和 Weyl-排序多种积分方法，不但能启迪新的积分变换的出现，而且可以直接导致李群和李代数表示的自然显现，从而凸显理论物理的精髓——从变换中求不变量.

就像阿拉伯数字需有加、减、乘、除等运算规则才能“羽翼丰满，翱翔蓝天”一样，有了有序算符内的积分方法，量子力学的理论就丰满起来. 记得有个物理学前辈曾说：只有将一门学科的全部数学挖掘出来，该学科才算成熟. 有序算符内的积分方法从一个侧面支持了量子力学的正确性，有了它，狄拉克的符号法熠熠生辉. 用有序算符内的积分方法，笔者在本书中提出与建立算符特殊函数理论（包括算符 δ-函数理论），探寻其在量子论中的新应用，有高屋建瓴之势. 从量子力学算符的观点出发来剖析数学物理，有“会当凌绝顶，一览众山小”的效果；而在具体做法上，根据笔者多年研究量子论所积累的知识与经验，尽量展现量子力学表象与变换的特点.

数理统计也是数学物理的一个重要内容，它是由物理学家与数学家共同努力发展起来的. 本书介绍的有序算符内的积分方法可以使得量子力学的概率假设与数理统计的正态分布紧密联系.

至于写数学物理书的风格，应该尽量做到本色天然、外表(形式)简约、内涵创新、气势韵通、有条理性. 就像马三立的相声那样娓娓道来，平易中有奇崛.

好的数学物理理论极富数学之美. 如狄拉克所说:“一个物理规律必须有数学上的美”;“数学美是一种质感，它不能定义……”;“让数学成为你的向导，至少是在开始的时候”;“首先为了它自身的原因玩味漂亮的数学，然后看这个是不是引导到新物理”.

好的数学物理理论又是“文章本天成，妙手偶得之”，然妙手偶得，来自气质善良刚正、艺术素养丰富的个人的长期用心积累. 如清代学者方东树在《昭昧詹言》一书中所指出的那样:“学一家而能寻求其未尽之美，引而胜之……方是自成一家，不随人作计. 古之作者，未有不如此而能立门户者也.”本书的内容中若有读者以为是笔者妙手偶得的，幸甚.

近年来，量子纠缠被广泛用来研究量子光学、量子信息和量子计算机，本书首创用量子纠缠态表象来扩充相应的数学物理的内容，凸显了本书的特色.

清代大学者袁枚曾说:“……由博观返约之功，为陈年之酒，风霜之木，药淬之匕首，非枯槁简寂之谓，然必须力学苦思，常年不倦.”科技著作的写作既要有创新，又要体现博观返约，应该是承前人未了之绪，开后人未省之端. 笔者在写作中去努力实现这一目标.

写作风格上，笔者尽量向狄拉克学习，崇尚简洁与优美，笔者所发明的有序算符内的积分方法揭示了狄拉克符号法的深层次的美与简洁，正如清代桐城派代表人物刘大櫆曾写的:“凡文笔老则简，意真则简，辞切则简，理当则简，味淡则简，气蕴则简，品贵则简，神远而含藏不尽则简，故简为文章尽境.”

科研作品贵在学附渊源，领异标新，方能使读者为之动容. 人的精力与时光有限，而追求科学真理无涯，因此吾人读书，当读创意鲜明者、理论优美者、方法简捷者、叙述清晰者、悠久不朽者，以此五点为标准，则鲜见佳本也. 本书笔者不才，写作时尽量以此五点标准来要求自己，为读者计，作千秋想，积数十年之科研心得，终成本卷帙.

每当夜深人静，笔者身心疲倦想偷懒时，脑子里就会闪现慈母毛婉珍六十年前在昏黄的灯下为小学生批阅作文时边读边改的情景，她那清瘦的脸庞和慈祥的目光浮现在笔者眼前，鞭策着笔者再打起精神，坚持工作一会儿.

“诗境有禅顿悟易，空门无框遁入难”，虽然笔者在科苑的“无框的空门”内，边行边思，写了些文字，也许能让读者体会“智者见于未萌，离路而得道”，但“步远量思绪，暮迟失景深”，总归因水平有限，“景深”不远，望四方读者批评教正.

本书写作的成功不能忘记翁海光的支持与鼓励.

范洪义

2021 年 3 月

目录

第2章
算符δ-函数的乘积在有序化算符中的应用 —— 028

第3章
从量子力学表象的完备性导出厄密多项式和斯特林数 —— 069

第 1 章

从量子论观点和狄拉克的δ-函数谈傅里叶变换及其新应用

1.1 发展数理方法要有好符号

爱因斯坦十分重视物理学中符号的正确运用, 他说: “任何写出的、讲过的词汇或语言在我思考的结构中似乎都不起任何作用, 作为思维元素存在的物质实体似乎是某些符号和一些或明或暗的想象, 这些想像被 ‘随心所欲’ 地再生和组合……这些组合的思维活动似乎是创造性思维的基本特征. 这种思维活动产生于存在一种能用文字或其他符号与其他人交流的逻辑结构之前.”

要发展数学物理方法就要有好符号和建立在其上的好方法, 有序算符内的积分方法 (the Method of Integration Within an Ordered Product of Operators , 简称 IWOP 方

法) 成功地实现了对狄拉克的 Ket-Bra 型算符的积分, 使人们知道, 原来狄拉克创建的符号也是可以积分的, 这就为牛顿–莱布尼茨积分的发展开拓了一个新的方向, 也为数学物理方法的发展提供了契机.

现代科学始于 17 世纪牛顿–莱布尼茨创立的微积分. 莱布尼茨发明的微分符号 d 和积分符号 $\int$, 大大简化了数学的表达方式, 也节约了人们的脑力. 这以后, 积分学有两个主要的发展方向: 一个是复变函数的围道积分, 另一个是实变函数的勒贝格积分. 数学家黎曼曾说: “只有在微积分发明之后, 物理学才成为一门科学.” 牛顿–莱布尼茨积分推动了经典物理的发展. 20 世纪初是量子力学发展的萌芽期, 它从经典力学 “脱胎” 而出, 与之有着千丝万缕的联系却又与之大相径庭. 人们感乎其物理概念与经典力学的截然不同, 就有了对其重书数学符号或者 “语言” 的需求. 诚如海森伯在 1926 年所说: “在量子论中出现的最大困难是有关语言运用的问题. 首先, 我们在使用数学符号与用普通语言表达的概念相联系方面无先例可循; 我们从一开始就知道的只是不能把日常的概念用到原子结构上.” 于是狄拉克的符号应运而生, “它能深入事物的本质, 可以使我们用简洁精练的方式表达物理规律” . 在此基础上, 狄拉克建立了表象及相应的变换理论, 统一了量子力学的海森伯表述和薛定谔表述, “用抽象的方式直接地处理有根本重要意义的一些量” , 自然地演变成为量子力学的 “语言” .

由于思想是没有声音的语言, 当人们在思考时, 心目中的符号便在脑海这张无形无边的 “纸” 上写了字. 例如人们在心算时, 就是在脑海里对阿拉伯数字符号做演算, 因此一套好的记号可以使头脑摆脱不必要的约束和负担, 使精神集中于专攻, 这就在实际上大大增强了人们的脑力, 使人们的思考容易进入深处和问题的症结.

但如果仅仅把符号法理解为一种数学方法, 那实际上就是没有理解狄拉克在物理观念上对量子力学所做的革命性贡献. 狄拉克说: “关于新物理的书如果不是纯粹描述实验工作的, 就必须从根本上是数学性的. 虽然如此, 数学毕竟是工具, 人们应当学会在自己的思想中能不参考数学形式而把握住物理概念.” 狄拉克的符号法能深入事物的本质. 例如, 他把入态记为 $|\mathrm{in}\rangle$, 经过仪器或相互作用 (用算符 A 表示) 后变为出态 $\langle\mathrm{out}|$, 将这个过程形象地记为 $\langle\mathrm{out}|A|\mathrm{in}\rangle$. 由他搭好的这个符号法框架, 已经被公认为可以简明扼要而又深刻形象地反映物理概念和物理规律了. 爱因思坦也曾称赞狄拉克, 说其对量子力学做了 “逻辑中最完美的说明” .

阿拉伯数字符号 0, 1, 2, ⋯, 9 被发明后, 需要引入相应的加、减、乘、除运算规则, 而这些又是不断地被发展着的, 从平方、乘方、开方到取对数. 狄拉克在《量子力学原理》一书中也对符号法预言: “在将来当它变得更为人们所了解, 而且它本身的数学得到发展时, 它将更多地被人们所采用.” 因此, 对量子力学符号也应发展相应的运算规则. 本书作者范洪义在 1967 年前后自学《量子力学原理》一书时觉得必须要把对经典函数的牛顿–莱布尼茨积分方法推广到对于 Ket-Bra 算符的积分, 才能使符号法更完美更实用. 这符合爱因斯坦曾指出的: “在物理中, 通向更深入的基本知识的道路是与最精密的数学方法相联系的.”

但牛顿–莱布尼茨积分方法对由狄拉克符号组成的算符的积分存在困难, 原因是这些算符包含着不可对易的成分. 本书作者范洪义在 20 世纪 80 年代初提出的有序 (包括正规乘积、反正规乘积和对称排序) 算符内的积分方法成功地实现对狄拉克的 Ket-Bra 算符的积分, 达到了牛顿–莱布尼茨积分方法直接可用于算符积分的目的. 一位外国专家曾说: “只有在 IWOP 方法发明之后, 量子力学的数理基础才趋于完善.” 他在国际杂志上专门发表综述文章, 介绍和赞扬这一方法, 并称之为“范氏”方法.

近代美学家朱光潜先生在总结法学美学的经验时曾指出: “不通一艺莫谈艺.” IWOP 方法本身就是数学物理方法的一个新分支, 它不但为牛顿–莱布尼茨积分方法的发展开拓了一个新的方向, 也使人能更深入地欣赏狄拉克符号法蕴含的美.

1.2 从德布罗意的波粒二象理论和 δ-函数谈傅里叶变换

数学物理方法这门学科起源于傅里叶变换, 若 $f(x)$ 连续且在 $(-\infty,\infty)$ 上有界 , 当 $|x|\to\infty$ 时, f 趋于 0, 且 $\int_{-\infty}^{\infty} f(x)\,\mathrm{d}x$ 收敛, 则可引入积分

$$F(p)=\frac{1}{\sqrt{2\pi}}\int_{-\infty}^{\infty}\mathrm{d}x f(x)\,\mathrm{e}^{-\mathrm{i}px} \tag{1.1}$$

这里 F 是 f 的傅里叶变换. 其逆变换是

$$f(x)=\frac{1}{\sqrt{2\pi}}\int_{-\infty}^{\infty}\mathrm{d}p F(p)\,\mathrm{e}^{\mathrm{i}px} \tag{1.2}$$

当 $f(x)=f^{*}(x)$ 时, 有形式

$$\begin{aligned} f(x)&=\frac{1}{2\pi}\int_{-\infty}^{\infty}\mathrm{d}p\int_{-\infty}^{\infty}\mathrm{d}x' f(x')\,\mathrm{e}^{\mathrm{i}p(x-x')}\\ &=\frac{1}{\pi}\int_{0}^{\infty}\mathrm{d}p\int_{-\infty}^{\infty}\mathrm{d}x' f(x')\cos[p(x-x')] \end{aligned} \tag{1.3}$$

进一步, 当 $f(x)$ 为偶函数时, $f(-x)=f(x)$, 鉴于

$$\cos[p(x\pm x')]=\cos(px)\cos(px')\mp\sin(px)\sin(px') \tag{1.4}$$

就得

$$f(x)=\frac{2}{\pi}\int_0^{\infty}\cos(px)\,\mathrm{d}p\int_0^{\infty}\mathrm{d}x'f(x')\cos(px') \tag{1.5}$$

当 $f(x)$ 为奇函数时, $f(-x)=-f(x)$, 就有

$$f(x)=\frac{2}{\pi}\int_0^{\infty}\sin(px)\,\mathrm{d}p\int_0^{\infty}\mathrm{d}x'f(x')\sin(px') \tag{1.6}$$

对于研究量子力学的人来说, 知道以下的 Riemann-Lebesgue(黎曼–勒贝格) 引理是有帮助的:

若 $f(x)$ 在 $(-\infty,\infty)$ 中绝对可积分, 即 $\int_{-\infty}^{\infty}|f(x)|\mathrm{d}x<\infty$, 那么

$$\lim_{\lambda\to\infty}\int_{-\infty}^{\infty}f(x)\,\mathrm{e}^{\mathrm{i}\lambda x}\mathrm{d}x=0 \tag{1.7}$$

此式是说高速振荡下 $f(x)$ 的平均值为零.

最基本的是 "1" 的傅里叶变换, 即狄拉克的 δ-函数. 以下我们就从量子力学的观点来重新审视 δ-函数的傅里叶变换, 引入算符 δ-函数, 并结合 IWOP 方法给出其若干新应用.

一般认为牛顿力学与量子力学的区别是后者所描述的原子辐射的能量是不连续的, 粒子的坐标和动量不能同时精确测定, 是概率性的. 范洪义认为牛顿力学与量子力学相区别的另一标志是前者不能描写自然界个体的产生和湮灭现象, 至于统计力学, 尽管可以用来讨论这类现象, 也只是涉及大量产生和湮灭事件的概率. 普朗克的贡献——发现能量子 $\hbar$, 才是描写个体的产生和湮灭机制的 "绝唱". 一般叙述量子力学都是从坐标–动量的基本对易关系 $[X,P]=\mathrm{i}\hbar$ 出发, 范洪义认为量子力学的出发点也可以从湮灭算符 a 与产生算符 $a^{\dagger}$ 对易关系出发, 即

$$\left[a,a^{\dagger}\right]=aa^{\dagger}-a^{\dagger}a=1 \tag{1.8}$$

以下对 $a^{\dagger}a$ 的功能进行举例分析.

a 操作表示从口袋里取出 1 元钱, 看了一眼又放回去, 对于口袋意味着 $a^{\dagger}$ 操作, 这样袋里仍然是 1 元钱, 所以 $a^{\dagger}a$ 就表示 "数" 钱的操作 (算符). 再分析 $aa^{\dagger}$,$a^{\dagger}$ 表示口袋里生出 1 元钱, 从袋里取出它 (以 a 表示), 则手里有了 1 元, 所以 $aa^{\dagger}-a^{\dagger}a=\left[a,a^{\dagger}\right]=1$. 人们的风俗谚语 "不生不灭" 也许可以印证 $\left[a,a^{\dagger}\right]=1$.(说到这里, 必须指出: 颇费心机地在传统文化的只言片语中寻找物理学的对应物这种做法是不对的, 例如清代的严复曾把能量不灭定律通于《易学》的 "自强不息" 说; 又把 "易不可见乾坤" 之旨与热力学定律所言 "热力平均天地乃毁" 之言相应. 因为这样做就如同研究《红楼梦》的索隐派测字猜谜式地从书中 "索" 出所 "隐" 的考证方法, 十分牵强.) 然而, 生和灭终究是有顺序的.

注意到 $a^\dagger + a$ 表示产生与湮灭共存, 在实数轴上有“逗留”于某处的意思, 故称

$$X = \sqrt{\frac{\hbar}{2m\omega}}\left(a + a^\dagger\right) \tag{1.9}$$

为坐标算符, 而 $a^\dagger - a$ 在虚数轴上有“脱离”于某处的意思, 故引入

$$P = \mathrm{i}\sqrt{\frac{m\omega\hbar}{2}}\left(a^\dagger - a\right) \tag{1.10}$$

为动量算符, 正如天上的云有聚有散, 有聚才有散. 从 $\left[a, a^\dagger\right] = 1$ 就导致坐标-动量的基本对易关系

$$[X, P] = \mathrm{i}\hbar \tag{1.11}$$

可见, 向大众介绍量子力学的基础知识, 可从谚语“不生不灭”开讲, 易于被他们接受.

历史上, 继 1900 年普朗克发现量子以后, 出现了爱因斯坦的光电效应解释、玻尔-索末菲原子定态轨道理论 (圆满解释了氢光谱线, 但此理论与加速电子的辐射理论相抵触)、泡利的不相容原理 (每一量子态不可能存在多于一个的费米子)、德布罗意的波粒二象性理论, 直至 1926 年海森伯放弃研究电子轨道理论而从实验所能观察到的光谱线的频率和强度为研究起点, 才与玻恩等“触摸”到了量子力学的本质, 揭示了坐标-动量的基本 $[X, P] = \mathrm{i}\hbar$, 它不但是量子动力学的基础, 也是不确定关系的理论源头. 它告诉我们, X 与 P 是不能同时被精确地测定的, 先测量坐标与先测量动量的两个结果不同. 这样一来, 处于坐标本征态 (精确地测量坐标得 x 值) 和处于动量本征态 (精确地测量动量得 p 值) 都只是理想的情形而不能实现. 在这种情形下, 在使用数学符号与用普通语言表达的概念相联系方面无先例可循, 狄拉克发明的符号法应运而生地成了量子力学的语言, 能统一海森伯的矩阵力学和薛定谔的波动力学, 而在想用理论处理连续变量量子表象时, 狄拉克又发明了 δ-函数.

范洪义认为德布罗意的波粒二象性可以用 δ-函数的傅里叶变换来说明. 理想情况下, 动量 p 值确定的波是单色平面波 e^{ipx}, 弥散在空间中, 所以其坐标值难以定义; 反之, 当弥散的波收敛于一个点 x 时, 如同一个经典意义下的有确定位置的质点, 就无谓奢谈确定动量 p 的值, 用 $\delta(x)$ 表示. 从德布罗意的波粒二象观点看, 这两种情形是同一个客体的两个“象”, 如何把 δ-函数与单色平面波 e^{ipx} 联系起来呢? 这还要靠傅里叶变换:

$$\delta(x) = \frac{1}{2\pi}\int_{-\infty}^{\infty} \mathrm{d}p\mathrm{e}^{\mathrm{i}px} \tag{1.12}$$

此式右边是无穷多单色平面波 e^{ipx} 的叠加, 也可以看作是“1”的傅里叶变换. 介于这两个理想情况之间的就是一个波包, 它是若干个不同 p 值的平面波的叠加. 所以从量子论观点看, 傅里叶变换是德布罗意的波粒二象的体现.

范洪义认为狄拉克创造的 δ- 函数是数学物理方法中最能体现物理直觉的范例. 狄拉克在他 16 岁那年进了一个工科学校, 在那里学习如何计算固态结构的应力, 由此他萌发了创造 δ-函数的念头, 当思考工程中结构负载的时候, 有些情况下负载是分布型的, 有时负载只集中在一个点 x 上. 这两种情形下数学方程不同, 从本质上讲, 要把这两种情况统一起来就导致了 δ-函数的产生. 它的主要性质是

$$\delta(x) = \begin{cases} 0 & (x \neq 0) \\ \infty & (x = 0) \end{cases} \tag{1.13}$$

$$\int_{-\infty}^{\infty} \delta(x)\,\mathrm{d}x = 1 \tag{1.14}$$

满足式 (1.13) 的解可以用取极限的初等函数表示

$$\delta(x) = \lim_{t\to 0} \frac{1}{\sqrt{\pi t}} \mathrm{e}^{-\frac{x^2}{t}} \tag{1.15}$$

这是因为

$$t\to 0,\ x\neq 0,\ \frac{1}{\sqrt{t}}\mathrm{e}^{-\frac{x^2}{t}} \to 0 \tag{1.16}$$

$$t\to 0,\ x = 0,\ \frac{1}{\sqrt{t}}\mathrm{e}^{-\frac{x^2}{t}} \to \infty \tag{1.17}$$

$$\frac{1}{\sqrt{\pi t}} \int_{-\infty}^{\infty} \mathrm{e}^{-\frac{x^2}{t}} \mathrm{d}x = 1 \tag{1.18}$$

$\delta(x)$ 的另外两个取极限的初等函数表示是

$$\delta(x) = \frac{1}{\pi} \lim_{n\to\infty} \frac{\sin nx}{x} \tag{1.19}$$

以及

$$\delta(x) = \frac{1}{\pi} \lim_{\sigma\to 0} \frac{\sigma}{x^2+\sigma^2} \tag{1.20}$$

δ-函数的功能是有利于点源的讨论, 因为它具有挑选功能:

$$\int_{-\infty}^{\infty} f(x')\,\delta(x-x')\,\mathrm{d}x' = f(x) \int_{x-\epsilon}^{x+\epsilon} \delta(x-x')\,\mathrm{d}x' = f(x) \tag{1.21}$$

联合式 (1.1) 和式 (1.2) 得到

$$f(x) = \frac{1}{\sqrt{2\pi}} \int_{-\infty}^{\infty} \mathrm{d}p F(p)\,\mathrm{e}^{\mathrm{i}px} = \frac{1}{2\pi} \int_{-\infty}^{\infty} \mathrm{d}x' f(x') \int_{-\infty}^{\infty} \mathrm{d}p \mathrm{e}^{\mathrm{i}p(x-x')} \tag{1.22}$$

故知 δ-函数的傅里叶变换是

$$\delta(x) = \frac{1}{2\pi} \int_{-\infty}^{\infty} \mathrm{d}p \mathrm{e}^{\mathrm{i}px} = \frac{1}{2\pi} \int_{-\infty}^{\infty} \mathrm{d}p \cos(px) \tag{1.23}$$

将它分解为

$$\lim_{\epsilon\to0}\int_{-\infty}^{0}\mathrm{d}p\mathrm{e}^{\mathrm{i}px+\epsilon p}=-\frac{\mathrm{i}}{x-\mathrm{i}\epsilon} \tag{1.24}$$

$$\lim_{\epsilon\to0}\int_{0}^{\infty}\mathrm{d}p\mathrm{e}^{\mathrm{i}px-\epsilon p}=\frac{\mathrm{i}}{x+\mathrm{i}\epsilon} \tag{1.25}$$

就有

$$\int_{-\infty}^{\infty}\mathrm{d}p\sin xp=\frac{1}{x} \tag{1.26}$$

从 δ-函数的挑选功能可以猜到

$$x\delta(x)=0 \tag{1.27}$$

以及

$$\delta\left[(x-x_1)(x-x_2)\right]=\frac{\delta(x-x_1)+\delta(x-x_2)}{|x_1-x_2|} \tag{1.28}$$

利用 δ-函数的性质可以求解一维亥姆霍兹方程

$$\left(-\frac{\mathrm{d}^2}{\mathrm{d}x^2}+\epsilon^2\right)g(x)=\delta(x) \tag{1.29}$$

其形式解为

$$g(x)=\frac{1}{-\frac{\mathrm{d}^2}{\mathrm{d}x^2}+\epsilon^2}\delta(x)=\int_{-\infty}^{\infty}\frac{\mathrm{d}p}{2\pi}\frac{\mathrm{e}^{\mathrm{i}px}}{p^2+\epsilon^2} \tag{1.30}$$

要求 $g(x)$, 我们可先求 $\int_{-\infty}^{\infty}g(x)\mathrm{d}x$, 根据 δ-函数的挑选功能得到

$$\int_{-\infty}^{\infty}g(x)\mathrm{d}x=\int_{-\infty}^{\infty}\mathrm{d}x\left(\int_{-\infty}^{\infty}\frac{\mathrm{d}p}{2\pi}\frac{\mathrm{e}^{\mathrm{i}px}}{p^2+\epsilon^2}\right)=\int_{-\infty}^{\infty}\mathrm{d}p\delta(p)\frac{1}{p^2+\epsilon^2}=\frac{1}{\epsilon^2} \tag{1.31}$$

由于

$$\frac{1}{\epsilon^2}=-\frac{\mathrm{e}^{-\epsilon x}}{\epsilon^2}\Big|_0^{\infty}=\int_0^{\infty}\mathrm{d}x\frac{\mathrm{e}^{-\epsilon|x|}}{\epsilon}=\int_{-\infty}^{\infty}\mathrm{d}x\frac{\mathrm{e}^{-\epsilon|x|}}{2\epsilon} \tag{1.32}$$

与式 (1.8) 比较立刻得到此积分的结果

$$g(x)=\int_{-\infty}^{\infty}\frac{\mathrm{d}p}{2\pi}\frac{\mathrm{e}^{\mathrm{i}px}}{p^2+\epsilon^2}=\frac{\mathrm{e}^{-\epsilon|x|}}{2\epsilon} \tag{1.33}$$

这实际上也指明了求 $\dfrac{1}{p^2+\epsilon^2}$ 的傅里叶变换. 式 (1.33) 右边是偶函数, 故又有

$$\frac{\mathrm{e}^{-\epsilon|x|}}{\epsilon}=\frac{2}{\pi}\int_0^{\infty}\frac{\cos px}{\epsilon^2+p^2}\mathrm{d}p \tag{1.34}$$

这也指明了求 $\mathrm{e}^{-|x|}$ 的傅里叶变换是

$$\frac{1}{\sqrt{2\pi}}\int_{-\infty}^{\infty}\mathrm{e}^{-|x|}\mathrm{e}^{\mathrm{i}px}\mathrm{d}x=\sqrt{\frac{2}{\pi}}\frac{1}{1+p^2} \tag{1.35}$$

事实上, 从

$$\frac{1}{\sqrt{2\pi}}\int_0^{\infty}\mathrm{e}^{-x}\mathrm{e}^{\mathrm{i}px}\mathrm{d}x=\frac{1}{\sqrt{2\pi}}\frac{1+\mathrm{i}p}{1+p^2} \tag{1.36}$$

$$\frac{1}{\sqrt{2\pi}}\int_{-\infty}^{0}\mathrm{e}^{x}\mathrm{e}^{\mathrm{i}px}\mathrm{d}x=\frac{1}{\sqrt{2\pi}}\frac{1-\mathrm{i}p}{1+p^2} \tag{1.37}$$

两式相加即得到式 (1.35), 它与式 (1.33) 自洽.

利用 δ-函数的性质还可以求若干积分值, 如要计算 $\int_{-\infty}^{\infty}\frac{\sin p}{p}\mathrm{d}p$ 的值, 可引入参量 y, 考虑 $\int_{-\infty}^{\infty}\frac{\mathrm{e}^{\mathrm{i}yp}}{p}\mathrm{d}p$, y 是实数, 对 y 求导得到

$$\frac{\mathrm{d}}{\mathrm{d}y}\int_{-\infty}^{\infty}\frac{\mathrm{e}^{\mathrm{i}yp}}{p}\mathrm{d}p=\int_{-\infty}^{\infty}\mathrm{e}^{\mathrm{i}yp}\mathrm{d}p=2\pi\mathrm{i}\delta(y) \tag{1.38}$$

对 y 进行积分得到

$$\int_{-\infty}^{\infty}\frac{\mathrm{e}^{\mathrm{i}yp}}{p}\mathrm{d}p=2\pi\mathrm{i}\int_{-\infty}^{\infty}\delta(y)\mathrm{d}y+C' \tag{1.39}$$

C' 是积分常数, 取其虚部得到

$$\int_{-\infty}^{\infty}\frac{\sin(yp)}{p}\mathrm{d}p=2\pi\int_{-\infty}^{\infty}\delta(y)\mathrm{d}y+C' \tag{1.40}$$

$\int_{-\infty}^{y}\delta(y)\mathrm{d}y$ 是阶跃函数, 即从 0 跃变为 1 的函数, 这是为物理上需要而引入的:

$$\int_{-\infty}^{y}\delta(y)\mathrm{d}y=\begin{cases}1 & (y>0)\\ 0 & (y<0)\end{cases} \tag{1.41}$$

又考虑到 $\int_{-\infty}^{\infty}\frac{\sin(yp)}{p}\mathrm{d}p$ 对 y 而言是奇函数, 所以定出 $\mathrm{Im}C'=-\pi$, 于是当 $y=1$ 时, 有

$$\int_{-\infty}^{\infty}\frac{\sin p}{p}\mathrm{d}p=\pi \tag{1.42}$$

上例也说明阶跃函数的积分定义是

$$\theta(y)=\lim_{\varepsilon\to 0^+}\int_{-\infty}^{\infty}\mathrm{d}p\frac{\mathrm{e}^{\mathrm{i}yp}}{p+\mathrm{i}\varepsilon} \tag{1.43}$$

(习题: 求屏蔽库仑势 $V(r)=\frac{\mathrm{e}^{-\alpha r}}{r}$ 的傅里叶变换.)

作为 $\int_0^{\infty}\frac{\sin p}{p}\mathrm{d}p=\frac{\pi}{2}$ 的应用, 我们在柱坐标系下讨论三维泊松方程:

$$-\nabla^2\psi=\frac{\rho}{\epsilon} \tag{1.44}$$

式中, ρ 表示一个源, ∇^2 是拉普拉斯算符. 引入相应的格林函数, 满足方程

$$-\nabla^2 G(\boldsymbol{x}-\boldsymbol{x}') = \delta(\boldsymbol{x}-\boldsymbol{x}') \tag{1.45}$$

则

$$\psi = \int G(\boldsymbol{x}-\boldsymbol{x}') \frac{\rho(\boldsymbol{x}')}{\epsilon} \mathrm{d}^3 x' \tag{1.46}$$

显然

$$\begin{aligned} G(\boldsymbol{x}-\boldsymbol{x}') &= \int \frac{\mathrm{d}^3 k}{(2\pi)^3} \frac{1}{k^2} \mathrm{e}^{\mathrm{i}\boldsymbol{k}(\boldsymbol{x}-\boldsymbol{x}')} = \int_0^\infty \frac{\mathrm{d}k}{(2\pi)^2} \int_{-1}^{1} \mathrm{e}^{\mathrm{i}k|\boldsymbol{x}-\boldsymbol{x}'|\cos\theta} \mathrm{d}\cos\theta \\ &= \frac{1}{(2\pi)^2 |\boldsymbol{x}-\boldsymbol{x}'|} \int_0^\infty \frac{\sin k|\boldsymbol{x}-\boldsymbol{x}'|}{k} \mathrm{d}k = \frac{1}{4\pi|\boldsymbol{x}-\boldsymbol{x}'|} \end{aligned} \tag{1.47}$$

故

$$\psi = \frac{1}{4\pi\epsilon} \int \frac{\rho(\boldsymbol{x}')}{|\boldsymbol{x}-\boldsymbol{x}'|} \mathrm{d}^3 x' \tag{1.48}$$

若在 $G(\boldsymbol{x}-\boldsymbol{x}') = \dfrac{1}{4\pi|\boldsymbol{x}-\boldsymbol{x}'|}$ 中令 $\boldsymbol{x}'=0$, 在柱坐标系统中, $|\boldsymbol{x}| = \sqrt{r^2+z^2}$, $k_x^2 + k_y^2 = k^2$, 则有

$$\frac{1}{4\pi|\boldsymbol{x}|} = \frac{1}{4\pi\sqrt{r^2+z^2}} = \int \frac{\mathrm{d}k_x \mathrm{d}k_y}{(2\pi)^3} \mathrm{e}^{\mathrm{i}kr\cos\phi} \int_{-\infty}^{\infty} \mathrm{d}k_z \frac{1}{k_z^2+k^2} \mathrm{e}^{\mathrm{i}zk_z} \tag{1.49}$$

用 $\displaystyle\int_{-\infty}^{\infty} \frac{\mathrm{d}p}{2\pi} \frac{\mathrm{e}^{\mathrm{i}px}}{p^2+\epsilon^2} = \frac{\mathrm{e}^{-\epsilon|x|}}{2\epsilon}$ 得到

$$\frac{1}{4\pi\sqrt{r^2+z^2}} = \int_0^\infty \frac{\mathrm{d}k}{(2\pi)^2} \int_0^{2\pi} \mathrm{d}\phi \mathrm{e}^{\mathrm{i}kr\cos\phi} \mathrm{e}^{-k|z|} \tag{1.50}$$

而

$$\int_0^{2\pi} \frac{\mathrm{d}\phi}{2\pi} \mathrm{e}^{\mathrm{i}kr\cos\phi} = J_0(kr) \tag{1.51}$$

是零阶贝塞尔函数, 故

$$\frac{1}{4\pi\sqrt{r^2+z^2}} = \int_0^\infty \frac{\mathrm{d}k}{(2\pi)^2} J_0(kr) \mathrm{e}^{-k|z|} \tag{1.52}$$

此公式在傅里叶光学中有用, 在第 4 章我们要用到这个关系.

二维 δ-函数可以复数宗量的面貌呈现, 让复数 $\xi = \xi_1 + \mathrm{i}\xi_2$, 则

$$\delta(\xi_1)\delta(\xi_2) \equiv \delta^{(2)}(\xi) = \delta^{(2)}(\xi^*) \tag{1.53}$$

用式 (1.15) 得到

$$\delta^{(2)}(\xi) = \lim_{t\to 0} \frac{1}{\pi t} \mathrm{e}^{-\frac{|\xi|^2}{t}} \tag{1.54}$$

其积分表示为

$$\delta^{(2)}(\xi)=\frac{1}{\pi^2}\int \mathrm{d}^2 z \mathrm{e}^{z\xi^*-z^*\xi}$$

式中

$$z=x+\mathrm{i}y,\quad \mathrm{d}^2 z=\mathrm{d}x\mathrm{d}y \tag{1.55}$$

注意: 当 $\boldsymbol{\xi}$ 有 n 个分量时, 可用列矩阵表示之:

$$\boldsymbol{\xi}=\begin{pmatrix}\xi_1\\ \xi_2\\ \vdots\\ \xi_n\end{pmatrix} \tag{1.56}$$

令 $\xi_j=x_j+\mathrm{i}y_j$, 相应的"复数"记为

$$\begin{pmatrix}\boldsymbol{\xi}\\ \boldsymbol{\xi}^*\end{pmatrix}=\begin{pmatrix}I_n & \mathrm{i}I_n\\ I_n & -\mathrm{i}I_n\end{pmatrix}\begin{pmatrix}\boldsymbol{x}\\ \boldsymbol{y}\end{pmatrix} \tag{1.57}$$

这里 I_n 是 $n\times n$ 单位矩阵. 若作变换 $\xi_i=A_{ij}\xi_j'$, 那么积分测度 $\prod\limits_j \mathrm{d}^2\xi_j$ 如何变呢?

$$\begin{pmatrix}\boldsymbol{\xi}\\ \boldsymbol{\xi}^*\end{pmatrix}=\begin{pmatrix}A & 0\\ 0 & A^*\end{pmatrix}\begin{pmatrix}\boldsymbol{\xi}'\\ \boldsymbol{\xi}'^*\end{pmatrix}=\begin{pmatrix}A & 0\\ 0 & A^*\end{pmatrix}\begin{pmatrix}I_n & \mathrm{i}I_n\\ I_n & -\mathrm{i}I_n\end{pmatrix}\begin{pmatrix}\boldsymbol{x}'\\ \boldsymbol{y}'\end{pmatrix} \tag{1.58}$$

即

$$\begin{pmatrix}\boldsymbol{x}\\ \boldsymbol{y}\end{pmatrix}=\begin{pmatrix}I_n & \mathrm{i}I_n\\ I_n & -\mathrm{i}I_n\end{pmatrix}^{-1}\begin{pmatrix}A & 0\\ 0 & A^*\end{pmatrix}\begin{pmatrix}I_n & \mathrm{i}I_n\\ I_n & -\mathrm{i}I_n\end{pmatrix}\begin{pmatrix}\boldsymbol{x}'\\ \boldsymbol{y}'\end{pmatrix} \tag{1.59}$$

所以变换的雅可比行列式是

$$J=\det A\det A^*=\det\left(AA^\dagger\right) \tag{1.60}$$

1.3 傅里叶变换的卷积的应用: 扩散方程的解

可以将 δ-函数的挑选性质看作卷积, 我们来讨论一下其应用. 在数学中两个函数的卷积定义为

$$u*v=\int_{-\infty}^{\infty}u(x-y)v(y)\,\mathrm{d}y=\int_{-\infty}^{\infty}v(x-y)u(y)\,\mathrm{d}y \tag{1.61}$$

记 $\mathfrak{F}$ 为傅里叶变换, 容易证明

$$\mathfrak{F}(u*v)=(\mathfrak{F}u)(\mathfrak{F}v) \tag{1.62}$$

此性质可用于解带有初值问题的热传导方程 (柯西问题):

$$\frac{\partial u}{\partial t}-\lambda^2\frac{\partial^2 u}{\partial x^2}=0 \quad\rightarrow\quad u_t=\lambda^2 u_{xx} \tag{1.63}$$

$$u(x,0)-\varphi(x)=0 \quad\rightarrow\quad u_{t=0}=\varphi(x) \tag{1.64}$$

注意到 δ-函数的替代性质:

$$\int_{-\infty}^{\infty}\varphi(x-\xi)\delta(\xi)\,\mathrm{d}\xi=\varphi(x) \tag{1.65}$$

其可以看作一个 $\varphi(x)$ 与 $\delta(x)$ 的卷积, 所以引入一个基本方程:

$$U_t=\lambda^2 U_{xx},\quad U_{t=0}=\delta(x) \tag{1.66}$$

设其解为 $U(x,t)$, 则方程 (1.63) 的解可以看作 $\varphi(x)$ 与基本解 $U(x,t)$ 的卷积

$$u=\varphi(x)*U(x,t)=\int_{-\infty}^{\infty}\varphi(x-y)U(y,t)\,\mathrm{d}y \tag{1.67}$$

对 $U(x,t)$ 做傅里叶变换 $U\rightarrow\tilde{U}$, 即

$$\tilde{U}(y,t)=\int_{-\infty}^{\infty}\mathrm{d}xU(x,t)\mathrm{e}^{\mathrm{i}xy} \tag{1.68}$$

则从式 (1.68) 得到

$$\tilde{U}_{xx}=\int_{-\infty}^{\infty}\mathrm{d}x\left[\frac{\partial^2}{\partial x^2}U(x,t)\right]\mathrm{e}^{\mathrm{i}xy}=-y^2\tilde{U}(y,t) \tag{1.69}$$

代入式 (1.66) 得到

$$\tilde{U}_t=-y^2\lambda^2(y,t),\quad \tilde{U}_{t=0}=1 \tag{1.70}$$

解得

$$\tilde{U}_t=\exp\left(-y^2\lambda^2 t\right) \tag{1.71}$$

再做反傅里叶变换, 得到

$$U(x,t)=\int_{-\infty}^{\infty}\mathrm{d}x\mathrm{e}^{-\mathrm{i}xy}\exp\left(-y^2\lambda^2 t\right)=\frac{1}{2\lambda\sqrt{\pi t}}\mathrm{e}^{-\frac{x^2}{4\lambda^2 t}} \tag{1.72}$$

鉴于

$$\delta(x)=\lim_{t\to 0}\frac{1}{\sqrt{\pi t}}\mathrm{e}^{-\frac{x^2}{t}} \tag{1.73}$$

从式 (1.72) 得到

$$\lim_{t\to 0}U(x,t)=\frac{1}{2\lambda}\delta\left(\frac{x}{2\lambda}\right) \tag{1.74}$$

故从式 (1.67) 得到的卷积为

$$u(x,t)=\frac{1}{2\lambda\sqrt{\pi t}}\int_{-\infty}^{\infty}\varphi(\xi)\mathrm{e}^{-\frac{(x-\xi)^2}{4\lambda^2 t}}\mathrm{d}\xi \tag{1.75}$$

它确实满足初始条件

$$u(x,0)=\frac{1}{2\lambda}\int_{-\infty}^{\infty}\varphi(\xi)\delta\left(\frac{x-\xi}{2\lambda}\right)=\varphi(x) \tag{1.76}$$

我们给式 (1.75) 一个物理解释: 在初始时刻, 一根杆上除了有一小段温度不为零外其他地方温度都是零, 这一段的热量为 $\mathcal{Q}$, 以函数表示为

$$\varphi(\xi)=\begin{cases}\dfrac{\mathcal{Q}}{2\epsilon c\rho} & (-\epsilon<\xi<\epsilon)\\ 0 & (\text{其他处})\end{cases} \tag{1.77}$$

这里的 c 是比热, ρ 是杆的密度, 于是 t 时刻杆上的温度分布是

$$u(x,t)=\frac{1}{2\lambda\sqrt{\pi t}}\int_{-\epsilon}^{\epsilon}\frac{\mathcal{Q}}{2\epsilon c\rho}\mathrm{e}^{-\frac{(x-\xi)^2}{4\lambda^2 t}}\mathrm{d}\xi\overset{\epsilon\to 0}{=}\frac{\mathcal{Q}}{c\rho 2\lambda\sqrt{\pi t}}\mathrm{e}^{-\frac{(x-\xi)^2}{4\lambda^2 t}} \tag{1.78}$$

此例是带 δ-函数的傅里叶变换的卷积的一个应用.

1.4 算符 δ-函数 $\delta(a)\delta\left(a^\dagger\right)$ 和真空投影算符

本节从量子论观点和狄拉克的 δ-函数谈傅里叶变换的新应用. 根据 $\left[a,a^\dagger\right]=1$, 知谐振子的哈密顿算符

$$H=\frac{1}{2m}P^2+\frac{1}{2}m\omega^2X^2 \tag{1.79}$$

可因式分解为

$$H=\left(N+\frac{1}{2}\right)\hbar\omega,\quad N=a^\dagger a \tag{1.80}$$

鉴于经典谐振子有它的本征振动模式, 按整数标记, 所以量子谐振子也应有它的本征振动模式, 记为 $|n\rangle$(这个符号是狄拉克发明的, 称为“右矢”),n 是零或正整数, $|n\rangle$ 的集合就是谐振子的“量子库”. (当 $n=0$ 时, 仍有 $\frac{1}{2}\hbar\omega$ 存在, 称为零点能, 这是经典力学所没有的). 把 $|n\rangle$ 是 $\hat{H}$ 的本征振动模式 (本征态) 这件事记为

$$a^{\dagger}a|n\rangle = n|n\rangle \tag{1.81}$$

打个比方, 把 $|n\rangle$ 看作是一个盛 n 元钱的口袋, $a^{\dagger}a$ 就表示“数”钱的操作 (算符). 具体说, 对 $|n\rangle$ 以 a 作用, 表示从口袋里取出 1 元钱, $n\to n-1$, 再将这 1 元钱放回口袋去 (此操作以 $a^{\dagger}$ 对 $|n-1\rangle$ 作用表示), 口袋里的钱又变回到 n 元, 可见取出一次又放回去相当于“数”钱的操作, 口袋里还是 n 元钱. 所以 a 是湮灭算符, $a^{\dagger}$ 是产生算符, 当口袋里没有钱时 [以 $|0\rangle$ 表示, 称为 Fock(福克) 真空态] 就无法再从中取钱, 所以

$$a|0\rangle = 0 \tag{1.82}$$

从 $a^{\dagger}a|n\rangle = n|n\rangle$ 这个方程可以解出

$$a|n\rangle = \sqrt{n}|n-1\rangle \tag{1.83}$$

$$a^{\dagger}|n\rangle = \sqrt{n+1}|n+1\rangle \tag{1.84}$$

由此又可得到 $|n\rangle$ 是在 $|0\rangle$ 上产生 n 次的结果, 即

$$|n\rangle = \frac{a^{\dagger n}}{\sqrt{n!}}|0\rangle \tag{1.85}$$

此式容易理解, 因为它满足式 (1.83) 和式 (1.84).

在 $a^{\dagger}a$ 的本征态集合中, 我们首先要考虑真空态, 即没有粒子存在的态, $|0\rangle\langle 0|$ 是真空投影算符. 真空态的直观意思是哪里有粒子产生, 用 $\delta\left(a^{\dagger}\right)$ 表述, 就在哪里就湮灭它, 以 $\delta(a)$ 表述, 所以

$$|0\rangle\langle 0| = \pi\delta(a)\delta\left(a^{\dagger}\right) \tag{1.86}$$

注意: $\delta(a)$ 排在 $\delta\left(a^{\dagger}\right)$ 左面, 表示先产生、后湮灭 (符合人们习惯说的“自生自灭”), 可见在福克空间中时刻要注意算符的排序问题. 用 $\xi = x+\mathrm{i}y$, 引入算符 δ-函数和 δ-函数的傅里叶变换, 得到

$$|0\rangle\langle 0| = \pi\delta(a)\delta\left(a^{\dagger}\right) = \int\frac{\mathrm{d}^2\xi}{\pi}\mathrm{e}^{\mathrm{i}\xi a}\mathrm{e}^{\mathrm{i}\xi^* a^{\dagger}},\quad \mathrm{d}^2\xi = \mathrm{d}\xi\mathrm{d}\xi^* = \mathrm{d}x\mathrm{d}y \tag{1.87}$$

注意： $\mathrm{e}^{\mathrm{i}\xi a}$ 排在 $\mathrm{e}^{\mathrm{i}\xi^* a^{\dagger}}$ 的左边. 再把 $\mathrm{e}^{\mathrm{i}\xi a}\mathrm{e}^{\mathrm{i}\xi^* a^{\dagger}}$ 化为正规乘积, 记为 $::$, 即所有的产生算符都排在所有的消灭算符的左边, 根据 Baker-Hausdorff 公式, 就有

$$|0\rangle\langle 0| = \int\frac{\mathrm{d}^2\xi}{\pi}\mathrm{e}^{\mathrm{i}\xi^* a^{\dagger}}\mathrm{e}^{\mathrm{i}\xi a-|\xi|^2} = \int\frac{\mathrm{d}^2\xi}{\pi}:\mathrm{e}^{\mathrm{i}\xi^* a^{\dagger}+\mathrm{i}\xi a-|\xi|^2}: \tag{1.88}$$

为了实现对 $:e^{i\xi^* a^\dagger + i\xi a - |\xi|^2}:$ 积分, 笔者引入了正规乘积排序算符内的积分方法. 正规乘积算符的主要性质有:

(1) 算符 $a, a^\dagger$ 在正规乘积内是对易的, 即 $:a^\dagger a:=:aa^\dagger:=a^\dagger a$.

(2) C 数 (即普通数) 可以自由出入正规乘积记号, 并且可以对正规乘积内的 C 数进行积分或微分运算, 前者要求积分收敛.

(3) 正规乘积内部的正规乘积记号可取消, 即 $:f(a^\dagger,a)\left(:g(a^\dagger,a):\right):=:f(a^\dagger,a)g(a^\dagger,a):$.

(4) 正规乘积与正规乘积的和满足 $:f(a^\dagger,a):+:g(a^\dagger,a):=:\left[f(a^\dagger,a)+g(a^\dagger,a)\right]:$.

(5) 厄密共轭操作可以进入 $::$ 内部进行, 即 $:(W \quad \cdots \quad V):^\dagger=:(W \quad \cdots \quad V)^\dagger:$.

(6) 正规乘积内部以下两个等式成立:

$$:\frac{\partial}{\partial a}f(a,a^\dagger):=\left[:f(a,a^\dagger):,a^\dagger\right] \tag{1.89}$$

$$:\frac{\partial}{\partial a^\dagger}f(a,a^\dagger):=\left[:f(a,a^\dagger):,a\right] \tag{1.90}$$

对于多模情形, 上式可推广为

$$:\frac{\partial}{\partial a_i}\frac{\partial}{\partial a_j}f(a_i,a_i^\dagger,a_j,a_j^\dagger):=\left[\left[:f(a_i,a_i^\dagger,a_j,a_j^\dagger):,a_j^\dagger\right],a_i^\dagger\right] \tag{1.91}$$

于是用 IWOP 方法对式 (1.87) 进行积分得

$$|0\rangle\langle 0|=\int\frac{d^2\xi}{\pi}:e^{i\xi^* a^\dagger+i\xi a-|\xi|^2}:=:e^{-a^\dagger a}: \tag{1.92}$$

或

$$|0\rangle\langle 0|=\sum_{n=0}^{\infty}\frac{(-1)^m}{m!}:a^{\dagger m}a^m:=\sum_{n=0}^{\infty}\frac{(-1)^m}{m!}a^{\dagger m}a^m \tag{1.93}$$

这样我们就用傅里叶变换和 δ-函数求得了真空投影算符 $|0\rangle\langle 0|$ 的正规排序式, 它十分有用. 例如, 可以证明

$$\begin{aligned}\sum_{n=0}^{\infty}|n\rangle\langle n|&=\sum_{n=0}^{\infty}\frac{a^{\dagger n}}{\sqrt{n!}}|0\rangle\langle 0|\frac{a^n}{\sqrt{n!}}=\sum_{n=0}^{\infty}\frac{a^{\dagger n}}{\sqrt{n!}}:e^{-a^\dagger a}:\frac{a^n}{\sqrt{n!}}\\&=:e^{a^\dagger a-a^\dagger a}:=1\end{aligned} \tag{1.94}$$

此即粒子数态的完备性, 以及算符 $e^{\lambda a^\dagger a}$ 的正规乘积展开式

$$e^{\lambda a^\dagger a}=\sum_{n=0}^{\infty}e^{\lambda n}|n\rangle\langle n|=\sum_{n=0}^{\infty}e^{\lambda n}\frac{a^{\dagger n}}{\sqrt{n!}}:e^{-a^\dagger a}:\frac{a^n}{\sqrt{n!}}=:e^{(e^\lambda-1)a^\dagger a}: \tag{1.95}$$

1.5 用傅里叶变换和 δ-函数导出相干态

再由量子力学中常用的算符公式

$$\begin{aligned} e^{A}Be^{-A} &= \left(1+A+\frac{A^2}{2!}+\frac{A^3}{3!}+\cdots\right)B\left(1-A+\frac{A^2}{2!}-\frac{A^3}{3!}+\cdots\right) \\ &= B+[A,B]+\frac{1}{2!}[A,[A,B]]+\frac{1}{3!}[A,[A,[A,B]]]+\cdots \end{aligned} \tag{1.96}$$

得到

$$D(z)aD^{-1}(z)=a-z \tag{1.97}$$

其中

$$D(z)=\exp\left(za^{\dagger}-z^{*}a\right) \tag{1.98}$$

称为平移算符. 用 δ-函数的傅里叶变换和 $|0\rangle\langle 0| =: e^{-a^{\dagger}a}:$ 得到

$$\begin{aligned} D(z)|0\rangle\langle 0|D^{\dagger}(z) &= \pi\delta(a-z)\,\delta\left(a^{\dagger}-z^{*}\right) \\ &= \int\frac{d^2\xi}{\pi}e^{i\xi(a-z)}e^{i\xi^{*}\left(a^{\dagger}-z^{*}\right)} \\ &= \int\frac{d^2\xi}{\pi}e^{i\xi^{*}\left(a^{\dagger}-z^{*}\right)}e^{i\xi(a-z)-|\xi|^2} \\ &= \int\frac{d^2\xi}{\pi}:e^{i\xi^{*}\left(a^{\dagger}-z^{*}\right)+i\xi(a-z)-|\xi|^2}: \\ &=:e^{-\left(a^{\dagger}-z^{*}\right)(a-z)}:=|z\rangle\langle z| \end{aligned} \tag{1.99}$$

其中

$$|z\rangle=e^{-\frac{|z|^2}{2}+za^{\dagger}}|0\rangle \tag{1.100}$$

称为相干态, 它是湮灭算符的本征态:

$$a|z\rangle=\left[a,e^{-\frac{|z|^2}{2}+za^{\dagger}}\right]|0\rangle=z|z\rangle \tag{1.101}$$

显然

$$\int\frac{d^2z}{\pi}|z\rangle\langle z|=\int\frac{d^2z}{\pi}:e^{-\left(a^{\dagger}-z^{*}\right)(a-z)}:=\int\frac{d^2z}{\pi}e^{-|z|^2}=1 \tag{1.102}$$

由 IWOP 方法, 可得

$$\begin{aligned}
\mathrm{e}^{z^*a}\mathrm{e}^{z'a^\dagger} &= \mathrm{e}^{z^*a}\int\frac{\mathrm{d}^2z''}{\pi}\left|z''\right\rangle\left\langle z''\right|\mathrm{e}^{z'a^\dagger} = \int\frac{\mathrm{d}^2z''}{\pi}\mathrm{e}^{z^*z''}\left|z''\right\rangle\left\langle z''\right|\mathrm{e}^{z'z''^*}\\
&= \int\frac{\mathrm{d}^2z''}{\pi}\mathrm{e}^{z^*z''}:\mathrm{e}^{-\left(a^\dagger-z''^*\right)\left(a-z''\right)}:\mathrm{e}^{z'z''^*}\\
&=:\mathrm{e}^{z^*a}\mathrm{e}^{z'a^\dagger}\mathrm{e}^{z^*z'}:=\mathrm{e}^{z'a^\dagger}\mathrm{e}^{z^*a}\mathrm{e}^{z^*z'}
\end{aligned}\tag{1.103}$$

所以相干态的内积是

$$\left\langle z\right|\left.z'\right\rangle = \mathrm{e}^{-\frac{|z|^2+|z'|^2}{2}+z^*z'}\tag{1.104}$$

表明相干态不正交. 对于非归一化的相干态

$$\left\|z\right\rangle = \mathrm{e}^{za^\dagger}\left|0\right\rangle\tag{1.105}$$

可以得到

$$\left|n\right\rangle = \left.\frac{1}{\sqrt{n!}}\frac{\partial^n}{\partial z^n}\left\|z\right\rangle\right|_{z=0}\tag{1.106}$$

这个关系式以后会经常用到. 在 $\langle z\|$ 表示下, a 的作用相当于微商, 即

$$\left\langle z\right\|a = \frac{\partial}{\partial z^*}\left\langle z\right\|,\qquad \left\langle z\right\|a^\dagger = z^*\left\langle z\right\|\tag{1.107}$$

所以

$$\left\langle z\right\|a^\dagger a\left|n\right\rangle = z^*\frac{\partial}{\partial z^*}\left\langle z\right\|\left.n\right\rangle = n\left\langle z\right\|\left.n\right\rangle\tag{1.108}$$

得到 $\langle z\|\, n\rangle = z^{*n}$, $\dfrac{z^{*n}}{\sqrt{n!}}$ 为一个函数空间的基函数, 它对应粒子态, 满足

$$\int\frac{\mathrm{d}^2z}{\pi}z^{*n}z^m\mathrm{e}^{-|z|^2} = n!\delta_{m,n}\tag{1.109}$$

由粒子数态公式 $|n\rangle = \dfrac{a^{\dagger n}}{\sqrt{n!}}|0\rangle$, 可知

$$\begin{aligned}
1 &= \sum_{n=0}^{\infty}\left|n\right\rangle\left\langle n\right| = \sum_{n,n'=0}^{\infty}\left|n\right\rangle\left\langle n'\right|\frac{1}{\sqrt{n!n'!}}\left.\left(\frac{\mathrm{d}}{\mathrm{d}z^*}\right)^n z^{*n'}\right|_{z^*=0}\\
&= \left.\exp\left(a^\dagger\frac{\partial}{\partial z^*}\right)\left|0\right\rangle\left\langle 0\right|\mathrm{e}^{z^*a}\right|_{z^*=0}
\end{aligned}\tag{1.110}$$

于是可把任意算符 $\hat{A}$ 表达为

$$\hat{A}(a^\dagger,a) = \left.\exp\left(a^\dagger\frac{\partial}{\partial z^*}\right)\left|0\right\rangle\left\langle z\right\|\hat{A}\left\|z\right\rangle\left\langle 0\right|\exp\left(a\frac{\partial}{\partial z}\right)\right|_{z=z^*=0}\tag{1.111}$$

这里已考虑到 z 与 z^* 独立的事实, 即 $\frac{\partial}{\partial z^*}z=0, \frac{\partial}{\partial z}z^*=0$. 再由真空投影算符的正规乘积形式 $|0\rangle\langle 0|=:\mathrm{e}^{-a^\dagger a}:$ 和正规乘积的性质进一步改写式 (1.111) 为

$$\hat{A}(a^\dagger,a)=:\exp\left(a^\dagger\frac{\partial}{\partial z^*}+a\frac{\partial}{\partial z}\right):\langle z|\hat{A}|z\rangle\Big|_{z=z^*=0} \tag{1.112}$$

其具体证明如下:

$$\begin{aligned}
\hat{A}(a^\dagger,a)&=:\mathrm{e}^{-a^\dagger a}\exp\left(a^\dagger\frac{\partial}{\partial z^*}\right)\sum_{n=0}^{\infty}\frac{a^n}{n!}\frac{\partial^n}{\partial z^n}\mathrm{e}^{|z|^2}\langle z|\hat{A}|z\rangle\Big|_{z=z^*=0}:\\
&=:\mathrm{e}^{-a^\dagger a}\exp\left(a^\dagger\frac{\partial}{\partial z^*}\right)\sum_{n=0}^{\infty}\frac{a^n}{n!}\sum_{l=0}^{n}\binom{n}{l}\left(\frac{\partial^l}{\partial z^l}\mathrm{e}^{|z|^2}\right)\left(\frac{\partial^{n-l}}{\partial z^{n-l}}\langle z|\hat{A}|z\rangle\right)\Big|_{z=z^*=0}:\\
&=:\mathrm{e}^{-a^\dagger a}\exp\left(a^\dagger\frac{\partial}{\partial z^*}\right)\mathrm{e}^{|z|^2}\sum_{n=0}^{\infty}\frac{a^n}{n!}\left(z^*+\frac{\partial}{\partial z}\right)^n\langle z|\hat{A}|z\rangle\Big|_{z=z^*=0}:\\
&=:\mathrm{e}^{-a^\dagger a}\exp\left(a^\dagger\frac{\partial}{\partial z^*}\right)\mathrm{e}^{|z|^2}\exp\left[a\left(z^*+\frac{\partial}{\partial z}\right)\right]\langle z|\hat{A}|z\rangle\Big|_{z=z^*=0}:\\
&=:\mathrm{e}^{-a^\dagger a}\sum_{m=0}^{\infty}\frac{a^{\dagger m}}{m!}\frac{\partial^m}{\partial z^{*m}}\mathrm{e}^{(z+a)z^*}\exp\left(a\frac{\partial}{\partial z}\right)\langle z|\hat{A}|z\rangle\Big|_{z=z^*=0}:\\
&=:\mathrm{e}^{-a^\dagger a}\mathrm{e}^{(z+a)z^*}\exp\left[a^\dagger\left(z+a+\frac{\partial}{\partial z^*}\right)\right]\exp\left(a\frac{\partial}{\partial z}\right)\langle z|\hat{A}|z\rangle\Big|_{z=z^*=0}:\\
&=:\exp\left(a^\dagger\frac{\partial}{\partial z^*}+a\frac{\partial}{\partial z}\right):\langle z|\hat{A}|z\rangle\Big|_{z=z^*=0}
\end{aligned} \tag{1.113}$$

以上证明表明, $\exp\left(a^\dagger\frac{\partial}{\partial z^*}\right)$ 的功能是把 $f(z,z^*)$ 中的 z^* 变为 $a^\dagger$, $\exp\left(a\frac{\partial}{\partial z}\right)$ 的功能是把 $f(z,z^*)$ 中的 z 变为 a, 从而 $\mathrm{e}^{|z|^2}\to\mathrm{e}^{a^\dagger a}$, 而且说明一个算符 $\hat{A}$ 的相干态期望值 $\langle z|\hat{A}|z\rangle$ 可以决定 $\hat{A}$ 本身, 这与相干态的超完备性休戚相关.

一个正规乘积算符 $:F\left(a^\dagger,a\right):$ 的相干态矩阵元满足

$$\langle z|:F\left(a^\dagger,a\right):|z'\rangle=F\left(z^*,z'\right)\langle z|\,z'\rangle \tag{1.114}$$

相干态的内积是

$$\langle z|\,z'\rangle=\exp\left(-\frac{|z|^2}{2}-\frac{|z'|^2}{2}+z^*z'\right) \tag{1.115}$$

表明不正交. 用 IWOP 方法得其完备性

$$\int\frac{\mathrm{d}^2z}{\pi}|z\rangle\langle z|=\int\frac{\mathrm{d}^2z}{\pi}:\mathrm{e}^{-\left(z^*-a^\dagger\right)(z-a)}:=1 \tag{1.116}$$

所以任意算符 ρ 可以用它展开, 展开系数 (函数) 记为 $P\left(z,z^*\right)$(称为 P-表示)

$$\rho=\int\frac{\mathrm{d}^2z}{\pi}P\left(z,z^*\right)|z\rangle\langle z| \tag{1.117}$$

将 $|z\rangle\langle z|$ 改写为积分

$$|z\rangle\langle z| =: \mathrm{e}^{-\left(z^*-a^\dagger\right)(z-a)} :- \int \frac{\mathrm{d}^2\beta}{\pi} : \exp\left[-|\beta|^2 + \mathrm{i}\beta\left(a^\dagger - z^*\right) + \mathrm{i}\beta^*(a-z)\right] : \tag{1.118}$$

那么由于 $\dfrac{\partial z}{\partial z^*} = 0$, 故

$$\exp\left[-|\beta|^2 - \mathrm{i}\beta z^* - \mathrm{i}\beta^* z\right] = \exp\left(\frac{\partial^2}{\partial z\,\partial z^*}\right)\exp\left(-\mathrm{i}\beta z^* - \mathrm{i}\beta^* z\right) \tag{1.119}$$

代入式 (1.118) 得到

$$\begin{aligned} |z\rangle\langle z| &= \exp\left(\frac{\partial^2}{\partial z\,\partial z^*}\right)\int \frac{\mathrm{d}^2\beta}{\pi} : \exp\left(\mathrm{i}\beta a^\dagger + \mathrm{i}\beta^* a - \mathrm{i}\beta z^* - \mathrm{i}\beta^* z\right) : \\ &= \pi \exp\left(\frac{\partial^2}{\partial z\,\partial z^*}\right) : \delta\left(a^\dagger - z^*\right)\delta(a-z) : \end{aligned} \tag{1.120}$$

于是

$$\begin{aligned} \rho &= \int \mathrm{d}^2 z P(z,z^*)\exp\left(\frac{\partial^2}{\partial z\,\partial z^*}\right) : \delta\left(a^\dagger - z^*\right)\delta(a-z) : \\ &=: \exp\left(\frac{\partial^2}{\partial z\,\partial z^*}\right) P(z,z^*)|_{z^*\to a^\dagger, z\to a} : \end{aligned} \tag{1.121}$$

此公式可用于将算符的反正规序重排为正规序, 例如

$$\begin{aligned} \mathrm{e}^{\lambda a^2}\mathrm{e}^{\sigma a^{\dagger 2}} &= \int \frac{\mathrm{d}^2 z}{\pi}\mathrm{e}^{\lambda z^2}\mathrm{e}^{\sigma z^{*2}}|z\rangle\langle z| = \int \frac{\mathrm{d}^2 z}{\pi}\mathrm{e}^{\lambda z^2}\mathrm{e}^{\sigma z^{*2}} : \mathrm{e}^{-\left(z^*-a^\dagger\right)(z-a)} : \\ &= \frac{1}{\sqrt{1-4\lambda\sigma}}\mathrm{e}^{\sigma a^{\dagger 2}/(1-4\lambda\sigma)} : \exp\left[a^\dagger a\left(\frac{1}{1-4\lambda\sigma} - 1\right)\right] : \mathrm{e}^{\lambda a^2/(1-4\lambda\sigma)} \end{aligned} \tag{1.122}$$

其中用了积分公式

$$\begin{aligned} &\int \frac{\mathrm{d}^2\alpha}{\pi}\exp\left(\lambda|\alpha|^2 + \xi\alpha + \eta\alpha^* + f\alpha^2 + g\alpha^{*2}\right) \\ &= \frac{1}{\sqrt{\lambda^2 - 4fg}}\exp\left(\frac{-\lambda\xi\eta + \xi^2 g + \eta^2 f}{\lambda^2 - 4fg}\right) \end{aligned} \tag{1.123}$$

再求 $a^n a^{\dagger m}$ 的正规序

$$\begin{aligned} a^n a^{\dagger m} &= \int \frac{\mathrm{d}^2 z}{\pi} z^n z^{*m}|z\rangle\langle z| =: \exp\left(\frac{\partial^2}{\partial z\,\partial z^*}\right) z^n z^{*m}|_{z^*\to a^\dagger, z\to a} : \\ &=: \sum_{l=0} \frac{1}{l!}\left(\frac{\partial^2}{\partial z\,\partial z^*}\right)^l z^n z^{*m}|_{z^*\to a^\dagger, z\to a} : \\ &= \sum_{l=0} \frac{m!n!a^{\dagger m-l}a^{n-l}}{l!(m-l)!(n-l)!} \end{aligned} \tag{1.124}$$

受右边表示的启发, 我们有必要引入一个新的特殊函数

$$\mathrm{H}_{m,n}(\zeta,\zeta^*)=\sum_l \frac{n!m!(-1)^l}{l!(m-l)!(n-l)!}\zeta^{m-l}\zeta^{*n-l} \tag{1.125}$$

称为双变量厄密多项式 .

1.6 算符公式 $a^n a^{\dagger m}=(-\mathrm{i})^{m+n}:\mathrm{H}_{m,n}\left(\mathrm{i}a^\dagger,\mathrm{i}a\right):$ 和 $a^{\dagger m}a^n=\vdots\mathrm{H}_{n,m}\left(a,a^\dagger\right)\vdots$

通过直接微商可知

$$\frac{\partial^{n+m}}{\partial t^m\partial t'^n}\exp(-tt'+t\zeta+t'\zeta^*)|_{t=t'=0}=\sum_l \frac{n!m!(-1)^l}{l!(m-l)!(n-l)!}\zeta^{m-l}\zeta^{*n-l} \tag{1.126}$$

所以

$$\exp(-tt'+t\zeta+t'\zeta^*)=\sum_{m,n}\frac{t^m t'^n}{m!n!}\mathrm{H}_{m,n}(\zeta,\zeta^*) \tag{1.127}$$

是 $\mathrm{H}_{m,n}(\zeta,\zeta^*)$ 的母函数. 即可将 $a^n a^{\dagger m}$ 的正规序简写为

$$a^n a^{\dagger m}=(-\mathrm{i})^{m+n}:\mathrm{H}_{m,n}\left(\mathrm{i}a^\dagger,\mathrm{i}a\right): \tag{1.128}$$

即

$$a^n a^{\dagger m}=\int\frac{\mathrm{d}^2z}{\pi}z^n z^{*m}|z\rangle\langle z|=\int\frac{\mathrm{d}^2z}{\pi}z^n z^{*m}:\mathrm{e}^{-\left(z^*-a^\dagger\right)(z-a)}:=(-\mathrm{i})^{m+n}:\mathrm{H}_{m,n}\left(\mathrm{i}a^\dagger,\mathrm{i}a\right): \tag{1.129}$$

由此得出积分公式

$$\int\frac{\mathrm{d}^2z}{\pi}z^n z^{*m}\mathrm{e}^{-(z^*-\lambda^*)(\lambda-\lambda)}=(-\mathrm{i})^{m+n}\mathrm{H}_{m,n}(\mathrm{i}\lambda^*,\mathrm{i}\lambda) \tag{1.130}$$

另一方面, 从

$$\begin{aligned}a^{\dagger m}a^n&=\frac{\partial^{n+m}}{\partial t^m\partial\tau^n}\mathrm{e}^{ta^\dagger}\mathrm{e}^{\tau a}|_{t=0,\tau=0}\\&=\frac{\partial^{n+m}}{\partial t^m\partial\tau^n}\mathrm{e}^{\tau a}\mathrm{e}^{ta^\dagger}\mathrm{e}^{-t\tau}|_{t=0,\tau=0}\end{aligned}$$

$$
\begin{aligned}
&= \frac{\partial^{n+m}}{\partial t^m \partial \tau^n} \vdots \mathrm{e}^{ta^\dagger + \tau a - t\tau} \vdots |_{t=0,\tau=0} \\
&= \vdots \mathrm{H}_{m,n}\left(a^\dagger, a\right) \vdots = \vdots \mathrm{H}_{n,m}\left(a, a^\dagger\right) \vdots
\end{aligned} \tag{1.131}
$$

即得将正规排序变为反正规排序的基本算符恒等式

$$
a^{\dagger m} a^n = \vdots \mathrm{H}_{n,m}\left(a, a^\dagger\right) \vdots \tag{1.132}
$$

对照拉盖尔 (Laguerre) 多项式的定义 (我们在后面的章节还要从厄密多项式来导出拉盖尔多项式)

$$
\mathrm{L}_m(x) = \sum_l \binom{m}{l} \frac{(-1)^l}{l!} x^l \tag{1.133}
$$

有

$$
a^{\dagger m} a^m = \vdots \mathrm{H}_{m,m}\left(a^\dagger, a\right) \vdots = m! (-1)^m \vdots \mathrm{L}_m\left(aa^\dagger\right) \vdots \tag{1.134}
$$

这是容易记忆的公式. 由此又给出

$$
\begin{aligned}
\vdots \mathrm{H}_{n,m}\left(a, a^\dagger\right) \vdots &= \int \frac{\mathrm{d}^2 z}{\pi} \mathrm{H}_{n,m}\left(z, z^*\right) |z\rangle \langle z| \\
&= \int \frac{\mathrm{d}^2 z}{\pi} \mathrm{H}_{n,m}\left(z, z^*\right) : \mathrm{e}^{-\left(z^* - a^\dagger\right)(z-a)} := a^{\dagger m} a^n
\end{aligned} \tag{1.135}
$$

所以看出存在积分公式

$$
\int \frac{\mathrm{d}^2 z}{\pi} \mathrm{H}_{n,m}\left(z, z^*\right) \mathrm{e}^{-(z^* - \lambda^*)(z-\lambda)} = \lambda^{*m} \lambda^n \tag{1.136}
$$

此公式与式 (1.130) 互逆.

用以上关系可以验证 $|0\rangle\langle 0|$ 的反正规排序式的正确性, 即从

$$
|0\rangle\langle 0| = \sum_{m=0}^{\infty} \frac{(-1)^m}{m!} : a^{\dagger m} a^m := \sum_{m=0}^{\infty} \frac{(-1)^m}{m!} a^{\dagger m} a^m \tag{1.137}
$$

再用拉盖尔的母函数公式

$$
(1-z)^{-1} \mathrm{e}^{\frac{zx}{z-1}} = \sum_{m=0}^{\infty} \mathrm{L}_m(x) z^m \tag{1.138}
$$

可知真空投影算符确为

$$
|0\rangle\langle 0| = \sum_{m=0}^{\infty} \vdots \mathrm{L}_m\left(aa^\dagger\right) \vdots 1^m = \lim_{z\to 1} \vdots (1-z)^{-1} \mathrm{e}^{\frac{z}{z-1} aa^\dagger} \vdots = \vdots \pi\delta\left(a^\dagger a\right) \vdots = \pi\delta(a)\delta\left(a^\dagger\right) \tag{1.139}
$$

1.7 反正规乘积排序算符内的积分

如在一个由 a 与 $a^{\dagger}$ 函数所组成的单项式中, 所有的 a 都排在 $a^{\dagger}$ 的左边, 则表示其已被排好为反正规乘积了, 以 $\vdots\ \vdots$ 标记算符的反正规乘积, 其性质是:

(1) 算符 $a,a^{\dagger}$ 在反正规乘积内是对易的, 即 $\vdots a^{\dagger}a\vdots=\vdots aa^{\dagger}\vdots=a^{\dagger}a$.

(2) C 数可以自由出入反正规乘积记号, 并且可以对反正规乘数进行积分或微分运算, 前者要求积分收敛.

(3) 反正规乘积算符在相干态表象中表示为

$$\vdots g\left(a,a^{\dagger}\right)\vdots=\int\frac{\mathrm{d}^{2}z}{\pi}g\left(z,z^{*}\right)|z\rangle\langle z| \tag{1.140}$$

例如, 用相干态表象和 IWOP 方法可以证明

$$\begin{aligned}\mathrm{e}^{-\lambda}\vdots\mathrm{e}^{\left(1-\mathrm{e}^{-\lambda}\right)a^{\dagger}a}\vdots&=\mathrm{e}^{-\lambda}\vdots\mathrm{e}^{\left(1-\mathrm{e}^{-\lambda}\right)a^{\dagger}a}\vdots\int\frac{\mathrm{d}^{2}z}{\pi}|z\rangle\langle z|\\&=\mathrm{e}^{-\lambda}\int\frac{\mathrm{d}^{2}z}{\pi}\mathrm{e}^{\left(1-\mathrm{e}^{-\lambda}\right)|z|^{2}}|z\rangle\langle z|\\&=\mathrm{e}^{-\lambda}\int\frac{\mathrm{d}^{2}z}{\pi}:\exp\left(-\mathrm{e}^{-\lambda}|z|^{2}+za^{\dagger}+z^{*}a-a^{\dagger}a\right):\\&=:\exp\left[\left(\mathrm{e}^{\lambda}-1\right)a^{\dagger}a\right]:\\&=\mathrm{e}^{\lambda a^{\dagger}a}\end{aligned} \tag{1.141}$$

所以得算符恒等式

$$\vdots\mathrm{e}^{\lambda aa^{\dagger}}\vdots=(1-\lambda)^{-1}:\exp\frac{-\lambda a^{\dagger}a}{\lambda-1}: \tag{1.142}$$

引入相干态 $|\beta\rangle$, $\langle-\beta|\,\beta\rangle=\mathrm{e}^{-2|\beta|^{2}}$, 鉴于

$$\langle-\beta|:\exp\frac{-\lambda a^{\dagger}a}{\lambda-1}:|\beta\rangle=\exp\left[\left(\frac{\lambda}{\lambda-1}-2\right)|\beta|^{2}\right] \tag{1.143}$$

可将式 (1.142) 用 IWOP 方法改写为

$$\begin{aligned}\vdots\mathrm{e}^{\lambda aa^{\dagger}}\vdots&=\vdots\exp\left[(\lambda-1)aa^{\dagger}+a^{\dagger}a\right]\vdots\\&=\int\frac{\mathrm{d}^{2}\beta}{\pi}\exp\left[\left(\frac{\lambda}{\lambda-1}-2\right)|\beta|^{2}\right]\vdots\exp(|\beta|^{2}+\beta^{*}a-a^{\dagger}\beta+a^{\dagger}a)\vdots\end{aligned}$$

$$= (1-\lambda)^{-1} \int \frac{\mathrm{d}^2\beta}{\pi} \langle -\beta| : \exp\frac{-\lambda a^\dagger a}{\lambda - 1} : |\beta\rangle \vdots \exp(|\beta|^2 + \beta^* a - a^\dagger \beta + a^\dagger a) \vdots \quad (1.144)$$

再结合

$$\int \frac{\mathrm{d}^2\beta}{\pi} \vdots \exp(-|\beta|^2 + \beta^* a - a^\dagger \beta + a^\dagger a) \vdots = 1 \quad (1.145)$$

从中可以推导出将任意算符 A 排为反正规乘积排序的公式是

$$A = \int \frac{\mathrm{d}^2\beta}{\pi} \langle -\beta| A |\beta\rangle \vdots \exp(|\beta|^2 + \beta^* a - a^\dagger \beta + a^\dagger a) \vdots \quad (1.146)$$

1.8 复 δ-函数的围道积分表示

根据复数的性质

$$\frac{\partial}{\partial z} = \frac{1}{2}\left(\frac{\partial}{\partial x} - \mathrm{i}\frac{\partial}{\partial y}\right), \quad \frac{\partial}{\partial z^*} = \frac{1}{2}\left(\frac{\partial}{\partial x} + \mathrm{i}\frac{\partial}{\partial y}\right) \quad (1.147)$$

$$\mathrm{d}f = \frac{\partial f}{\partial z}\mathrm{d}z + \frac{\partial f}{\partial z^*}\mathrm{d}z^* \quad (1.148)$$

当我们将直线上的 δ-函数推广到一个单位圆, 对照式 (1.6) 和柯西积分公式

$$f(0) = \frac{1}{2\pi \mathrm{i}} \oint_{\partial c^*} \frac{f(z^*)}{z^*} \mathrm{d}z^* \quad (1.149)$$

其中下标 c^* 代表一个逆时针围道, 就有复 δ-函数的围道积分表示

$$\delta(z^*) = \frac{1}{2\pi \mathrm{i}} \frac{1}{z^*} |_{\partial c^*} \quad (1.150)$$

再对照 $x\delta(x) = 0$, 看到

$$z^* \delta(z^*) = \frac{1}{2\pi \mathrm{i}} |_{\partial c^*} = 0 \quad (1.151)$$

再将柯西积分公式的 n 阶导数公式

$$f^{(n)}(0) = \frac{n!}{2\pi \mathrm{i}} \oint_{\partial c^*} \frac{f(z^*)}{z^{*n+1}} \mathrm{d}z^* \quad (1.152)$$

和 n 阶导数公式

$$f^{(n)}(0) = (-1)^n \int_{-\infty}^{\infty} f(x)\delta(x)\,\mathrm{d}x \quad (1.153)$$

做比较, 可以得到 $\delta(z^*)$ 的 n 阶导数公式

$$\delta^{(n)}(z^*)=\frac{(-1)^n n!}{2\pi \mathrm{i} z^{*n+1}} \tag{1.154}$$

再用式 (1.151) 可知

$$\delta^{(n)}(z^*)=\frac{(-1)^n n!}{z^{*n}}\delta(z^*) \tag{1.155}$$

把它展开得到一系列关系

$$\begin{cases} z^*\delta'(z^*)=-\delta(z^*) \\ z^*\delta''(z^*)=-2\delta'(z^*) \\ \cdots\cdots \\ z^*\delta^{(n+1)}(z^*)=-(n+1)\delta^{(n)}(z^*) \end{cases} \tag{1.156}$$

它们恰好可以被用来研究产生算符 $a^\dagger$ 是否存在本征态, 以往的文献认为 $a^\dagger$ 的本征态恒为零, 范洪义纠正了这种论点, 说明如下:

设 $a^\dagger$ 有本征态, 记为 $|z\rangle_*$, 有

$$a^\dagger|z\rangle_*=z^*|z\rangle_* \tag{1.157}$$

将 $|z\rangle_*$ 用粒子数态的完备性展开

$$|z\rangle_*=\sum_{n=0}^{\infty}|n\rangle\langle n|z\rangle_* \tag{1.158}$$

用 $a^\dagger|n\rangle=\sqrt{n+1}|n+1\rangle$ 得到

$$a^\dagger|z\rangle_*=\sum_{n=0}^{\infty}\sqrt{n+1}|n+1\rangle\langle n|z\rangle_*=z^*\sum_{n=0}^{\infty}|n\rangle\langle n|z\rangle_* \tag{1.159}$$

比较两边 $|n\rangle$ 的系数, 就看到有递推关系

$$0=z^*\langle 0|z\rangle_* \tag{1.160}$$

$$\langle 0|z\rangle_*=z^*\langle 1|z\rangle_* \tag{1.161}$$

$$\sqrt{2}\langle 1|z\rangle_*=z^*\langle 2|z\rangle_* \tag{1.162}$$

$$\sqrt{n}\langle n-1|z\rangle_*=z^*\langle n|z\rangle_* \tag{1.163}$$

解上述方程组得

$$\langle 0|z\rangle_*=\delta(z^*) \tag{1.164}$$

$$\langle 1|z\rangle_*=-\delta'(z^*) \tag{1.165}$$

$$\langle n | z \rangle_* = \frac{(-1)^n}{\sqrt{n!}} \delta^{(n)}(z^*) \tag{1.166}$$

故 $a^\dagger$ 的本征态用粒子数态展开为

$$|z\rangle_* = \sum_{n=0}^{\infty} |n\rangle \langle n | z \rangle_* = \sum_{n=0}^{\infty} |n\rangle \frac{(-1)^n}{\sqrt{n!}} \delta^{(n)}(z^*) \tag{1.167}$$

然其展开系数是奇异的高阶 δ-函数. 特别地, 当 $\xi^* = 0$, $|z'^*| > |z|^*$ 时有

$$\delta(z'^* - z^*) = \sum_n \frac{(-z^*)^n}{n!} \delta^{(n)}(z'^*) \tag{1.168}$$

这样一来, 当 $|z'^*| > |z^*|$ 时, 就可证明正交性

$$\begin{aligned}\langle z | z' \rangle_* &= \langle 0 | \mathrm{e}^{az^*} \sum_{n=0}^{\infty} |n\rangle \frac{(-1)^n}{\sqrt{n!}} \delta^{(n)}(z'^*) = \langle m | \sum_{m=0}^{\infty} \frac{z^{*m}}{\sqrt{m!}} \sum_{n=0}^{\infty} |n\rangle \frac{(-1)^n}{\sqrt{n!}} \delta^{(n)}(z'^*) \\ &= \sum_{n=0}^{\infty} \frac{(-z^*)^n}{n!} \delta^{(n)}(z'^*) = \delta(z'^* - z^*)\end{aligned} \tag{1.169}$$

这与将柯西积分公式展开

$$\begin{aligned}f(z^*) &= \frac{1}{2\pi \mathrm{i}} \oint_{\partial c^*} \frac{f(z'^*)}{z'^* - z^*} \mathrm{d}z'^* \\ &= \frac{1}{2\pi \mathrm{i}} \oint_{\partial c^*} \frac{f(z'^*)}{z'^* - \xi^*} \mathrm{d}z'^* + \frac{z^* - \xi^*}{2\pi \mathrm{i}} \oint_{\partial c^*} \frac{f(z'^*)}{(z'^* - \xi^*)^2} \mathrm{d}z'^* \\ &\quad + \frac{(z^* - \xi^*)^2}{2\pi \mathrm{i}} \oint_{\partial c^*} \frac{f(z'^*)}{(z'^* - \xi^*)^3} \mathrm{d}z'^* + \cdots \\ &\quad + \frac{(z^* - \xi^*)^n}{2\pi \mathrm{i}} \oint_{\partial c^*} \frac{f(z'^*)}{(z'^* - \xi^*)^{n+1}} \mathrm{d}z'^* + \cdots \quad \left(\left| \frac{z^* - \xi^*}{z'^* - \xi^*} \right| < 1 \right)\end{aligned} \tag{1.170}$$

得出的结论一致, 即

$$\begin{aligned}\delta(z'^* - z^*) &= \delta(z'^* - \xi^*) - (z^* - \xi^*) \delta'(z'^* - z^*) + \cdots \\ &\quad + \frac{(-1)^n (z^* - \xi^*)^n}{n!} \delta^{(n)}(z'^* - z^*) + \cdots\end{aligned} \tag{1.171}$$

1.9 产生算符本征态及其性质

受以上启发, 我们定义态矢量

$$|z\rangle_* = \delta\left(z^* - a^\dagger\right)|0\rangle \tag{1.172}$$

则由 δ-函数的功能知道, $a^\dagger|z\rangle_* = z^*|z\rangle_*$. 产生算符本征态与 δ-函数相关是可以理解的, 因为诞生一个东西是“突兀”的, 与 δ-函数的图形很相似. 再将 $|z\rangle_*$ 改写为

$$\begin{aligned}
|z\rangle_* &= \exp\left(-a^\dagger\frac{\mathrm{d}}{\mathrm{d}z^*}\right)\delta(z^*)|0\rangle \\
&= \sum_{n=0}^{\infty}\frac{1}{n!}\left(-a^\dagger\frac{\mathrm{d}}{\mathrm{d}z^*}\right)^n\delta(z^*)|0\rangle \\
&= \sum_{n=0}^{\infty}\frac{(-1)^n}{\sqrt{n!}}\delta^{(n)}(z^*)|n\rangle \\
&= \frac{1}{2\pi\mathrm{i}}\sum_{n=0}^{\infty}\frac{\sqrt{n!}}{z^{*n+1}}|n\rangle|_{c^*}
\end{aligned} \tag{1.173}$$

可知 $a^\dagger|z\rangle_* = z^*|z\rangle_*$. 事实上, 用 $a^\dagger|n\rangle = \sqrt{n+1}|n+1\rangle$ 得

$$\begin{aligned}
a^\dagger|z\rangle_* &= \sum_{n=0}^{\infty}\frac{(-1)^n}{\sqrt{n!}}\delta^{(n+1)}(z^*)\sqrt{n+1}|n+1\rangle \\
&= z^*\sum_{n=0}^{\infty}\frac{(-1)^{n+1}}{\sqrt{(n+1)!}}\delta^{(n+1)}(z^*)|n+1\rangle \\
&= z^*|z\rangle_* - z^*\delta(z^*)|0\rangle = z^*|z\rangle_*
\end{aligned} \tag{1.174}$$

可见 $|z\rangle_*$ 确实是产生算符本征态. 对照复变函数理论中的 Laurent 展开

$$F(z+\eta) = \sum_{n=0}^{\infty}c_n\eta^n + \sum_{n=0}^{\infty}\mathrm{d}_{n+1}\frac{1}{\eta^{n+1}} \tag{1.175}$$

可见第一部分对应消灭算符本征态 (相干态), 第二部分对应产生算符本征态.

引入未归一的相干态 $\langle z\| = \langle 0|\mathrm{e}^{z^*a}$, 用 IWOP 方法可以证明以下新的完备性关系:

$$\oint_{c^*}|z\rangle_*\ \langle z\|\mathrm{d}z^* = \oint_{c^*}\delta\left(z^*-a^\dagger\right)|0\rangle\langle 0|\mathrm{e}^{z^*a}\mathrm{d}z^*$$

$$
\begin{aligned}
&=\oint_{c^*}\delta\left(z^*-a^\dagger\right):\mathrm{e}^{-a^\dagger a}:\mathrm{e}^{z^*a}\mathrm{d}z^*\\
&=\oint_{c^*}:\delta\left(z^*-a^\dagger\right)\mathrm{e}^{-a^\dagger a}\mathrm{e}^{z^*a}\mathrm{d}z^*:\\
&=:\mathrm{e}^{-a^\dagger a}\mathrm{e}^{a^\dagger a}:=1
\end{aligned}
\tag{1.176}
$$

这里的 c^* 围道绕原点. 这是量子力学的一个在复数域上的完备性. 作为其应用, 考虑态矢量 $|x\rangle$, 其构造是

$$
\pi^{-\frac{1}{4}}\exp\left(-\frac{x^2}{2}+\sqrt{2}xa^\dagger-\frac{a^{\dagger 2}}{2}\right)|0\rangle=|x\rangle \tag{1.177}
$$

(在第 2 章中将指出它是坐标本征态), 就有

$$
\begin{aligned}
|x\rangle&=\oint_{c^*}\mathrm{d}z^*|z\rangle_*\ \langle z\|\,x\rangle=\pi^{-\frac{1}{4}}\oint_{c^*}\mathrm{d}z^*|z\rangle_*\exp\left(-\frac{x^2}{2}+\sqrt{2}xz^*-\frac{z^{*2}}{2}\right)\\
&=\pi^{-\frac{1}{4}}\oint_{c^*}\mathrm{d}z^*\sum_{n=0}^{\infty}\frac{(-1)^n}{\sqrt{n!}}\delta^{(n)}\left(z^*\right)|n\rangle\exp\left(-\frac{x^2}{2}+\sqrt{2}xz^*-\frac{z^{*2}}{2}\right)\\
&=\pi^{-\frac{1}{4}}\mathrm{e}^{-\frac{x^2}{2}}\sum_{n=0}^{\infty}\oint_{c^*}\mathrm{d}z^*\frac{\sqrt{n!}}{2\pi\mathrm{i}z^{*n+1}}\exp\left(\sqrt{2}xz^*-\frac{z^{*2}}{2}\right)|n\rangle
\end{aligned}
\tag{1.178}
$$

比较

$$
|x\rangle=\sum_{n=0}^{\infty}|n\rangle\langle n|\,x\rangle \tag{1.179}
$$

就可知道

$$
\langle n|\,x\rangle=\pi^{-1/4}\mathrm{e}^{-\frac{x^2}{2}}\oint_{c^*}\mathrm{d}z^*\frac{\sqrt{n!}}{2\pi\mathrm{i}z^{*n+1}}\mathrm{e}^{\sqrt{2}xz^*-\frac{z^{*2}}{2}}=\sum_{n=0}^{\infty}|n\rangle\frac{\mathrm{H}_n(x)}{\sqrt{2^n n!}} \tag{1.180}
$$

令

$$
\frac{1}{2\pi\mathrm{i}}\oint_{c^*}\mathrm{d}z^*\frac{\sqrt{n!}}{z^{*n+1}}\mathrm{e}^{\sqrt{2}xz^*-\frac{z^{*2}}{2}}\equiv\frac{\mathrm{H}_n(x)}{\sqrt{2^n n!}} \tag{1.181}
$$

$\mathrm{H}_n(x)$ 是将在第 2 章阐述的一个特殊函数——厄密多项式, 其回路积分式就是

$$
\begin{aligned}
\mathrm{H}_n(x)&=\frac{n!}{2\pi\mathrm{i}}\oint_{c^*}\mathrm{d}z^*\frac{1}{z^{*n+1}}\mathrm{e}^{2xz^*-z^{*2}}=\frac{n!}{2\pi\mathrm{i}}\mathrm{e}^{x^2}\oint_{c^*}\mathrm{d}z^*\frac{1}{z^{*n+1}}\mathrm{e}^{-(z^*-x)^2}\\
&=\mathrm{e}^{x^2}\left(-\frac{\mathrm{d}}{\mathrm{d}x}\right)^n\mathrm{e}^{-x^2}
\end{aligned}
\tag{1.182}
$$

最后一步应用了柯西积分公式.

关系 $\oint_{c^*}|z\rangle_*\langle z\|=1$ 是用量子力学观点来分析 z-变换 [(z-transformation) 见第 12 章] 的出发点. z-变换可将时域信号 (即离散时间序列) 变换为在复频域的表达式. 它在离散时间信号处理中的地位, 如同拉普拉斯变换在连续时间信号处理中的地位.

离散信号系统的系统函数 (或者称传递函数) 一般均以该系统对单位抽样信号的响应的 z-变换表示. z-变换是将离散系统 $f[n]$ 的时域数学模型——差分方程转化为较简单的频域数学模型——代数方程, 以简化求解过程的一种数学工具.

我们将在第 12 章说明数学 z-变换与量子力学中的数态 $|n\rangle$ 表象和相干态表象 $|(z)\rangle$ 之间的变换存在着一一对应.

产生算符存在本征态 $|z\rangle_*$ 是范洪义等首先指出及推导的, 后来德国物理学家 Alfred Wnsche 将其进一步发展.

2

第 2 章

算符δ-函数的乘积在有序化算符中的应用

把 δ-函数 $\delta(x)$ 中的实数 x 改为坐标算符 $X, \delta(x) \rightarrow \delta(X)$, 称为算符 δ-函数, 代表在 x 处测定到粒子. 本章我们尽量发挥算符 δ-函数的性质及其傅里叶变换, 看从它如何求出量子力学的基本表象, 包括纠缠态表象, 再介绍它在有序化算符中的应用.

物理学家费曼曾给一位数学家写信, 其中有关于有序算子的一段议论:

"我发现有序算子是一件很好玩的事情 (时间就是一种非常特殊的有序参数). 我从一开始就知道它们的用途很多, 可以和随机算子分庭抗礼. 我花了很多时间, 想找出公式, 尝试解决随机搅拌涂料的混合率问题, 或是解答外地核层的随机对流产生的地球磁场, 当然也包括道理相通的紊流问题. 但是都还没有令自己满意的进展, 因此我没有在这几方面发表任何论文. 不过我知道, 有序算子总有一天会变得非常重要.

很高兴数学家也跑进来玩了, 相信你也觉得这个东西很好玩. 根据你的引述, 它似乎具备了所有会迷惑数学家的条件, 它 '和原罪亲密接触, 令数学家头痛'. "

以下我们就用有序算符内积分方法和算符 δ-函数的性质解决历史上遗留下来的量子算符排序中的一些疑难问题, 例如有无直截了当地把坐标-动量序重排为动量-坐标序的公式等, 以发展量子力学的数理基础.

2.1 从 $\delta(x-X)$ 导出坐标表象完备性的高斯积分形式

如今, 狄拉克发明的符号法业已成为量子论的“语言”, 量子论的数理基础就是他建立的表象和变换理论. 狄拉克生前一直希望看到抽象的符号法本身的数学能得到发展, 并有更多的物理应用, 以便能或多或少地退“抽象”, 这无疑是在指示数学物理方法发展的一个新方向. 狄拉克将归一化的薛定谔波函数 $\psi(x)$ 记为 $\langle x|\psi\rangle$, 即抽象出坐标本征态 $\langle x|$,$\langle x|\psi\rangle$ 是量子态 $|\psi\rangle$ 在坐标表象的“投影”, x 是坐标算符 X 的本征值, 坐标测量算符是 $|x\rangle\langle x|$, 这是因为取 $|x\rangle\langle x|$ 在 $|\psi\rangle$ 的平均值给出

$$\langle\psi|x\rangle\langle x|\psi\rangle=|\psi(x)|^2 \tag{2.1}$$

此式表示在 x 处找到粒子的概率. 玻恩提出的量子力学的概率假设是: 空间中任何一点的波的强度 (数学上用波函数的绝对值平方 $|\psi(x)|^2$ 表示) 是在这一点碰到粒子的概率的大小. 据此观点打个比方, 设适逢流感波及一个村庄, 这意味着村里的人患流感的概率增大了. 波动描述的是患病的统计图像, 而非流感病原体本身. 物质波以同样方式描述的仅仅是概率的统计图像, 而非粒子自身数量. 波函数仅仅决定一个粒子的行径概率, 此波也未被赋予能量和动量. 鉴于物理要求在全空间找到粒子的几率为 1, 故有

$$\int_{-\infty}^{\infty}\mathrm{d}x|\psi(x)|^2=1 \tag{2.2}$$

狄拉克发明的符号法将此抽象为

$$\int_{-\infty}^{\infty}\mathrm{d}x|x\rangle\langle x|=1 \tag{2.3}$$

是坐标表象的完备性. 比较

$$\int_{-\infty}^{\infty}\mathrm{d}x\delta(x-X)=1 \tag{2.4}$$

可见

$$|x\rangle\langle x|=\delta(x-X) \tag{2.5}$$

$\delta(x-X)$ 代表测定粒子在 x 处, 故 $|x\rangle\langle x|$ 用算符 δ-函数表述并不奇怪.

以下我们指出从 $\delta(x-X)$ 的分解导出坐标表象完备性的高斯积分形式. 用傅里叶变换 $X=\frac{a+a^\dagger}{\sqrt{2}}$ 和 IWOP 方法得到

$$
\begin{aligned}
|x\rangle\langle x| = \delta(x-X) &= \frac{1}{2\pi}\int_{-\infty}^{\infty}\mathrm{d}p\exp[\mathrm{i}p(x-X)] \\
&= \frac{1}{2\pi}\int_{-\infty}^{\infty}\mathrm{d}p\exp\left[\mathrm{i}p\left(x-\frac{a+a^\dagger}{\sqrt{2}}\right)\right] \\
&= \frac{1}{2\pi}\int_{-\infty}^{\infty}\mathrm{d}p:\exp\left[-\frac{1}{4}p^2+\mathrm{i}p\left(x-\frac{a^\dagger}{\sqrt{2}}\right)+\mathrm{i}p\frac{a}{\sqrt{2}}\right]: \\
&= \frac{1}{\sqrt{\pi}}:\exp\left[-\left(x-\frac{a+a^\dagger}{\sqrt{2}}\right)^2\right]:=\frac{1}{\sqrt{\pi}}:\mathrm{e}^{-(x-X)^2}:
\end{aligned}
\tag{2.6}
$$

这是正规乘积内的正态分布的形式, 所以坐标表象完备性改写成高斯积分 (正态分布形式)

$$
\int_{-\infty}^{\infty}\mathrm{d}x\,|x\rangle\langle x| = \int_{-\infty}^{\infty}\frac{\mathrm{d}x}{\sqrt{\pi}}:\mathrm{e}^{-\left(x-\frac{a+a^\dagger}{\sqrt{2}}\right)^2}:=1 \tag{2.7}
$$

此简洁公式首先由中国的一个研究生在 20 世纪 70 年代发现. 注意到 $|0\rangle\langle 0| =: \mathrm{e}^{-a^\dagger a}:$, 我们就可以将此正规乘积分拆为

$$
\begin{aligned}
|x\rangle\langle x| =: \mathrm{e}^{-\left(x-\frac{a+a^\dagger}{\sqrt{2}}\right)^2}:&=\frac{1}{\sqrt{\pi}}\exp\left[-x^2+\sqrt{2}xa^\dagger-\frac{a^{\dagger 2}}{2}\right]:\mathrm{e}^{-a^\dagger a}:\exp\left(\sqrt{2}xa-\frac{a^2}{2}\right) \\
&= \frac{1}{\sqrt{\pi}}\exp\left(-\frac{x^2}{2}+\sqrt{2}xa^\dagger-\frac{a^{\dagger 2}}{2}\right)|0\rangle\langle 0|\exp\left(-\frac{x^2}{2}+\sqrt{2}xa-\frac{a^2}{2}\right)
\end{aligned}
\tag{2.8}
$$

可见

$$
\pi^{-\frac{1}{4}}\exp\left(-\frac{x^2}{2}+\sqrt{2}xa^\dagger-\frac{a^{\dagger 2}}{2}\right)|0\rangle = |x\rangle \tag{2.9}
$$

这就是坐标本征态在福克空间中的表示. 事实上, 它满足方程

$$
\begin{aligned}
a|x\rangle &= \pi^{-\frac{1}{4}}\left[a,\exp\left(-\frac{x^2}{2}+\sqrt{2}xa^\dagger-\frac{a^{\dagger 2}}{2}\right)\right]|0\rangle \\
&= \left(\sqrt{2}x-a^\dagger\right)|x\rangle
\end{aligned}
\tag{2.10}
$$

所以确实有

$$
X|x\rangle = \frac{a+a^\dagger}{\sqrt{2}}|x\rangle = x|x\rangle \tag{2.11}
$$

即式 (2.9) 恰好是坐标 X 的本征态. 又由 $[X,P]=\mathrm{i}$, 可见

$$
P=\frac{a-a^\dagger}{\sqrt{2}\mathrm{i}} \tag{2.12}
$$

所以

$$
P|x\rangle = \frac{a-a^\dagger}{\sqrt{2}\mathrm{i}}|x\rangle = \frac{x-\sqrt{2}a^\dagger}{\mathrm{i}}|x\rangle = \mathrm{i}\frac{\mathrm{d}}{\mathrm{d}x}|x\rangle \tag{2.13}
$$

或动量算符的 $|x\rangle$ 表象是

$$\langle x|P = -\mathrm{i}\frac{\mathrm{d}}{\mathrm{d}x}\langle x| \tag{2.14}$$

2.2 从 $\delta(p-P)$ 导出动量表象完备性的正规乘积形式

类似地, 从动量算符 $p=\frac{a-a^\dagger}{\sqrt{2}\mathrm{i}}$ 的 δ-函数 $\delta(p-P)$ 的傅里叶变换给出

$$\begin{aligned}\delta(p-P) &= \frac{1}{2\pi}\int_{-\infty}^{\infty}\mathrm{d}x\exp[\mathrm{i}x(p-P)]\\ &= \frac{1}{2\pi}\int_{-\infty}^{\infty}\mathrm{d}x\exp[\mathrm{i}x(p-\frac{a-a^\dagger}{\sqrt{2}\mathrm{i}})]\\ &= \frac{1}{2\pi}\int_{-\infty}^{\infty}\mathrm{d}x:\exp\left[-\frac{1}{4}x^2+\mathrm{i}x(p-\frac{a^\dagger}{\sqrt{2}})+\mathrm{i}x\frac{a}{\sqrt{2}}\right]:\\ &= \frac{1}{\sqrt{\pi}}:\exp-\left(p-\frac{a-a^\dagger}{\sqrt{2}\mathrm{i}}\right)^2:\\ &= \frac{1}{\sqrt{\pi}}:\mathrm{e}^{-(p-P)^2}:\equiv|p\rangle\langle p|\end{aligned} \tag{2.15}$$

注意到 $|0\rangle\langle 0| =: \mathrm{e}^{-a^\dagger a}:$, 可得动量本征态

$$|p\rangle = \pi^{-1/4}\exp\left(-\frac{p^2}{2}+\sqrt{2}\mathrm{i}pa^\dagger+\frac{a^{\dagger 2}}{2}\right)|0\rangle \tag{2.16}$$

它代表一个平面波, 无穷多平面波的叠加相当于一个坐标本征态 $|x=0\rangle$, 即

$$\begin{aligned}\int_{-\infty}^{\infty}\mathrm{d}p\,|p\rangle &= \pi^{-1/4}\int_{-\infty}^{\infty}\mathrm{d}p\exp[-\frac{p^2}{2}+\sqrt{2}\mathrm{i}pa^\dagger+\frac{a^{\dagger 2}}{2}]|0\rangle\\ &= \sqrt{2}\pi^{1/4}\mathrm{e}^{-\frac{a^{\dagger 2}}{2}}|0\rangle = \sqrt{2\pi}|x=0\rangle\end{aligned} \tag{2.17}$$

进一步可证 $|p\rangle$ 的完备正交性

$$\int_{-\infty}^{\infty}\mathrm{d}p\,|p\rangle\langle p| = \frac{1}{\sqrt{\pi}}\int_{-\infty}^{\infty}:\mathrm{e}^{-(p-P)^2}:=1 \tag{2.18}$$

$$\langle p'|p\rangle = \delta(p-p') \tag{2.19}$$

从

$$\langle x|P|p\rangle = \left(-\mathrm{i}\frac{\mathrm{d}}{\mathrm{d}x}\right)\langle x|p\rangle = p\langle x|p\rangle \tag{2.20}$$

和

$$\langle x|P=-\mathrm{i}\hbar\frac{\mathrm{d}}{\mathrm{d}x}\langle x| \tag{2.21}$$

及归一化手续解得 (恢复普朗克常数 $\hbar$)

$$\langle x|p\rangle=\frac{1}{\sqrt{2\pi\hbar}}\mathrm{e}^{\mathrm{i}xp/\hbar} \tag{2.22}$$

事实上

$$\begin{aligned}\delta(x-x')&=\int_{-\infty}^{\infty}\mathrm{d}p\frac{1}{2\pi\hbar}\mathrm{e}^{\mathrm{i}\left(x-x'\right)p/\hbar}\\&=\int_{-\infty}^{\infty}\mathrm{d}p\frac{1}{\sqrt{2\pi\hbar}}\mathrm{e}^{\mathrm{i}xp/\hbar}\frac{1}{\sqrt{2\pi\hbar}}\mathrm{e}^{-\mathrm{i}x'p/\hbar}\\&=\int_{-\infty}^{\infty}\mathrm{d}p\langle x|p\rangle\langle p|x'\rangle=\langle x|x'\rangle\end{aligned} \tag{2.23}$$

可见, 傅里叶变换的量子力学观是坐标–动量表象变换 (以后我们还要指出汉克尔变换的量子力学观是两个诱导纠缠态表象之间的变换). 坐标本征态和动量本征态的相悖相成反映了德布罗意的波粒二象性. 换言之, 波粒二象的数学形式即表达为坐标–动量表象变换, 坐标–动量表象的共轭关系与海森伯的不确定原理自洽. 值得指出, 历史上, 海森伯是在爱因斯坦的“正是理论决定什么是可以观察的”的启发下, 根据“只有能用量子力学的数学方程式表示的那些情况, 才能在自然界中找到”的基本原则, 又考虑了同时想知道一个波包的速度和其位置的最佳精度是多少的问题, 而奠定了不确定原理. 而玻恩关于量子力学的概率假设也与波粒二象理论自洽, 所以狄拉克的表象变换理论从数学上也反映了量子力学的概率假设.

2.3 用 IWOP 方法推导径向坐标算符的正规乘积展开

在 2.2 节中, 用 IWOP 方法我们已经把一维坐标表象 $|x\rangle$ 完备性纳入了正规乘积内的高斯积分形式, 那么三维坐标表象 $|\vec{r}\rangle=|x,y,z\rangle$ 完备性的高斯积分形式是

$$\iiint|\vec{r}\rangle\langle\vec{r}|\mathrm{d}^3\vec{r}=\iiint\frac{1}{\pi^{3/2}}:\exp\left\{-\left[(x-X)^2+(y-Y)^2+(z-Z)^2\right]\right\}:\mathrm{d}^3\vec{r}$$

$$= 1 \tag{2.24}$$

这里 X, Y, Z 是三维坐标算符. 下面我们给出式 (2.24) 的应用.

设 $V(x,y,z)$ 是三维亥姆霍兹方程

$$\nabla^2 V + \lambda^2 V = 0 \tag{2.25}$$

的解, ∇^2 对应动量算符 $\vec{P}^2$, $\exp[\mathrm{i}(\alpha P_x + \beta P_y + \gamma P_z)]$ 是坐标空间的平移算符, (α, β, γ) 是平移量, 式 (2.25) 经过平移算符作用后得到

$$\nabla^2 U + \lambda^2 U = 0 \tag{2.26}$$

这里

$$U_{\alpha,\beta,\gamma}(x,y,z) = V(x+\alpha, y+\beta, z+\gamma) \tag{2.27}$$

也满足亥姆霍兹方程. 引入球坐标 $x = r\sin\theta\cos\varphi$, $y = r\sin\theta\sin\varphi$, $z = r\cos\theta$, 则拉普拉斯运算为

$$\begin{aligned}\nabla^2 &= \frac{1}{r^2}\frac{\partial}{\partial r}\left(r^2\frac{\partial}{\partial r}\right) + \frac{1}{r^2}\left(\frac{\partial^2}{\partial\theta^2} + \cot\theta\frac{\partial}{\partial\theta} + \frac{1}{\sin^2\theta}\frac{\partial^2}{\partial\varphi^2}\right) \\ &= \frac{1}{r^2}\frac{\partial}{\partial r}\left(r^2\frac{\partial}{\partial r}\right) - \frac{L^2}{\hbar^2 r^2}\end{aligned} \tag{2.28}$$

这里 L 是角动量算符, 由量子力学的常识知道 L^2 的本征值是 $l(l+1)$. 令 $\mu = \cos\theta$, 我们可以改写式 (2.28) 为

$$\frac{1}{r^2}\left[\frac{\partial}{\partial r}\left(r^2\frac{\partial U}{\partial r}\right) + \frac{\partial}{\partial\mu}\left(\left(1-\mu^2\right)\frac{\partial U}{\partial\mu}\right) + \frac{1}{1-\mu^2}\frac{\partial^2 U}{\partial\varphi^2}\right] + \lambda^2 U = 0 \tag{2.29}$$

定义 $U_{\alpha,\beta,\gamma}(x,y,z)$ 在 θ-φ 空间的平均值为 $u_{\alpha,\beta,\gamma}(r)$, 则有

$$u_{\alpha,\beta,\gamma}(r) \equiv \int_0^\pi \sin\theta\mathrm{d}\theta\int_{-\pi}^{\pi}\mathrm{d}\varphi U_{\alpha,\beta,\gamma}(x,y,z) \tag{2.30}$$

令 $\mu = \cos\theta$, 上式为

$$\begin{aligned}u_{\alpha,\beta,\gamma}(r) &= \int_{-1}^{1}\mathrm{d}\mu\int_{-\pi}^{\pi}\mathrm{d}\varphi U_{\alpha,\beta,\gamma}(x,y,z) \\ &= \int_{-1}^{1}\int_{-\pi}^{\pi}V(x+\alpha, y+\beta, z+\gamma)\mathrm{d}\mu\mathrm{d}\varphi\end{aligned} \tag{2.31}$$

其在 $r = 0$ 处是

$$u_{\alpha,\beta,\gamma}(0) = \int_{-1}^{1}\int_{-\pi}^{\pi}V(\alpha,\beta,\gamma)\mathrm{d}\mu\mathrm{d}\varphi = 4\pi V(\alpha,\beta,\gamma) \tag{2.32}$$

根据 $V(x,y,z)=V(r\sin\theta\cos\varphi,\ r\sin\theta\sin\varphi,r\cos\theta)$ 关于 φ 有周期性, 所以

$$\int_{-1}^{1}\mathrm{d}\mu\int_{-\pi}^{\pi}\mathrm{d}\varphi\left[\frac{\partial}{\partial\mu}\left(\left(1-\mu^2\right)\frac{\partial U}{\partial\mu}\right)+\frac{1}{1-\mu^2}\frac{\partial^2 U}{\partial\varphi^2}\right]=0 \tag{2.33}$$

故而 $u_{\alpha,\beta,\gamma}(r)$ 满足径向方程

$$\frac{1}{r^2}\frac{\partial}{\partial r}\left(r^2\frac{\partial u_{\alpha,\beta,\gamma}(r)}{\partial r}\right)+\lambda^2 u_{\alpha,\beta,\gamma}(r)=0 \tag{2.34}$$

$u_{\alpha,\beta,\gamma}(r)$ 也可被视为亥姆霍兹方程在 $l=0$ 情形下的解，为

$$u_{\alpha,\beta,\gamma}(r)=u_{\alpha,\beta,\gamma}(0)\frac{\sin\lambda r}{\lambda r}=4\pi V(\alpha,\beta,\gamma)\frac{\sin\lambda r}{\lambda r} \tag{2.35}$$

注意到 $\sqrt{\dfrac{2}{\pi}}\dfrac{\sin\lambda r}{r}$ 是归一化好了的球拉普拉斯函数

$$\frac{2}{\pi}\int_0^{\infty}\frac{\sin\lambda r}{r}\frac{\sin\lambda' r}{r}r^2\mathrm{d}r=\delta(\lambda-\lambda') \tag{2.36}$$

于是我们就有一个关于三维亥姆霍兹方程解的引理:

设 $V(x',y',z')$ 满足亥姆霍兹方程 (2.23), 则计算得

$$\begin{aligned}
&\iiint V(x',y',z')\exp\left\{-p^2\left[(x-x')^2+(y-y')^2+(z-z')^2\right]\right\}\mathrm{d}x'\mathrm{d}y'\mathrm{d}z'\\
&\overset{x'-x=x'',y'-y=y'',z'-z=z''}{=}\iiint V(x''+x,y''+y,z''+z)\\
&\qquad\times\exp\{-p^2\left[x''^2+y''^2+z''^2\right]\}\mathrm{d}x''\mathrm{d}y''\mathrm{d}z''\\
&\overset{x'',y'',z''\to r'',\theta'',\varphi''}{=}\int_0^{\infty}r''^2\mathrm{d}r''\mathrm{e}^{-p^2r''^2}\int_{-1}^{1}\int_{-\pi}^{\pi}U_{x,y,z}(x'',y'',z'')\mathrm{d}\mu''\mathrm{d}\varphi''\\
&=\int_0^{\infty}r''^2\mathrm{d}r''\mathrm{e}^{-p^2r''^2}u_{x,y,z}(r'')=u_{\alpha,\beta,\gamma}(0)\int_0^{\infty}r''^2\mathrm{d}r''\mathrm{e}^{-p^2r''^2}\frac{\sin\lambda r''}{\lambda r''}
\end{aligned} \tag{2.37}$$

鉴于

$$\begin{aligned}
\int_0^{\infty}r''^2\mathrm{e}^{-p^2r''^2}\frac{\sin\lambda r''}{\lambda r''}\mathrm{d}r''&=\frac{1}{2}\int_{-\infty}^{\infty}t^2\mathrm{e}^{-p^2t^2}\frac{\sin\lambda t}{\lambda t}\mathrm{d}t\\
&=\frac{1}{2\lambda}\int_{-\infty}^{\infty}t\mathrm{e}^{-p^2t^2+\mathrm{i}\lambda t}\mathrm{d}t\\
&=\frac{1}{2\lambda}\frac{\partial}{\mathrm{i}\partial\lambda}\int_{-\infty}^{\infty}\mathrm{e}^{-p^2t^2+\mathrm{i}\lambda t}\mathrm{d}t\\
&=\frac{1}{2\lambda}\frac{\partial}{\mathrm{i}\partial\lambda}\left(\sqrt{\frac{\pi}{p^2}}\mathrm{e}^{-\frac{\lambda^2}{4p^2}}\right)=\frac{\sqrt{\pi}}{4p^3}\mathrm{e}^{-\frac{\lambda^2}{4p^2}}
\end{aligned} \tag{2.38}$$

由此得出引理: 对于亥姆霍兹方程的解 $V(x',y',z')$, 我们有积分公式

$$\iiint V(x',y',z')\exp\left\{-p^2\left[(x-x')^2+(y-y')^2+(z-z')^2\right]\right\}\mathrm{d}x'\mathrm{d}y'\mathrm{d}z'$$

$$= \frac{\pi^{3/2}}{p^3} \mathrm{e}^{-\frac{\lambda^2}{4p^2}} V(x,y,z) \tag{2.39}$$

引入三维空间的径向坐标算符 $\hat{r}$ ($\hat{r}$ 的本征值是 r), 有

$$\hat{r} \left| \overrightarrow{r} \right\rangle = r \left| \overrightarrow{r} \right\rangle \tag{2.40}$$

由三维坐标表象 $\left| \overrightarrow{r} \right\rangle$ 的完备性, 对亥姆霍兹方程的解 $\dfrac{\sin\lambda r}{\lambda r}$, 我们导出新的算符公式

$$\begin{aligned}
\frac{\sin\lambda\hat{r}}{\lambda\hat{r}} &= \iiint \frac{\sin\lambda r}{\lambda r} \left| \overrightarrow{r} \right\rangle \left\langle \overrightarrow{r} \right| d^3 \overrightarrow{r} \\
&= \frac{1}{\pi^{3/2}} \iiint \frac{\sin\lambda r}{\lambda r} : \exp\left\{ -\left[(x-X)^2 + (y-Y)^2 + (z-Z)^2 \right] \right\} : \mathrm{d}^3 \overrightarrow{r} \\
&= \mathrm{e}^{-\frac{\lambda^2}{4}} : \frac{\sin\lambda\hat{r}}{\lambda\hat{r}} :
\end{aligned} \tag{2.41}$$

这是一个值得注意的算符恒等式. 为了证实它, 一方面, 我们用泰勒公式展开

$$\frac{\sin\lambda\hat{r}}{\lambda\hat{r}} = \sum_{n=0}^{\infty} \frac{(-1)^n \lambda^{2n} \hat{r}^{2n}}{(2n+1)!} \tag{2.42}$$

另一方面, 我们有

$$\begin{aligned}
\mathrm{e}^{-\frac{\lambda^2}{4}} : \frac{\sin\lambda\hat{r}}{\lambda\hat{r}} : &= \sum_{l=0}^{\infty} \frac{(-1)^l \lambda^{2l}}{4^l l!} : \frac{\sin\lambda\hat{r}}{\lambda\hat{r}} : \\
&= \sum_{l=0}^{\infty} \sum_{m=0}^{\infty} \frac{(-1)^{m+l} \lambda^{2m+2l}}{4^l (2m+1)! l!} : \hat{r}^{2m} : \\
&= \sum_{l=0}^{\infty} \sum_{n=l}^{\infty} \frac{(-1)^n \lambda^{2n}}{(2n+1)!} \frac{(2n+1)!}{4^l (2n+1-2l)! l!} : \hat{r}^{2n-2l} : \\
&= \sum_{n=0}^{\infty} \frac{(-1)^n \lambda^{2n}}{(2n+1)!} \sum_{l=0}^{n} \frac{(2n+1)!}{4^l (2n+1-2l)! l!} : \hat{r}^{2n-2l} :
\end{aligned} \tag{2.43}$$

比较得到径向坐标算符的幂的正规乘积展开

$$\hat{r}^{2n} = \sum_{l=0}^{n} \frac{(2n+1)!}{4^l (2n+1-2l)! l!} : \hat{r}^{2n-2l} : \tag{2.44}$$

例如:

$$\begin{cases}
\hat{r}^2 =: \hat{r}^2 : + \dfrac{3}{2} \\
\hat{r}^4 =: \hat{r}^4 : +5 : \hat{r}^2 : + \dfrac{15}{4}
\end{cases} \tag{2.45}$$

这些等式可以用 IWOP 方法对下式积分:

$$\hat{r}^n = \iiint r^n \left| \overrightarrow{r} \right\rangle \left\langle \overrightarrow{r} \right| d^3 \overrightarrow{r} = \frac{1}{\pi^{3/2}} \iiint r^n : \exp\left\{ -\left[(x-X)^2 + (y-Y)^2 + (z-Z)^2 \right] \right\} : \mathrm{d}^3 \overrightarrow{r} \tag{2.46}$$

得到验证.

以上我们用 IWOP 方法发现了三维亥姆霍兹方程的解在量子力学的新应用.

(习题: 求屏蔽库伦势算符 $V(\hat{r})=\dfrac{\mathrm{e}^{-\alpha\hat{r}}}{\hat{r}}$ 的正规乘积展开.)

下面讨论两维情况.

当 $W(x,y)$ 满足亥姆霍兹方程

$$\frac{\partial^2 W}{\partial x^2}+\frac{\partial^2 W}{\partial y^2}+\sigma^2 W=0 \tag{2.47}$$

此方程有解, 取极坐标的形式为

$$W=J_\nu(\sigma r)(A\cos\nu\theta+B\sin\nu\theta) \tag{2.48}$$

$J_\nu(\sigma r)$ 是贝塞尔函数. 则类似地我们有等式

$$\iint_{-\infty}^{\infty}W(x',y')\exp\left\{-p^2\left[(x-x')^2+(y-y')^2\right]\right\}\mathrm{d}x'\mathrm{d}y'=\frac{\pi}{p^2}\mathrm{e}^{-\frac{\sigma^2}{4p^2}}W(x,y) \tag{2.49}$$

将式 (2.48) 代入式 (2.49), 并让 $x=\rho\cos\gamma$, $y=\rho\sin\gamma$, $\mathrm{d}x'\mathrm{d}y'=r'\mathrm{d}r'\mathrm{d}\theta'$, 得到

$$\begin{aligned}&\mathrm{e}^{-p^2\rho^2}\int_0^\infty r'\mathrm{e}^{-p^2r'^2}J_\nu(\sigma r')\mathrm{d}r'\int_{-\pi}^{\pi}\mathrm{e}^{2p^2\rho r'\cos(\theta'-\gamma)}(A\cos\nu\theta'+B\sin\nu\theta')\mathrm{d}\theta'\\&=\frac{\pi}{p^2}\mathrm{e}^{-\frac{\sigma^2}{4p^2}}J_\nu(\sigma r)(A\cos\nu\gamma+B\sin\nu\gamma)\end{aligned}$$

令 $A=1,B=\mathrm{i},\gamma=\dfrac{\pi}{2}$, 积分

$$\int_{-\pi}^{\pi}\mathrm{e}^{2p^2\rho r'\sin\theta'+\mathrm{i}\nu\theta'}\mathrm{d}\theta'=2\pi\mathrm{i}^\nu I_\nu\left(2p^2\rho r'\right) \tag{2.50}$$

这里已经定义

$$I_\nu(x)=\frac{\mathrm{i}^n}{2\pi}\int_0^{2\pi}\mathrm{e}^{x\sin\theta-\mathrm{i}\nu\theta}\mathrm{d}\theta \tag{2.51}$$

由式 (2.50) 得

$$\int_0^\infty r'\mathrm{e}^{-p^2r'^2}J_\nu(\sigma r')I_\nu\left(2p^2\rho r'\right)\mathrm{d}r'=\frac{\pi}{2p^2}\mathrm{e}^{-\frac{\sigma^2}{4p^2}+p^2\rho^2}J_\nu(\sigma r) \tag{2.52}$$

或

$$\int_0^\infty r\mathrm{e}^{-p^2r^2}J_\nu(\sigma r)I_\nu(\lambda r)\mathrm{d}r=\frac{\pi}{2p^2}\mathrm{e}^{-\frac{\sigma^2-\lambda^2}{4p^2}}J_\nu\left(\frac{\sigma\lambda}{2p^2}\right) \tag{2.53}$$

这个积分公式在讨论分数汉克尔变换时有用.

引入二维空间的径向坐标算符 $\hat{r}$ ($\hat{r}$ 的本征值是 r) 和角算符 $\hat{\theta}$ ($\hat{\theta}$ 的本征值是 θ), 则有

$$\begin{cases}\hat{r}\displaystyle\iint_{-\infty}^{\infty}|x,y\rangle\langle x,y|\mathrm{d}x\mathrm{d}y=\iint_{-\infty}^{\infty}r|x,y\rangle\langle x,y|\mathrm{d}x\mathrm{d}y\\ \hat{\theta}\displaystyle\iint_{-\infty}^{\infty}\mathrm{d}x\mathrm{d}y|x,y\rangle\langle x,y|=\iint_{-\infty}^{\infty}\theta|x,y\rangle\langle x,y|\mathrm{d}x\mathrm{d}y\end{cases} \tag{2.54}$$

于是得到算符恒等式

$$
\begin{aligned}
J_{\nu}(\sigma\hat{r})\mathrm{e}^{\mathrm{i}\nu\hat{\theta}} &= \iint_{-\infty}^{\infty} J_{\nu}(\sigma \mathrm{r})\mathrm{e}^{\mathrm{i}\nu\theta}|x,y\rangle\langle x,y|\mathrm{d}x\mathrm{d}y \\
&= \frac{1}{\pi}\iint_{-\infty}^{\infty} J_{\nu}(\sigma r)\mathrm{e}^{\mathrm{i}\nu\theta} : \exp\left\{-\left[(x-X)^2+(y-Y)^2\right]\right\} : \mathrm{d}x\mathrm{d}y \\
&= \mathrm{e}^{-\frac{\sigma^2}{4}} : J_{\nu}(\sigma\hat{r})\mathrm{e}^{\mathrm{i}\nu\hat{\theta}} :
\end{aligned} \tag{2.55}
$$

2.4 用分立的傅里叶变换和量子力学表象推导泊松求和公式

以 T 为周期的函数 $f(x)$ 在间隔 $\left(-\frac{T}{2},\frac{T}{2}\right)$ 中的分立的傅里叶变换展开是

$$
f(x) = \sum_{n=-\infty}^{\infty} a_n \mathrm{e}^{2\pi\mathrm{i}nx/T} \to a_n = \frac{1}{T}\int_{-T/2}^{T/2} f(x)\mathrm{e}^{-2\pi\mathrm{i}nx/T}\mathrm{d}x \tag{2.56}
$$

其中, $\mathrm{e}^{2\pi\mathrm{i}nx/T}$ 是第 n 个正交基. 当 $T\to\infty$ 时, 让 $\omega=\frac{2\pi n}{T}$, 过渡为连续的傅里叶变换. 分离的函数系列

$$
1,\quad \mathrm{e}^{\pm\mathrm{i}\theta},\quad \mathrm{e}^{\pm 2\mathrm{i}\theta},\quad \cdots \tag{2.57}
$$

在 $(-\pi,\pi)$ 或 $(0,2\pi)$ 区间内完备正交.

$$
\int_{-\pi}^{\pi} \cos n\theta \cos m\theta \mathrm{d}\theta = \pi\delta_{m,n} \tag{2.58}
$$

$$
\int_{-\pi}^{\pi} \sin n\theta \cos m\theta \mathrm{d}\theta = 0 \tag{2.59}
$$

相应的克罗内克 δ-函数是

$$
\frac{1}{2\pi}\int_{0}^{2\pi} \mathrm{d}\theta \mathrm{e}^{\mathrm{i}\theta(m-n)} = \delta_{m,n} \tag{2.60}
$$

以下用量子力学表象讨论分立的傅里叶变换. 考虑 $\sum_{n=-\infty}^{\infty}\left|\frac{x}{c}+n\right\rangle$,$n$ 是自然数, $|x\rangle$ 是坐标本征态, $X|x\rangle = x|x\rangle$, 鉴于 $\frac{x+c}{c}+n=\frac{x}{c}+n+1$, 说明 $\sum_{n=-\infty}^{\infty}\left|\frac{x}{c}+n\right\rangle$ 的周期是

c. 做如下的区间内的积分变换 (k 是整数):

$$
\begin{aligned}
&\frac{1}{c}\int_0^c\left[\sum_{n=-\infty}^{\infty}\left|\frac{x}{c}+n\right\rangle\right]\mathrm{e}^{-2\pi\mathrm{i}k\frac{x}{c}}\mathrm{d}x\\
&\overset{\frac{x}{c}+n\to x'}{=}\sum_{n=-\infty}^{\infty}\int_n^{n+1}|x'\rangle\,\mathrm{e}^{-2\pi\mathrm{i}k(x'-n)}\mathrm{d}x'\\
&=\int_{-\infty}^{\infty}|x\rangle\,\mathrm{e}^{-2\pi\mathrm{i}kx}\mathrm{d}x=\sqrt{2\pi}\,|p=-2\pi k\rangle
\end{aligned}
\tag{2.61}
$$

这里 $|p\rangle$ 是动量本征态, $P|p\rangle=p|p\rangle$, 由此可以导出一个新的泊松求和公式.

让 $S_1^{-1}(\mu)$ 是单模压缩算符, μ 是实压缩参数, 满足

$$
S_1^{-1}(\mu)|x\rangle=\sqrt{\mu}|\mu x\rangle,\quad S_1^{-1}(\mu)|p\rangle=\frac{1}{\sqrt{\mu}}|p/\mu\rangle \tag{2.62}
$$

将 $S_1^{-1}(\mu=2\pi)$ 作用于上式的两边得到

$$
\begin{aligned}
&S_1^{-1}(2\pi)\int_0^c\left[\sum_{n=-\infty}^{\infty}\left|\frac{x}{c}+n\right\rangle\right]\mathrm{e}^{-2\pi\mathrm{i}kx/c}\mathrm{d}\left(\frac{x}{c}\right)\\
&=\sqrt{2\pi}\int_0^c\left[\sum_{n=-\infty}^{\infty}\left|2\pi\left(\frac{x}{c}+n\right)\right\rangle\right]\mathrm{e}^{-2\pi\mathrm{i}kx/c}\mathrm{d}\left(\frac{x}{c}\right)\\
&=\sqrt{2\pi}S_1^{-1}(2\pi)\,|p=-2\pi k\rangle=|p=-k\rangle
\end{aligned}
\tag{2.63}
$$

即

$$
\int_0^c\left[\sum_{n=-\infty}^{\infty}\left|2\pi\left(\frac{x}{c}+n\right)\right\rangle\right]\mathrm{e}^{-2\pi\mathrm{i}kx/c}\mathrm{d}\left(\frac{x}{c}\right)=\frac{1}{\sqrt{2\pi}}|p=-k\rangle \tag{2.64}
$$

其反变换是

$$
\sum_{n=-\infty}^{\infty}\left|2\pi\left(\frac{x}{c}+n\right)\right\rangle=\frac{1}{\sqrt{2\pi}}\sum_{k=-\infty}^{\infty}\mathrm{e}^{-2\pi\mathrm{i}kx/c}|p=k\rangle \tag{2.65}
$$

让 $b=\dfrac{2\pi}{c}$, 上式变为

$$
b^{\frac{1}{2}}\sum_{n=-\infty}^{\infty}|xb+2\pi n\rangle=c^{-\frac{1}{2}}\sum_{k=-\infty}^{\infty}\mathrm{e}^{-\mathrm{i}bxk}|k\rangle \tag{2.66}
$$

其中 $|k\rangle$ 是动量本征矢, 特别地, 当 $x=0$ 时, 它约化为

$$
b^{\frac{1}{2}}\sum_{n=-\infty}^{\infty}|2\pi n\rangle=c^{-\frac{1}{2}}\sum_{k=-\infty}^{\infty}|k\rangle \tag{2.67}
$$

上式两边左乘 $\langle\psi|$, 有

$$
\sum_{n=-\infty}^{\infty}\langle\psi\,|2\pi n\rangle=\frac{1}{\sqrt{2\pi}}\sum_{k=-\infty}^{\infty}\langle\psi\,|k\rangle \tag{2.68}
$$

这里 $|2\pi n\rangle$ 是坐标本征矢, 取 $\langle\psi|=\langle 0|,\langle 0|$ 是真空态, 从

$$\langle 0\,|x\rangle=\pi^{-\frac{1}{4}}\mathrm{e}^{\frac{-x^2}{2}},\quad \langle 0\,|k\rangle=\pi^{-\frac{1}{4}}\mathrm{e}^{\frac{-k^2}{2}} \tag{2.69}$$

得到

$$\sum_{n=-\infty}^{\infty}\mathrm{e}^{-2\pi^2n^2}=\frac{1}{\sqrt{2\pi}}\sum_{k=-\infty}^{\infty}\mathrm{e}^{\frac{-k^2}{2}} \tag{2.70}$$

又例如, 取 $\langle\psi|=\langle x|$, 则

$$\frac{1}{2\pi}\sum_{k=-\infty}^{\infty}\mathrm{e}^{-\mathrm{i}kx}=\sum_{n=-\infty}^{\infty}\delta\left(x-2\pi n\right) \tag{2.71}$$

此式反映狄拉克梳状函数的性质. 由此推出

$$\frac{1}{2\pi}\sum_{k=-\infty}^{\infty}\int_{-\infty}^{\infty}f\left(x\right)\mathrm{e}^{-\mathrm{i}kx}\mathrm{d}x=\sum_{n=-\infty}^{\infty}\int_{-\infty}^{\infty}f\left(x\right)\delta\left(x-2\pi n\right)\mathrm{d}x \tag{2.72}$$

即

$$\sqrt{\frac{1}{2\pi}}\sum_{k=-\infty}^{\infty}F\left(k\right)=\sum_{n=-\infty}^{\infty}f\left(2\pi n\right) \tag{2.73}$$

它稍作推广就成为新的泊松求和公式

$$\sum_{m=-\infty}^{\infty}f\left(\lambda m\right)=\frac{\sqrt{2\pi}}{\lambda}\sum_{m=-\infty}^{\infty}F\left(\frac{2\pi m}{\lambda}\right) \tag{2.74}$$

2.5 $|k,x\rangle_c$ 表象

将 b 和 c 分别理解为晶格中原子晶胞长度和布里渊区的倒格子长度, 电子局限于 $-\dfrac{\pi}{b}<x<\dfrac{\pi}{b}$, 动量取值于 $-\dfrac{\pi}{c}$ 至 $\dfrac{\pi}{c}$. 将坐标表象完备性分立化展开为

$$\begin{aligned}1&=\frac{1}{\sqrt{\pi}}\int_{-\infty}^{\infty}\mathrm{d}x:\exp-\left(x-\frac{a+a^\dagger}{\sqrt{2}}\right)^2:\\&=\frac{1}{\sqrt{\pi}}\sum_{n=-\infty}^{\infty}\int_{\frac{\pi(2n-1)}{b}}^{\frac{\pi(2n+1)}{b}}\mathrm{d}x:\exp-\left(x-\frac{a+a^\dagger}{\sqrt{2}}\right)^2:\end{aligned} \tag{2.75}$$

令 $x=x'+nc$, 则 x' 从 $-\frac{\pi}{b}$ 变为 $\frac{\pi}{b}$, 用分离的 δ-函数积分得到

$$
\begin{aligned}
1 &= \frac{1}{\sqrt{\pi}}\sum_{n=-\infty}^{\infty}\int_{-\frac{\pi}{b}}^{\frac{\pi}{b}}\mathrm{d}x' :\exp\left[-\left(x'+nc-\frac{a+a^{\dagger}}{\sqrt{2}}\right)^{2}\right]: \\
&= \left(b\sqrt{\pi}\right)^{-1}\sum_{n=-\infty}^{\infty}\sum_{n'=-\infty}^{\infty}\int_{-\frac{\pi}{c}}^{\frac{\pi}{c}}\mathrm{d}k\mathrm{e}^{\mathrm{i}kc\left(n-n'\right)} \\
&\quad \times\int_{-\frac{\pi}{b}}^{\frac{\pi}{b}}\mathrm{d}x\exp\left[-\frac{(x+nc)^{2}}{2}+\sqrt{2}(x+nc)a^{\dagger}-\frac{a^{\dagger 2}}{2}\right]|0\rangle \\
&\quad \times\langle 0|\exp\left[-\frac{(x+n'c)^{2}}{2}+\sqrt{2}(x+n'c)a-\frac{a^{2}}{2}\right] \\
&\equiv \int_{-\frac{\pi}{c}}^{\frac{\pi}{c}}\mathrm{d}k\int_{-\frac{\pi}{b}}^{\frac{\pi}{b}}\mathrm{d}x\,|k,x\rangle_{cc}\langle k,x|
\end{aligned}
\tag{2.76}
$$

其中

$$
|k,x\rangle_{c}=b^{-\frac{1}{2}}\sum_{n=-\infty}^{\infty}|x+nc\rangle\,\mathrm{e}^{\mathrm{i}kcn} \tag{2.77}
$$

称为 k-x 表象, 它是用坐标本征态展开的. $|k,x\rangle_{c}$ 是 $\mathrm{e}^{\mathrm{i}Xb}$ 本征态

$$
\mathrm{e}^{\mathrm{i}Xb}|k,x\rangle_{c}=b^{-\frac{1}{2}}\sum_{n=-\infty}^{\infty}|x+nc\rangle\,\mathrm{e}^{\mathrm{i}(x+nc)b}\mathrm{e}^{\mathrm{i}kcn}=\mathrm{e}^{\mathrm{i}xb}|k,x\rangle_{c} \tag{2.78}
$$

k 取值从 $-\frac{\pi}{c}$ 到 $\frac{\pi}{c}$, x 取值从 $-\frac{\pi}{b}$ 到 $\frac{\pi}{b}$. $|k,x\rangle_{c}$ 表象可用于界定电子在一个原子晶胞中的位置, 同时其波矢量落在布里渊区中. 态 $|k,x\rangle_{c}$ 在坐标表象的波函数为

$$
\langle x'|k,x\rangle_{c}=b^{-\frac{1}{2}}\sum_{n=-\infty}^{\infty}\delta\left(x'-x-nc\right)\mathrm{e}^{\mathrm{i}cnk} \tag{2.79}
$$

类似于式 (2.78), 将动量本征态完备性 $1=\frac{1}{\sqrt{\pi}}\int_{-\infty}^{\infty}\mathrm{d}p:\exp-\left(p-\frac{a-a^{\dagger}}{\sqrt{2}\mathrm{i}}\right)^{2}:$ 分立化展开得到如下形式的态矢量:

$$
c^{-\frac{1}{2}}\sum_{n=-\infty}^{\infty}|p+nb\rangle\,\mathrm{e}^{-\mathrm{i}xnb}|_{p=k} \tag{2.80}
$$

它是 $\mathrm{e}^{\mathrm{i}Pc}$ 的本征态, 本征值是 $\mathrm{e}^{\mathrm{i}pc}$.

以下我们要说明

$$
c^{-\frac{1}{2}}\sum_{n=-\infty}^{\infty}|p+nb\rangle\,\mathrm{e}^{-\mathrm{i}xnb}|_{p=k}=\mathrm{e}^{\mathrm{i}kx}b^{-\frac{1}{2}}\sum_{n=-\infty}^{\infty}|(x+nc)\rangle\,\mathrm{e}^{\mathrm{i}kcn}=\mathrm{e}^{\mathrm{i}kx}|k,x\rangle_{c} \tag{2.81}
$$

是泊松求和公式在 $|k,x\rangle_{c}$ 上的体现, 即在精确到一个相因子 $\mathrm{e}^{\mathrm{i}kx}$ 的范围内, $|k,x\rangle_{c}$ 既可以用式 (2.78) 表示, 也可以用式 (2.80) 表示, 即 $|k,x\rangle$ 是平移算符 $\mathrm{e}^{\mathrm{i}Pc}$ 和 $\mathrm{e}^{\mathrm{i}Xb}$ 的共同

本征态, 这与

$$\left[\mathrm{e}^{\mathrm{i}Pc},\mathrm{e}^{\mathrm{i}Xb}\right]=0,\quad bc=2\pi \tag{2.82}$$

自洽.

以下介绍求和公式在 $|k,x\rangle_c$ 上的体现.

将式 (2.80) 用单模压缩算符 $S_1^{-1}(b)$ 改写为

$$c^{-\frac{1}{2}}\sum_{n=-\infty}^{\infty}|p+nb\rangle\,\mathrm{e}^{-\mathrm{i}xnb}|_{p=k}=(bc)^{-\frac{1}{2}}S_1^{-1}(b)\sum_{n=-\infty}^{\infty}\left|\frac{p}{b}+n\right\rangle\mathrm{e}^{\frac{-2\pi\mathrm{i}nx}{c}}|_{p=k} \tag{2.83}$$

$S_1^{-1}(b)$ 的功能是将 $|p\rangle$ 变为 $\dfrac{1}{\sqrt{b}}\left|\dfrac{p}{b}+n\right\rangle$. 再用

$$X|p\rangle=-\mathrm{i}\frac{\mathrm{d}}{\mathrm{d}p}|p\rangle \tag{2.84}$$

上式变为

$$(bc)^{-\frac{1}{2}}S_1^{-1}(b)\,\mathrm{e}^{\frac{\mathrm{i}Xp}{b}}\sum_{n=-\infty}^{\infty}|p=n\rangle\,\mathrm{e}^{-2\pi\mathrm{i}nx/c}|_{p=k} \tag{2.85}$$

根据泊松求和公式, 就有

$$\begin{aligned}\sum_{n=-\infty}^{\infty}|p=n\rangle\,\mathrm{e}^{\frac{-2\pi\mathrm{i}nx}{c}}&=\mathrm{e}^{\frac{-2\pi\mathrm{i}Px}{c}}\sum_{n=-\infty}^{\infty}|p=n\rangle\\&=\sqrt{2\pi}\mathrm{e}^{\frac{-2\pi\mathrm{i}Px}{c}}\sum_{n=-\infty}^{\infty}f(2\pi n)\\&=\sqrt{2\pi}\sum_{n=-\infty}^{\infty}\left|2\pi\left(\frac{x}{c}+n\right)\right\rangle\end{aligned} \tag{2.86}$$

所以

$$\begin{aligned}c^{-\frac{1}{2}}\sum_{n=-\infty}^{\infty}|p+nb\rangle\,\mathrm{e}^{-\mathrm{i}xnb}|_{p=k}&=\sqrt{2\pi}(bc)^{-\frac{1}{2}}S_1^{-1}(b)\,\mathrm{e}^{\mathrm{i}Xp/b}\sum_{n=-\infty}^{\infty}\left|2\pi\left(\frac{x}{c}+n\right)\right\rangle\\&=S_1^{-1}(b)\sum_{n=-\infty}^{\infty}\left|2\pi\left(\frac{x}{c}+n\right)\right\rangle\mathrm{e}^{\mathrm{i}pcn+\mathrm{i}px}\\&=b^{-\frac{1}{2}}\sum_{n=-\infty}^{\infty}\left|2\pi\left(\frac{x}{bc}+n/b\right)\right\rangle\mathrm{e}^{\mathrm{i}pcn+\mathrm{i}px}\\&=\mathrm{e}^{\mathrm{i}kx}b^{-\frac{1}{2}}\sum_{n=-\infty}^{\infty}|(x+nc)\rangle\,\mathrm{e}^{\mathrm{i}kcn}=\mathrm{e}^{\mathrm{i}kx}|k,x\rangle_c\end{aligned} \tag{2.87}$$

可见, 新的泊松求和公式在 $|k,x\rangle_c$ 表象中得到很好的体现.

2.6 算符 δ-函数位势中的能量量子化

鉴于 δ-函数位势可以记为

$$\delta(X)=|x=0\rangle\langle x=0|=\frac{1}{\sqrt{\pi}}:\mathrm{e}^{-X^2}: \tag{2.88}$$

故得到此位势的动量表象矩阵元

$$\langle p'|\delta(X)|p\rangle=\langle p'|x=0\rangle\langle x=0|p\rangle=\frac{1}{2\pi\hbar} \tag{2.89}$$

可以用它求解一维 δ-函数势阱中质量为 m 的自由粒子波函数. 哈密顿量是

$$H=\frac{P^2}{2m}-\kappa\delta(X) \tag{2.90}$$

定态薛定谔方程 $H|\psi\rangle=E|\psi\rangle$ 在动量表象是

$$\begin{aligned}\langle p'|H|\psi\rangle&=\langle p'|\int_{-\infty}^{\infty}\mathrm{d}p\left[\frac{P^2}{2m}-\kappa\delta(X)\right]|p\rangle\langle p|\psi\rangle\\&=\int_{-\infty}^{\infty}\mathrm{d}p\left[\frac{p^2}{2m}\delta(p'-p)-\frac{\kappa}{2\pi\hbar}\right]\psi(p)=E\psi(p')\end{aligned} \tag{2.91}$$

故

$$\left(\frac{p'^2}{2m}-E\right)\psi(p')=\frac{\kappa}{2\pi\hbar}\int_{-\infty}^{\infty}\mathrm{d}p\langle p|\psi\rangle=\frac{\kappa}{2\pi\hbar}\int_{-\infty}^{\infty}\mathrm{d}p'\psi(p') \tag{2.92}$$

其中

$$\int_{-\infty}^{\infty}\mathrm{d}p\langle p|=\sqrt{2\pi\hbar}\langle x=0| \tag{2.93}$$

所以在动量表象的波函数是

$$\psi(p')=\frac{1}{\sqrt{2\pi\hbar}}\frac{\kappa}{p'^2/(2m)-E}\langle x=0|\psi\rangle \tag{2.94}$$

将它代入式 (2.92) 的两边得到

$$1=\frac{1}{2\pi\hbar}\int_{-\infty}^{\infty}\mathrm{d}p\frac{\kappa}{p^2/(2m)-E} \tag{2.95}$$

这就是能量 E 应该满足的方程, 当仅仅考虑束缚态时, $E<0$, 令 $E=-\lambda^2$, 用积分公式

$$\int_{-\infty}^{\infty}\frac{\mathrm{d}p}{p^2+\lambda^2}=\frac{1}{\lambda}\arctan\frac{p}{\lambda}\Big|_{-\infty}^{\infty} \tag{2.96}$$

对 p 积分即可得能量的量子化

$$E = -\frac{\kappa^2 m}{2\hbar^2} \tag{2.97}$$

这是因为确实有

$$\begin{aligned}\frac{1}{2\pi\hbar}\int_{-\infty}^{\infty}\mathrm{d}p\frac{\kappa}{p^2/(2m)-\kappa^2 m/2\hbar^2} &= \frac{m\kappa}{\pi\hbar}\int_{-\infty}^{\infty}\mathrm{d}p\frac{1}{p^2+\kappa^2 m^2/\hbar^2}\\ &= \frac{1}{\pi}\arctan\frac{p}{Mm\kappa/\hbar}\Big|_{-\infty}^{\infty} = 1\end{aligned} \tag{2.98}$$

2.7 $\delta(x-X)\delta(p-P)$, $\delta(p-P)\delta(x-X)$, $\vdots\delta(p-P)\delta(x-X)\vdots$ 应用于算符有序化

本节我们要指出, 利用算符 δ-函数可以方便探讨算符有序化问题.

在量子力学中, 鉴于 $[X,P]=\mathrm{i}(\hbar=1)$, 有序化算符常见的有三种排序方式. 以经典函数 $\mathrm{e}^{\lambda x+\sigma p}$ 的三种常用的量子对应为例, 有三种常用的对应 ($\mathfrak{X}$-排序对应、$\mathfrak{P}$-排序对应和 Weyl-排序对应) 分别是

$$\mathrm{e}^{\lambda X}\mathrm{e}^{\sigma P},\quad \mathrm{e}^{\sigma P}\mathrm{e}^{\lambda X},\quad \mathrm{e}^{\lambda X+\sigma P} \tag{2.99}$$

相应的积分变换是

$$\iint_{-\infty}^{\infty}\mathrm{d}p\mathrm{d}x\mathrm{e}^{\lambda x+\sigma p}\delta(x-X)\delta(p-P) = \mathrm{e}^{\lambda X}\mathrm{e}^{\sigma P} = \mathfrak{X}\mathrm{e}^{\lambda X+\sigma P} \tag{2.100}$$

$$\iint_{-\infty}^{\infty}\mathrm{d}p\mathrm{d}x\mathrm{e}^{\lambda x+\sigma p}\delta(p-P)\delta(x-X) = \mathrm{e}^{\sigma P}\mathrm{e}^{\lambda X} = \mathfrak{P}\mathrm{e}^{\lambda X+\sigma P} \tag{2.101}$$

$$\iint_{-\infty}^{\infty}\mathrm{d}p\mathrm{d}x\mathrm{e}^{\lambda x+\sigma p}\Delta(x,p) = \mathrm{e}^{\lambda X+\sigma P} \tag{2.102}$$

把 $\mathrm{e}^{\lambda x+\sigma p}$ 直接量子化为 $\mathrm{e}^{\lambda X+\sigma P}$ 的方案称为 Weyl-Wigner(外尔–维格纳) 量子化, $\mathrm{e}^{\lambda X+\sigma P}$ 是 Weyl-排序好了的算符, 有

$$\mathrm{e}^{\lambda X+\sigma P} = \vdots\mathrm{e}^{\lambda X+\sigma P}\vdots \tag{2.103}$$

这里, $\vdots\ \vdots$ 表示 Weyl-排序.

2.7.1 $\mathfrak{P}$-排序

$\mathfrak{P}$-排序指在一个单项的 X 和 P 的乘积函数中, 所有的 P 都排在所有的 X 的左边, 以 $\mathfrak{P}$-表示之, 如 $P^nX^m = \mathfrak{P}(P^nX^m)$. 在 $\mathfrak{P}$-排序内部, X 和 P 可交换, 即 $\mathfrak{P}(P^nX^m) = \mathfrak{P}(X^mP^n)$.

可见

$$\delta(x-X)\delta(p-P) = |x\rangle\langle x|p\rangle\langle p| = \frac{1}{\sqrt{2\pi}}|x\rangle\langle p|\mathrm{e}^{\mathrm{i}px} \tag{2.104}$$

用 δ-函数的傅里叶变换和 Baker-Hausdorff 公式可得

$$\begin{aligned}
\delta(x-X)\delta(p-P) &= \iint_{-\infty}^{\infty}\frac{\mathrm{d}u\mathrm{d}v}{4\pi^2}\mathrm{e}^{\mathrm{i}(x-X)u}\mathrm{e}^{\mathrm{i}(p-P)v} \\
&= \iint_{-\infty}^{\infty}\frac{\mathrm{d}u\mathrm{d}v}{4\pi^2}\mathrm{e}^{\mathrm{i}(p-P)v-\mathrm{i}uv}\mathrm{e}^{\mathrm{i}u(x-X)} \\
&= \int_{-\infty}^{\infty}\frac{\mathrm{d}u}{2\pi}\delta(p-P-u)\mathrm{e}^{\mathrm{i}u(x-X)}
\end{aligned} \tag{2.105}$$

在式 (2.105) 中, 动量算符 P 在坐标算符 X 的左边, 已经是 $\mathfrak{P}$-排序. 在 $\mathfrak{P}$-排序内部可以实施对 c-数积分, 而视 X 和 P 为可交换的参数, 故对上式积分得到 $\delta(x-X)\delta(p-P)$ 的 $\mathfrak{P}$-排序形式:

$$\begin{aligned}
\delta(x-X)\delta(p-P) &= \mathfrak{P}\left[\int_{-\infty}^{\infty}\frac{\mathrm{d}u}{2\pi}\delta(p-P-u)\mathrm{e}^{\mathrm{i}u(x-X)}\right] \\
&= \frac{1}{2\pi}\mathfrak{P}\left[\mathrm{e}^{\mathrm{i}(p-P)(x-X)}\right]
\end{aligned} \tag{2.106}$$

2.7.2 $\mathfrak{X}$–排序

$\mathfrak{X}$-排序指在一个单项的 X 和 P 的乘积函数中, 所有的 X 都排在所有的 P 的左边, 以 $\mathfrak{X}$-表示之, 如 $P^nX^m = \mathfrak{X}(P^nX^m)$. 在 $\mathfrak{X}$-排序内部, X 和 P 可交换, $\mathfrak{X}(P^nX^m) = \mathfrak{X}(X^mP^n)$.

类似可得 $\delta(p-P)\delta(x-X)$ 的 $\mathfrak{X}$-排序, 在 $\mathfrak{X}$-排序内可以实施对 c-数积分, 只要该积分收敛. 或取式 (2.106) 的厄密共轭得到

$$\delta(p-P)\delta(x-X) = \frac{1}{\sqrt{2\pi}}|p\rangle\langle x|\mathrm{e}^{-\mathrm{i}px} = \frac{1}{2\pi}\mathfrak{X}\left[\mathrm{e}^{-\mathrm{i}(x-X)(p-P)}\right] \tag{2.107}$$

另一方面, 我们可以用式 (2.24) 改写 $|x\rangle\langle p|\mathrm{e}^{\mathrm{i}px}$ 为

$$\delta(x-X)\delta(p-P) = \frac{1}{\sqrt{2\pi}}|x\rangle\langle p|\mathrm{e}^{\mathrm{i}Px}$$

$$= \frac{1}{2\pi}\int_{-\infty}^{\infty} dx' e^{-ipx'} |x\rangle \langle x'| e^{iPx}$$

$$= \frac{1}{2\pi}\int_{-\infty}^{\infty} dy e^{-ipy} |x\rangle \langle y+x| \tag{2.108}$$

类似有

$$\delta(p-P)\delta(x-X) = \frac{1}{2\pi}\int_{-\infty}^{\infty} dy e^{ipy} |x+y\rangle \langle x| = \frac{1}{2\pi}\int_{-\infty}^{\infty} dy e^{-ipy} |x-y\rangle \langle x| \tag{2.109}$$

2.7.3 Weyl–排序

介于 (2.106) 和 (2.107) 两者之间存在一个算符, 记为 $\Delta(p,x)$, 它在坐标表象中的表达式是

$$\Delta(p,x) = \frac{1}{2\pi}\int_{-\infty}^{\infty} dy e^{-ipy} \left|x - \frac{1}{2}y\right\rangle \left\langle x + \frac{1}{2}y\right| \tag{2.110}$$

它满足完备性

$$\iint_{-\infty}^{\infty} dx dp \Delta(p,x) = 1 \tag{2.111}$$

所以 $\Delta(p,x)$(称为维格纳算符) 也构成一个表象 (广义的). 任何算符 $H(P,X)$ 可以用它来展开

$$H(P,X) = \iint_{-\infty}^{\infty} dp dx \Delta(p,x) h(p,x) \tag{2.112}$$

它对应了一种新的排序规则, 称为 Weyl-排序.

在第 7 章和第 8 章我们将提出对 Ket-Bra 算符积分的 $\mathfrak{X}$-排序、$\mathfrak{P}$-排序和 Weyl-排序内的积分方法, 导出将三种排序的算符互换排序的公式. 例如用式 (2.107) 得到

$$\begin{aligned}
e^{\lambda X^2} e^{\sigma P^2} &= \iint_{-\infty}^{\infty} dx dp e^{\lambda x^2} e^{\sigma p^2} \delta(x-X)\delta(p-P) \\
&= \frac{1}{2\pi}\iint_{-\infty}^{\infty} dx dp e^{\lambda x^2} e^{\sigma p^2} \mathfrak{P}\left[e^{i(p-P)(x-X)}\right] \\
&= \frac{1}{2\pi}\sqrt{\frac{\pi}{-\lambda}}\mathfrak{P}\left[\int_{-\infty}^{\infty} dp e^{\sigma p^2} e^{\frac{(p-P)^2}{4\lambda}} e^{-i(p-P)X}\right] \\
&= \frac{1}{2\pi}\sqrt{\frac{\pi}{-\lambda}}\mathfrak{P}\left[\int_{-\infty}^{\infty} dp e^{\left(\sigma+\frac{1}{4\lambda}\right)p^2} e^{-p\left(\frac{P}{2\lambda}+iX\right)} e^{iPX} e^{\frac{P^2}{4\lambda}}\right] \\
&= \frac{1}{2}\sqrt{\frac{1}{-\lambda}}\sqrt{\frac{1}{-\left(\sigma+\frac{1}{4\lambda}\right)}}\mathfrak{P}\left\{\exp\left[\frac{-\lambda\left(\frac{P}{2\lambda}+iX\right)^2}{4\sigma\lambda+1}\right] e^{iPX} e^{\frac{P^2}{4\lambda}}\right\} \\
&= \sqrt{\frac{1}{4\lambda\sigma+1}}\exp\left(\frac{\sigma P^2}{4\lambda\sigma+1}\right)\mathfrak{P}\left\{\exp\left[\left(1-\frac{1}{4\sigma\lambda+1}\right)iPX\right]\right\}\exp\left[\frac{\lambda X^2}{4\sigma\lambda+1}\right]
\end{aligned} \tag{2.113}$$

在第 7 章我们还将导出算符恒等式

$$\mathrm{e}^{(-\mathrm{i}P)_l \Lambda_{lk} X_k} = \mathfrak{P}\left[\mathrm{e}^{\mathrm{i}\vec{P}\left(1-\mathrm{e}^{\Lambda}\right)\vec{X}}\right] \tag{2.114}$$

所以

$$\mathfrak{P}\{\exp\left[\left(1-\frac{1}{4\sigma\lambda+1}\right)\mathrm{i}PX\right] = \mathrm{e}^{-\mathrm{i}PX\ln\frac{1}{4\sigma\lambda+1}} \tag{2.115}$$

$$\mathrm{e}^{\lambda X^2}\mathrm{e}^{\sigma P^2} = \sqrt{\frac{1}{4\lambda\sigma+1}}\exp\left(\frac{\sigma P^2}{4\lambda\sigma+1}\right)\mathrm{e}^{-\mathrm{i}PX\ln\frac{1}{4\sigma\lambda+1}}\exp\left(\frac{\lambda X^2}{4\sigma\lambda+1}\right) \tag{2.116}$$

在第 8 章我们还将给出 $\delta(x-X)\delta(p-P)$ 和 $\delta(p-P)\delta(x-X)$ 的 Weyl-排序形式.

2.8 三种排序的统一描述

联合以上三种排序, 我们可以得到一个比式 (2.110) 更一般的积分核, 形式为

$$\Omega_k(p,x) \equiv \frac{1}{2\pi}\int_{-\infty}^{\infty}\mathrm{d}y\mathrm{e}^{-\mathrm{i}py}\left|x-\frac{k+1}{2}y\right\rangle\left\langle x+\frac{1-k}{2}y\right| \tag{2.117}$$

当 $k=-1,0,1$ 时, 式 (2.117) 分别给出上述三种情况, 即 $\mathfrak{X}$-排序、Weyl-排序和 $\mathfrak{P}$-排序. 进一步改写 $\Omega_k(p,x)$ 为

$$\begin{aligned}\Omega_k(p,x) &= \frac{1}{2\pi}\int\mathrm{d}y\mathrm{e}^{-\mathrm{i}py}\mathrm{e}^{\mathrm{i}\frac{k+1}{2}yP}|x\rangle\langle x|\mathrm{e}^{\mathrm{i}\frac{1-k}{2}yP}\\ &= \frac{1}{2\pi}\int\mathrm{d}y\mathrm{e}^{-\mathrm{i}py}\mathrm{e}^{\mathrm{i}\frac{k+1}{2}yP}\delta(x-X)\mathrm{e}^{\mathrm{i}\frac{1-k}{2}yP}\\ &= \frac{1}{4\pi^2}\iint_{-\infty}^{\infty}\mathrm{d}y\mathrm{d}u\mathrm{e}^{\mathrm{i}u(x-X)+\mathrm{i}y(p-P)+\mathrm{i}\frac{k}{2}yu}\end{aligned} \tag{2.118}$$

特别地, 当 $k=0$ 时, $\Omega_k(p,x)$ 变为

$$\Delta(p,x) = \frac{1}{4\pi^2}\iint_{-\infty}^{\infty}\mathrm{d}y\mathrm{d}u\mathrm{e}^{\mathrm{i}u(x-X)+\mathrm{i}y(p-P)} \tag{2.119}$$

$\mathrm{e}^{\mathrm{i}u(x-X)+\mathrm{i}y(p-P)}$ 既区别于 $\mathrm{e}^{\mathrm{i}u(x-X)}\mathrm{e}^{\mathrm{i}y(p-P)}$, 也区别于 $\mathrm{e}^{\mathrm{i}y(p-P)}\mathrm{e}^{\mathrm{i}u(x-X)}$, 是 Weyl-排序好了的, 所以

$$\mathrm{e}^{\mathrm{i}u(x-X)+\mathrm{i}y(p-P)} = \vdots\,\mathrm{e}^{\mathrm{i}u(x-X)+\mathrm{i}y(p-P)}\,\vdots \tag{2.120}$$

在记号 $\vdots\;\vdots$ 内部, X 和 P 可交换, 所以可以对 $\Delta(p,x)$ 在 $\vdots\;\vdots$ 内部积分, 得到

$$\Delta(p,x) = \frac{1}{4\pi^2}\iint_{-\infty}^{\infty}\mathrm{d}y\mathrm{d}u\,\vdots\,\mathrm{e}^{\mathrm{i}u(x-X)+\mathrm{i}y(p-P)}\,\vdots$$

$$
\begin{aligned}
&= \vdots \delta(x-X)\delta(p-P) \vdots \\
&= \vdots \delta(p-P)\delta(x-X) \vdots
\end{aligned}
\tag{2.121}
$$

这个 δ-算符形式很有用, 也容易记忆. 故

$$
\begin{aligned}
H(P,X) &= \iint_{-\infty}^{\infty} \mathrm{d}p\mathrm{d}x \Delta(p,x) h(p,x) \\
&= \iint_{-\infty}^{\infty} \mathrm{d}p\mathrm{d}x \vdots \delta(p-P)\delta(x-X) \vdots h(p,x) \\
&= \vdots h(P,X) \vdots
\end{aligned}
\tag{2.122}
$$

$H(P,X)$ 的 Weyl-排序即是 $\vdots h(P,X) \vdots$. 例如, 已知 $b(p,x)$ 满足的积分方程是

$$
\iint_{-\infty}^{\infty} \mathrm{d}p\mathrm{d}x b(p,x) \mathrm{e}^{\mathrm{i}ux+\mathrm{i}yp} = \frac{\mathrm{e}^{\mathrm{i}\sqrt{u^2+y^2}}}{\sqrt{u^2+y^2}}
\tag{2.123}
$$

为了求出 $b(p,x)$ 的具体形式, 我们写下 $b(p,x)$ 的量子 Weyl-排序对应算符, 如下:

$$
\begin{aligned}
B(P,X) &= \iint_{-\infty}^{\infty} \mathrm{d}p\mathrm{d}x \Delta(p,x) b(p,x) \\
&= \frac{1}{4\pi^2} \iint_{-\infty}^{\infty} \mathrm{d}p\mathrm{d}x \iint_{-\infty}^{\infty} \mathrm{d}y\mathrm{d}u \mathrm{e}^{\mathrm{i}u(x-X)+\mathrm{i}y(p-P)} b(p,x) \\
&= \frac{1}{4\pi^2} \iint_{-\infty}^{\infty} \mathrm{d}y\mathrm{d}u \frac{\mathrm{e}^{\mathrm{i}\sqrt{u^2+y^2}}}{\sqrt{u^2+y^2}} \vdots \mathrm{e}^{-\mathrm{i}uX-\mathrm{i}yP} \vdots
\end{aligned}
\tag{2.124}
$$

令 $\mathrm{d}y\mathrm{d}u = R\mathrm{d}R\mathrm{d}\varphi$, $u = R\cos\varphi$, $y = R\sin\varphi$, $\dfrac{\mathrm{e}^{\mathrm{i}\sqrt{u^2+y^2}}}{\sqrt{u^2+y^2}} = \dfrac{\mathrm{e}^{\mathrm{i}R}}{R}$, 在 $\vdots\ \vdots$ 内部 X 与 P 可以视为 c-数, 故可令

$$
X \equiv \rho\sin\gamma, \quad P = \rho\cos\gamma, \quad \vdots \mathrm{e}^{-\mathrm{i}uX-\mathrm{i}yP} \vdots = \vdots \mathrm{e}^{-\mathrm{i}R\rho\cos(\varphi-\gamma)} \vdots, \quad \rho^2 = X^2+P^2
\tag{2.125}
$$

于是

$$
B(P,X) = \frac{1}{4\pi^2}\int_0^{\infty} \mathrm{d}R\mathrm{e}^{\mathrm{i}R} \int_0^{2\pi} \mathrm{d}\varphi \vdots \mathrm{e}^{-\mathrm{i}R\rho\cos(\varphi-\gamma)} \vdots = \frac{1}{2\pi}\int_0^{\infty} \mathrm{d}R\mathrm{e}^{\mathrm{i}R} \vdots J_0(R\rho) \vdots
\tag{2.126}
$$

用公式

$$
\frac{1}{4\pi\sqrt{r^2+z^2}} = \int_0^{\infty} \frac{\mathrm{d}k}{(2\pi)^2} J_0(kr) \mathrm{e}^{-k|z|}
\tag{2.127}
$$

得到

$$
B(P,X) = \vdots \frac{1}{2\pi\sqrt{X^2+P^2-1}} \vdots
\tag{2.128}
$$

所以

$$
b(p,x) = \frac{1}{\sqrt{x^2+p^2-1}}
\tag{2.129}
$$

这是用量子力学算符方法求解积分方程的一个例子.

2.9 混合态表象的正交性

$\Omega_k(p,x)$ 的 $\mathfrak{X}$-排序是

$$\Omega_k(p,x)=\frac{1}{4\pi^2}\mathfrak{X}\iint_{-\infty}^{\infty}\mathrm{d}y\mathrm{d}u\mathrm{e}^{\mathrm{i}u(x-X)}\mathrm{e}^{\mathrm{i}y(p-P)}\mathrm{e}^{\mathrm{i}\frac{k+1}{2}yu} \tag{2.130}$$

由此导出

$$\begin{aligned}\iint_{-\infty}^{\infty}\mathrm{d}p\mathrm{d}x\Omega_k(p,x)&=\frac{1}{2\pi}\mathfrak{X}\iint_{-\infty}^{\infty}\mathrm{d}y\mathrm{d}u\int_{-\infty}^{\infty}\mathrm{d}p\delta(u)\mathrm{e}^{-\mathrm{i}uX}\mathrm{e}^{\mathrm{i}y(p-P)}\mathrm{e}^{\mathrm{i}\frac{k+1}{2}yu}\\&=\frac{1}{2\pi}\int_{-\infty}^{\infty}\mathrm{d}y\int_{-\infty}^{\infty}\mathrm{d}p\mathrm{e}^{\mathrm{i}y(p-P)}\\&=\int_{-\infty}^{\infty}\mathrm{d}y\delta(y)\mathrm{e}^{\mathrm{i}yP}=1\end{aligned} \tag{2.131}$$

所以 $\Omega_k(p,x)$ 可以构成一个混合态表象. 任何算符 $H(P,X)$ 可以用 $\Omega_k(p,x)$ 展开:

$$H(P,X)=\iint_{-\infty}^{\infty}\mathrm{d}p\mathrm{d}x\Omega_k(p,x)h_k(p,x) \tag{2.132}$$

函数 $h_k(x,p)$ 是 H 的经典对应, 下面来求它. 用

$$\begin{aligned}\langle x''|\Omega_k(p,q)|x'\rangle&=\frac{1}{2\pi}\int_{-\infty}^{\infty}\mathrm{d}y\mathrm{e}^{-\mathrm{i}py}\left\langle x''\middle|x-\frac{k+1}{2}y\right\rangle\left\langle x+\frac{1-k}{2}y\middle||x'\right\rangle\\&=\frac{1}{2\pi}\int_{-\infty}^{\infty}\mathrm{d}y\mathrm{e}^{-\mathrm{i}py}\delta\left(x''-x+\frac{k+1}{2}y\right)\delta\left(x'-x-\frac{1-k}{2}y\right)\\&=\delta(x-w)\mathrm{e}^{\mathrm{i}p\left(x''-x'\right)}\end{aligned} \tag{2.133}$$

其中

$$w=\frac{1}{2}(q''+q')-\frac{k}{2}(q''-q') \tag{2.134}$$

结合式 (2.133) 就有

$$\begin{aligned}\langle x''|H|x'\rangle&=\iint_{-\infty}^{\infty}\mathrm{d}x\mathrm{d}p\langle x''|\Omega_k(p,q)|x'\rangle h_k(p,x)\\&=\iint_{-\infty}^{\infty}\mathrm{d}x\mathrm{d}p\delta(x-w)\mathrm{e}^{\mathrm{i}p\left(x''-x'\right)}h_k(p,x)\\&=\int_{-\infty}^{\infty}\mathrm{d}p\mathrm{e}^{\mathrm{i}p\left(x''-x'\right)}h_k(p,w)\end{aligned} \tag{2.135}$$

故

$$h_k\left(p,\frac{1}{2}(x''+x')-\frac{k}{2}(x''-x')\right)=\int_{-\infty}^{\infty}\mathrm{d}p\mathrm{e}^{-\mathrm{i}p(x''-x')}\langle x''|H|x'\rangle \tag{2.136}$$

让

$$y=x''-x',\quad x=\frac{1}{2}(x''+x')-\frac{k}{2}(x''-x') \tag{2.137}$$

式 (2.133) 变成

$$\begin{aligned}h_k(p,x)&=\int \mathrm{d}p\mathrm{e}^{-\mathrm{i}py}\left\langle x+\frac{k+1}{2}y\right|H\left|x-\frac{1-k}{2}y\right\rangle\\&=\mathrm{Tr}\left[\int \mathrm{d}p\mathrm{e}^{-\mathrm{i}py}\left|x-\frac{1-k}{2}y\right\rangle\left\langle x+\frac{k+1}{2}y\right|H\right]\end{aligned} \tag{2.138}$$

比较式 (2.136) 和式 (2.138) 看出

$$h_k(p,x)=2\pi\mathrm{Tr}\left[\Omega_{-k}(p,x)H\right] \tag{2.139}$$

所以

$$\mathrm{Tr}\left[\Omega_k(x,q)\,\Omega_{-k}(x',q')\right]=\frac{1}{2\pi}\delta(x'-x)\,\delta(p'-p) \tag{2.140}$$

这就是混合态表象的正交性. 现在我们考察算符

$$\sum_{l=0}^{\infty}\binom{m}{l}\left(\frac{1-k}{2}X\right)^{l}P^{r}\left(\frac{1+k}{2}X\right)^{m-l} \tag{2.141}$$

在混合态表象中的表示:

$$\begin{aligned}&2\pi\mathrm{Tr}[\sum_{l=0}^{\infty}\binom{m}{l}\left(\frac{1-k}{2}X\right)^{l}P^{r}\left(\frac{1+k}{2}X\right)^{m-l}\int \mathrm{d}v\mathrm{e}^{-\mathrm{i}p\nu}\left|x-\frac{-k+1}{2}y\right\rangle\left\langle x+\frac{1+k}{2}y\right|\\&=2\pi\sum_{l=0}^{\infty}\binom{m}{l}\int \mathrm{d}v\mathrm{e}^{-\mathrm{i}p\nu}\left\langle x+\frac{1+k}{2}y\right|\left(\frac{1-k}{2}Q\right)^{l}P^{r}\left(\frac{1+k}{2}Q\right)^{m-l}\left|x-\frac{-k+1}{2}y\right\rangle\\&=2\pi\sum_{l=0}^{\infty}\binom{m}{l}\int \mathrm{d}v\mathrm{e}^{-\mathrm{i}p\nu}\left[\frac{1-k}{2}\left(x+\frac{1+k}{2}y\right)\right]^{l}\left[\frac{1+k}{2}\left(x-\frac{-k+1}{2}y\right)\right]^{m-l}\\&\quad\times\left\langle x+\frac{1+k}{2}y\right|P^{r}\left|x-\frac{-k+1}{2}y\right\rangle\\&=2\pi x^{m}\int \mathrm{d}v\mathrm{e}^{-\mathrm{i}p\nu}\left\langle x+\frac{1+k}{2}y\right|P^{r}\left|x-\frac{-k+1}{2}y\right\rangle\\&=x^{m}p^{r}\end{aligned} \tag{2.142}$$

或是说, $x^m p^r$ 对应 $\sum_{l=0}^{\infty}\binom{m}{l}\left(\frac{1-k}{2}X\right)^{l}P^{r}\left(\frac{1+k}{2}X\right)^{m-l}$.

又如求压缩算符 $\int_{-\infty}^{\infty}\frac{\mathrm{d}x'}{\sqrt{\mu}}\left|\frac{x'}{\mu}\right\rangle\langle x'|\equiv S_1$ 在混合态表象中的表示, 得到

$$\begin{aligned}
h_k(p,x) &= 2\pi\mathrm{tr}\left[\Omega_{-k}(p,x)S_1\right] \\
&= \frac{1}{\sqrt{\mu}}\mathrm{tr}\left[\int\mathrm{d}y\mathrm{e}^{-\mathrm{i}py}\left|x-\frac{1-k}{2}y\right\rangle\left\langle x+\frac{1+k}{2}y\right|\int_{-\infty}^{\infty}\mathrm{d}x'\left|\frac{x'}{\mu}\right\rangle\langle x'|\right] \\
&= \frac{1}{\sqrt{\mu}}\int\mathrm{d}y\mathrm{e}^{-\mathrm{i}py}\left\langle x+\frac{1+k}{2}y\right|\int_{-\infty}^{\infty}\mathrm{d}x'\left|\frac{x'}{\mu}\right\rangle\langle x'|\left|x-\frac{1-k}{2}y\right\rangle \\
&= \frac{1}{\sqrt{\mu}}\int\mathrm{d}y\mathrm{e}^{-\mathrm{i}py}\int_{-\infty}^{\infty}\mathrm{d}x'\delta\left(x+\frac{1+k}{2}y-\frac{x'}{\mu}\right)\delta\left(x'-x+\frac{1-k}{2}y\right) \\
&= \frac{1}{\sqrt{\mu}}\int\mathrm{d}y\mathrm{e}^{-\mathrm{i}py}\delta\left(x+\frac{1+k}{2}y-\frac{x-\frac{1-k}{2}y}{\mu}\right) \\
&= 2\sqrt{\mu}\int\mathrm{d}y\mathrm{e}^{-\mathrm{i}py}\delta\left[(y-2x+2x\mu+y\mu-ky+ky\mu)\right] \\
&= \frac{2\sqrt{\mu}}{1+\mu+k\mu-k}\int\mathrm{d}y\mathrm{e}^{-\mathrm{i}py}\delta\left(y+\frac{2x\mu-2x}{1+\mu+k\mu-k}\right) \\
&= \frac{2\sqrt{\mu}}{1+\mu+k\mu-k}\mathrm{e}^{\mathrm{i}p\frac{2x\mu-2x}{1+\mu+k\mu-k}}
\end{aligned} \tag{2.143}$$

当 $k=1$ 时, 式 (2.143) 为 $\mathfrak{P}$-排序, 得

$$S_1=\frac{1}{\sqrt{\mu}}\mathfrak{P}\mathrm{e}^{\mathrm{i}PX\frac{\mu-1}{\mu}} \tag{2.144}$$

当 $k=-1$ 时, 式 (2.143) 为 $\mathfrak{X}$-排序, 得

$$S_1=\sqrt{\mu}\mathfrak{X}\mathrm{e}^{\mathrm{i}PX(\mu-1)} \tag{2.145}$$

当 $k=0$ 时, 式 (2.143) 为 Weyl-排序, 得

$$S_1=\frac{2\sqrt{\mu}}{1+\mu}\begin{array}{c}:\\:\end{array}\mathrm{e}^{\mathrm{i}2PX\frac{\mu-1}{1+\mu}}\begin{array}{c}:\\:\end{array} \tag{2.146}$$

我们已根据算符排序的统一描述的要求, 提出了量子混合态表象, 证明了其完备性和正交性. 混合态表象的优点是可以反映算符的多种表示和相应的排序规则.

2.10 关于 $\delta(X_1-X_2)$ 和 $\delta(P_1+P_2)$ 的正规排序的讨论

进一步用双模坐标表象的完备性

$$\iint_{-\infty}^{\infty}\mathrm{d}x_1\mathrm{d}x_2\left|x_1,x_2\right\rangle\left\langle x_1,x_2\right|=1 \tag{2.147}$$

和 IWOP 方法可得

$$\begin{aligned}\delta(X_1-X_2)&=\delta(X_1-X_2)\iint_{-\infty}^{\infty}\mathrm{d}x_1\mathrm{d}x_2\left|x_1,x_2\right\rangle\left\langle x_1,x_2\right|\\&=\iint_{-\infty}^{\infty}\mathrm{d}x_1\mathrm{d}x_2\delta(x_1-x_2)\left|x_1,x_2\right\rangle\left\langle x_1,x_2\right|\\&=\int_{-\infty}^{\infty}\mathrm{d}x\left|x,x\right\rangle\left\langle x,x\right|=\frac{1}{\pi}\int_{-\infty}^{\infty}\mathrm{d}x:\mathrm{e}^{-(x-X_1)^2-(x-X_2)^2}:\\&=\frac{1}{\pi}\int_{-\infty}^{\infty}\mathrm{d}x:\exp\left[-2x^2+2x\left(X_1+X_2\right)-X_1^2-X_2^2\right]:\\&=\frac{1}{\sqrt{2\pi}}:\exp\left[\frac{\left(X_1+X_2\right)^2}{2}-X_1^2-X_2^2\right]:\\&=\frac{1}{\sqrt{2\pi}}:\mathrm{e}^{-\frac{1}{2}(X_1-X_2)^2}:\end{aligned}\tag{2.148}$$

这就是 $\delta(X_1-X_2)$ 的正规排序. 再用动量表象得到 $\delta(P_1+P_2)$ 的正规排序:

$$\begin{aligned}\delta(P_1+P_2)&=\delta(P_1+P_2)\iint_{-\infty}^{\infty}\mathrm{d}p_1\mathrm{d}p_2\left|p_1,p_2\right\rangle\left\langle p_1,p_2\right|\\&=\iint_{-\infty}^{\infty}\mathrm{d}p_1\mathrm{d}p_2\delta(p_1+p_2)\left|p_1,p_2\right\rangle\left\langle p_1,p_2\right|\\&=\int_{-\infty}^{\infty}\mathrm{d}p\left|p,-p\right\rangle\left\langle p,-p\right|\\&=\frac{1}{\pi}\int_{-\infty}^{\infty}\mathrm{d}p\exp:\left[-2p^2+2p\left(P_1-P_2\right)-P_1^2-P_2^2\right]:\\&=\frac{1}{\sqrt{2\pi}}:\mathrm{e}^{-\frac{1}{2}(P_1+P_2)^2}:\end{aligned}$$

于是考虑到

$$X_{\mathrm{i}}=\frac{a_{\mathrm{i}}^{\dagger}+a_{\mathrm{i}}}{\sqrt{2}},\quad P_{\mathrm{i}}=\frac{a_{\mathrm{i}}-a_{\mathrm{i}}^{\dagger}}{\sqrt{2}i}\quad(i=1,2) \tag{2.149}$$

以及

$$|00\rangle\langle 00| =: \mathrm{e}^{-a_1^\dagger a_1 - a_2^\dagger a_2} : \tag{2.150}$$

就有

$$\begin{aligned}
&: \mathrm{e}^{-\frac{1}{2}(X_1-X_2)^2-\frac{1}{2}(P_1+P_2)^2} : \\
&=: \mathrm{e}^{a_1^\dagger a_2^\dagger + a_1 a_2 - a_1^\dagger a_1 - a_2^\dagger a_2} : \\
&= \mathrm{e}^{a_1^\dagger a_2^\dagger} |00\rangle\langle 00| \mathrm{e}^{a_1 a_2}
\end{aligned}$$

代表一个理想的双模压缩态 (极大压缩), 那么它是否等于 $:\mathrm{e}^{-\frac{1}{2}(X_1-X_2)^2}::\mathrm{e}^{-\frac{1}{2}(P_1+P_2)^2}:$ 呢? 请读者思考.

2.11 $\delta\left(\eta_1-\frac{X_1-X_2}{\sqrt{2}}\right)\delta\left(\eta_2-\frac{P_1+P_2}{\sqrt{2}}\right)$ 的物理意义

恰如坐标测量算符记为

$$|x\rangle\langle x| = \delta(x-X) \tag{2.151}$$

我们期望有

$$\pi\delta\left(\eta_1-\frac{X_1-X_2}{\sqrt{2}}\right)\delta\left(\eta_2-\frac{P_1+P_2}{\sqrt{2}}\right) = |\eta\rangle\langle\eta| \tag{2.152}$$

其中, $\eta=\eta_1+\mathrm{i}\eta$, 这里 $|\eta\rangle\langle\eta|$ 是一个纯态. 事实上, 注意 $[X_1-X_2,P_1+P_2]=0$, 用傅里叶变换就得

$$\begin{aligned}
&\delta\left(\eta_1-\frac{X_1-X_2}{\sqrt{2}}\right)\delta\left(\eta_2-\frac{P_1+P_2}{\sqrt{2}}\right) \\
&\quad=\iint_{-\infty}^{\infty}\frac{\mathrm{d}s\mathrm{d}t}{4\pi^2}\exp\left[\mathrm{i}s\left(\eta_1-\frac{X_1-X_2}{\sqrt{2}}\right)+\mathrm{i}t\left(\eta_2-\frac{P_1+P_2}{\sqrt{2}}\right)\right]
\end{aligned} \tag{2.153}$$

再用 Baker-Hausdorff 公式

$$\mathrm{e}^{A+B}=\mathrm{e}^A\mathrm{e}^B\mathrm{e}^{-\frac{1}{2}[A,B]}=\mathrm{e}^B\mathrm{e}^A\mathrm{e}^{-\frac{1}{2}[B,A]},\quad [[B,A],A]=[[B,A],B]=0 \tag{2.154}$$

就有

$$\delta\left(\eta_1-\frac{X_1-X_2}{\sqrt{2}}\right)\delta\left(\eta_2-\frac{P_1+P_2}{\sqrt{2}}\right)$$

$$
\begin{aligned}
&= \frac{1}{4\pi^2}\iint \mathrm{d}s\mathrm{d}t\exp\left\{\mathrm{i}s\eta_1+\mathrm{i}t\eta_2+\frac{\mathrm{i}}{2}\left[s\left(a_2^\dagger-a_1^\dagger\right)-\mathrm{i}t\left(a_2^\dagger+a_1^\dagger\right)\right]\right.\\
&\quad\left.+\frac{\mathrm{i}}{2}\left[s\left(a_2-a_1\right)+\mathrm{i}t\left(a_2+a_1\right)\right]\right\}\\
&= \frac{1}{4\pi^2}\iint ds\mathrm{d}t\exp\left[-\frac{1}{4}\left(s^2+t^2\right)+\mathrm{i}s\eta_1+\mathrm{i}t\eta_2\right]\\
&\quad\times\colon \exp\left\{\frac{\mathrm{i}}{2}\left[s\left(a_2^\dagger-a_1^\dagger\right)-\mathrm{i}t\left(a_2^\dagger+a_1^\dagger\right)+s\left(a_2-a_1\right)+\mathrm{i}t\left(a_2+a_1\right)\right]\right\}\colon\\
&= \frac{1}{\pi}\colon \exp\left(-|\eta|^2+\eta a_1^\dagger-\eta^* a_2^\dagger+a_1^\dagger a_2^\dagger+\eta^* a_1-\eta a_2+a_1a_2-a_2^\dagger a_2-a_1^\dagger a_1\right)\colon
\end{aligned}
\tag{2.155}
$$

其中, $\eta=\eta_1+\mathrm{i}\eta_2$. 再用双模真空态的正规乘积式

$$
|00\rangle\langle 00| =\colon \exp\left(-a_1^\dagger a_1-a_2^\dagger a_2\right)\colon \tag{2.156}
$$

将上式写为 Ket-Bra 形式

$$
\pi\delta\left(\eta_1-\frac{X_1-X_2}{\sqrt{2}}\right)\delta\left(\eta_2-\frac{P_1+P_2}{\sqrt{2}}\right)=|\eta\rangle\langle\eta| \tag{2.157}
$$

于是发现

$$
|\eta\rangle=\exp\left(-\frac{1}{2}|\eta|^2+\eta a_1^\dagger-\eta^* a_2^\dagger+a_1^\dagger a_2^\dagger\right)|00\rangle\quad(\eta=\eta_1+\mathrm{i}\eta_2) \tag{2.158}
$$

这样就得到了新的态矢量 $|\eta\rangle$. 特别地, 当 $\eta=0$ 时, 我们有

$$
\delta\left(\frac{X_1-X_2}{\sqrt{2}}\right)\delta\left(\frac{P_1+P_2}{\sqrt{2}}\right)=\frac{1}{\pi}\colon \exp\left(a_1^\dagger a_2^\dagger+a_1a_2-a_2^\dagger a_2-a_1^\dagger a_1\right)\colon \tag{2.159}
$$

对照式 (2.158) 可见

$$
\begin{aligned}
&\colon \mathrm{e}^{-\frac{1}{2}(X_1-X_2)^2}\colon\colon \mathrm{e}^{-\frac{1}{2}(P_1+P_2)^2}\colon = 2\pi\delta(X_1-X_2)\delta(P_1+P_2)\\
&\quad =\colon \exp\left(a_1^\dagger a_2^\dagger+a_1a_2-a_2^\dagger a_2-a_1^\dagger a_1\right)\colon =\colon \mathrm{e}^{-\frac{1}{2}(X_1-X_2)^2-\frac{1}{2}(P_1+P_2)^2}\colon
\end{aligned}
\tag{2.160}
$$

$|\eta\rangle$ 是 X_1-X_2 和 P_1+P_2 的共同本征态

$$
(X_1-X_2)|\eta\rangle=\sqrt{2}\eta_1|\eta\rangle,\quad (P_1+P_2)|\eta\rangle=\sqrt{2}\eta_2|\eta\rangle \tag{2.161}
$$

并且变成了一个完备正交空间

$$
\int\frac{\mathrm{d}^2\eta}{\pi}|\eta\rangle\langle\eta|=1,\quad \left\langle\eta|\eta'\right\rangle=\pi\delta(\eta-\eta')\delta(\eta^*-\eta'^*) \tag{2.162}
$$

鉴于在以 1935 年爱因斯坦等三人以两粒子的相对坐标算符和总动量算符可以同时精确测量, 质难玻尔为代表的哥本哈根学派, 其中隐含了量子纠缠的观点, 所以 $|\eta\rangle$ 态的构建就是最基本的连续变量纠缠态的问世. $|\eta\rangle$ 表象的完备性还可以改写为

$$
\int\frac{\mathrm{d}^2\eta}{\pi}|\eta\rangle\langle\eta|=\iint_{-\infty}^{\infty}\frac{\mathrm{d}\eta_1\mathrm{d}\eta_2}{\pi}\colon \mathrm{e}^{-\left(\eta_1-\frac{X_1-X_2}{\sqrt{2}}\right)^2-\left(\eta_2-\frac{P_1+P_2}{\sqrt{2}}\right)^2}\colon =1 \tag{2.163}
$$

这样更显露了与本征方程 (2.161) 的呼应, 即 η_1 对应 $\dfrac{X_1-X_2}{\sqrt{2}}$,$\eta_2$ 对应 $\dfrac{\hat{P}_1+\hat{P}_2}{\sqrt{2}}$.

用 IWOP 方法和纠缠态表象可证

$$\begin{aligned}\delta(X_1-X_2) &= \int\frac{\mathrm{d}^2\eta}{\pi}\delta\left(\sqrt{2}\eta_1\right)|\eta\rangle\langle\eta| \\ &= \int\frac{\mathrm{d}^2\eta}{\pi}\delta\left(\sqrt{2}\eta_1\right):\mathrm{e}^{-\left(\eta_1-\frac{X_1-X_2}{\sqrt{2}}\right)^2-\left(\eta_2-\frac{P_1+P_2}{\sqrt{2}}\right)^2}: \\ &= \int\frac{\mathrm{d}\eta_2}{\sqrt{2}\pi}:\mathrm{e}^{-\left(\frac{X_1-X_2}{\sqrt{2}}\right)^2-\left(\eta_2-\frac{P_1+P_2}{\sqrt{2}}\right)^2}: \\ &= \frac{1}{\sqrt{2\pi}}:\mathrm{e}^{-\frac{(X_1-X_2)^2}{2}}:\end{aligned} \tag{2.164}$$

以及

$$\begin{aligned}\delta(P_1+P_2) &= \int\frac{\mathrm{d}^2\eta}{\pi}\delta\left(\sqrt{2}\eta_2\right)|\eta\rangle\langle\eta| \\ &= \int\frac{\mathrm{d}^2\eta}{\pi}\delta\left(\sqrt{2}\eta_1\right):\mathrm{e}^{-\left(\eta_1-\frac{X_1-X_2}{\sqrt{2}}\right)^2-\left(\eta_2-\frac{P_1+P_2}{\sqrt{2}}\right)^2}: \\ &= \frac{1}{\sqrt{2\pi}}:\mathrm{e}^{-\frac{1}{2}(P_1+P_2)^2}:\end{aligned} \tag{2.165}$$

类似地, 我们引入 X_1+X_2 和 P_1-P_2 的共同本征态 $|\xi\rangle$, 有

$$|\xi\rangle = \exp\left(-\frac{1}{2}|\xi|^2+\xi a_1^\dagger+\xi^* a_2^\dagger-a_1^\dagger a_2^\dagger\right)|00\rangle \quad (\xi=\xi_1+\mathrm{i}\xi_2) \tag{2.166}$$

它遵守本征方程

$$(X_1+X_2)|\xi\rangle=\sqrt{2}\xi_1|\xi\rangle,\quad (P_1-P_2)|\xi\rangle=\sqrt{2}\xi_2|\xi\rangle \tag{2.167}$$

其完备性是

$$\int\frac{\mathrm{d}^2\xi}{\pi}|\xi\rangle\langle\xi| = \iint_{-\infty}^{\infty}\frac{\mathrm{d}\xi_1\mathrm{d}\xi_2}{\pi}:\mathrm{e}^{-\left[\left(\xi_1-\frac{X_1+X_2}{\sqrt{2}}\right)^2+\left(\xi_2-\frac{P_1-P_2}{\sqrt{2}}\right)^2\right]}:=1 \tag{2.168}$$

即 ξ_1 对应 $\dfrac{X_1+X_2}{\sqrt{2}}$,$\xi_2$ 对应 $\dfrac{\hat{P}_1-\hat{P}_2}{\sqrt{2}}$. $|\xi\rangle$ 与 $|\eta\rangle$ 的互为共轭还表现在

$$\langle\eta|\left(a_1+a_2^\dagger\right)=\langle\eta|(2a_1-\eta)=2\frac{\partial}{\partial\eta^*} \tag{2.169}$$

$$\langle\eta|\left(a_1^\dagger+a_2\right)=\langle\eta|(2a_2+\eta^*)=-2\frac{\partial}{\partial\eta} \tag{2.170}$$

故

$$\langle\eta|\left(a_1+a_2^\dagger\right)|\xi\rangle=2\frac{\partial}{\partial\eta^*}\langle\eta|\,\xi\rangle=\xi\langle\eta|\,\xi\rangle \tag{2.171}$$

$$\langle\eta|\left(a_1^\dagger+a_2\right)|\xi\rangle=-2\frac{\partial}{\partial\eta}\langle\eta|\,\xi\rangle=\xi^*\langle\eta|\,\xi\rangle \tag{2.172}$$

此方程的解为

$$\langle\eta|\,\xi\rangle=\frac{1}{2}\exp\frac{\eta^*\xi-\xi^*\eta}{2} \tag{2.173}$$

$\xi^*\eta-\eta^*\xi$ 是一个纯虚数, 故 $\langle\eta|\,\xi\rangle$ 是一个复数形式的傅里叶积分核, 相应的积分变换是

$$F(\xi)=\langle\xi|\,F\rangle=\langle\xi|\int\frac{\mathrm{d}^2\eta}{\pi}|\eta\rangle\langle\eta|\,F\rangle=\int\frac{\mathrm{d}^2\eta}{2\pi}\mathrm{e}^{(\eta^*\xi-\xi^*\eta)/2}]F(\eta) \tag{2.174}$$

$\langle\eta|\,\xi\rangle$ 也可以用双模相干态 $|z_1,z_2\rangle$ 表象来求:

$$\begin{aligned}\langle\eta\,|\xi\rangle&=\int\frac{\mathrm{d}^2z_1\mathrm{d}^2z_2}{\pi^2}\langle\eta\,|z_1,z_2\rangle\langle z_1,z_2|\,\xi\rangle\\&=\int\frac{\mathrm{d}^2z_1\mathrm{d}^2z_2}{\pi^2}\langle00|\exp\left(-\frac{1}{2}|\eta|^2+\eta^*a_1-\eta a_2+a_1a_2\right)|z_1,z_2\rangle\\&\quad\times\langle z_1,z_2|\exp\left(-\frac{1}{2}|\xi|^2+\xi a_1^\dagger+\xi^*a_2^\dagger-a_1^\dagger a_2^\dagger\right)|00\rangle\\&=\int\frac{\mathrm{d}^2z_1\mathrm{d}^2z_2}{\pi^2}\exp\left[-\frac{1}{2}\left(|\eta|^2+|\xi|^2\right)+\eta^*z_1-\eta z_2+z_1z_2+\xi z_1^*\right.\\&\quad\left.+\xi^*z_2^*-z_1^*z_2^*-|z_1|^2-|z_2|^2\right]\\&=\frac{1}{2}\exp\left[i\left(\eta_1\xi_2-\xi_1\eta_2\right)\right]\end{aligned} \tag{2.175}$$

由此可见

$$\langle\eta|\frac{1}{\sqrt{2}}(X_1+X_2)|\xi\rangle=\xi_1\langle\eta\,|\xi\rangle=2\mathrm{i}\frac{\partial}{\partial\eta_2}\langle\eta\,|\xi\rangle \tag{2.176}$$

$$\langle\eta|\frac{1}{\sqrt{2}}(P_1-P_2)|\xi\rangle=\xi_2\langle\eta\,|\xi\rangle=-2\mathrm{i}\frac{\partial}{\partial\eta_1}\langle\eta\,|\xi\rangle \tag{2.177}$$

即体现平移性质

$$\left\{\begin{array}{l}\langle\eta|\dfrac{1}{\sqrt{2}}(X_1+X_2)=2\mathrm{i}\dfrac{\partial}{\partial\eta_2}\langle\eta|\\[2ex]\langle\eta|\dfrac{1}{\sqrt{2}}(P_1-P_2)=-2\mathrm{i}\dfrac{\partial}{\partial\eta_1}\langle\eta|\end{array}\right. \tag{2.178}$$

2.12 Fokker-Planck 微分运算在纠缠态表象中的实现

把 $a_1^\dagger$ 与 $a_2^\dagger$ 分别作用于 $|\xi\rangle$ 得到

$$a_1^\dagger = \left(\frac{\partial}{\partial\xi} + \frac{\xi^*}{2}\right)|\xi\rangle, \quad a_2^\dagger|\xi\rangle = \left(\frac{\partial}{\partial\xi^*} + \frac{\xi}{2}\right)|\xi\rangle \tag{2.179}$$

故

$$\langle\xi|a_1a_2 = \left(\frac{\partial}{\partial\xi} + \frac{\xi^*}{2}\right)\left(\frac{\partial}{\partial\xi^*} + \frac{\xi}{2}\right)\langle\xi| \tag{2.180}$$

鉴于

$$\left[a_1a_2, a_1^\dagger a_1 - a_2^\dagger a_2\right] = 0 \tag{2.181}$$

存在 a_1a_2 与 $a_1^\dagger a_1 - a_2^\dagger a_2$ 的共同本征态, 记为 $|\alpha, q\rangle$, 有

$$a_1a_2|\alpha,q\rangle = \alpha|\alpha,q\rangle \tag{2.182}$$

$$\left(a_1^\dagger a_1 - a_2^\dagger a_2\right)|\alpha,q\rangle = q|\alpha,q\rangle \tag{2.183}$$

于是可以建立方程

$$\langle\xi|a_1a_2|\alpha,q\rangle = \left(\frac{\partial}{\partial\xi} + \frac{\xi^*}{2}\right)\left(\frac{\partial}{\partial\xi^*} + \frac{\xi}{2}\right)\langle\xi|\alpha,q\rangle = \alpha\langle\xi|\alpha,q\rangle \tag{2.184}$$

左边出现 Fokker-Planck 微分运算

$$\frac{\partial^2}{\partial\xi\partial\xi^*} + \frac{\xi^*}{2}\frac{\partial}{\partial\xi^*} + \frac{\partial}{\partial\xi}\frac{\xi}{2} + \frac{\xi\xi^*}{4} \tag{2.185}$$

所以它是 a_1a_2 在纠缠态表象的实现. 另一方面,

$$\left(a_1^\dagger a_1 - a_2^\dagger a_2\right)\left|\xi = |\xi|e^{i\varphi}\right\rangle = i\frac{\partial}{\partial\varphi}\left|\xi = |\xi|e^{i\varphi}\right\rangle \tag{2.186}$$

故

$$\langle\xi|\left(a_1^\dagger a_1 - a_2^\dagger a_2\right)|\alpha,q\rangle = -i\frac{\partial}{\partial\varphi}\langle\xi|\alpha,q\rangle = q\langle\xi|\alpha,q\rangle \tag{2.187}$$

联合式 (2.186) 和式 (2.187) 得出

$$\langle\xi|\alpha,q\rangle = F(|\xi|,q,\alpha)\mathrm{e}^{\mathrm{i}q\varphi} \tag{2.188}$$

我们把求 $F(|\xi|,q,\alpha)$ 的任务作为一个习题留给读者做, 可以提示的是可以先求 $|\alpha,q\rangle$ 在福克空间中的形式.

2.13 在 $|\eta\rangle$ 表象中求对应二维拉普拉斯微商运算的玻色算符

从 $|\eta\rangle$ 所满足的本征方程可见

$$a_1|\eta\rangle = \left(\eta + a_2^\dagger\right)|\eta\rangle, \quad a_1^\dagger|\eta\rangle = \left(\frac{\partial}{\partial\eta} + \frac{\eta^*}{2}\right)|\eta\rangle \tag{2.189}$$

$$a_2|\eta\rangle = -\left(\eta^* - a_1^\dagger\right)|\eta\rangle, \quad a_2^\dagger|\eta\rangle = \left(-\frac{\partial}{\partial\eta^*} - \frac{\eta}{2}\right)|\eta\rangle \tag{2.190}$$

于是有

$$a_1^\dagger a_1|\eta\rangle = \left(\frac{\eta}{2} - \frac{\partial}{\partial\eta^*}\right)\left(\frac{\partial}{\partial\eta} + \frac{\eta^*}{2}\right)|\eta\rangle \tag{2.191}$$

$$a_2^\dagger a_2|\eta\rangle = -\left(\frac{\partial}{\partial\eta} - \frac{\eta^*}{2}\right)\left(\frac{\partial}{\partial\eta^*} + \frac{\eta}{2}\right)|\eta\rangle \tag{2.192}$$

两式相减得到

$$\left(a_1^\dagger a_1 - a_2^\dagger a_2\right)|\eta\rangle = \left(\eta\frac{\partial}{\partial\eta} - \eta^*\frac{\partial}{\partial\eta^*}\right)|\eta\rangle \tag{2.193}$$

将

$$\left(a_1 - a_2^\dagger\right)\left(a_1^\dagger - a_2\right)|\eta\rangle = |\eta|^2|\eta\rangle \tag{2.194}$$

结合以上两式又得到

$$\left[2\left(a_1^\dagger a_1 + a_2^\dagger a_2\right) - |\eta|^2 + 2\right]|\eta\rangle = -4\frac{\partial^2}{\partial\eta^*\partial\eta}|\eta\rangle \tag{2.195}$$

令 $\eta = r\mathrm{e}^{\mathrm{i}\varphi}$, 则从

$$\frac{\partial^2}{\partial\eta^*\partial\eta} = \frac{1}{4}\left(\frac{\partial^2}{\partial r^2} + \frac{1}{r}\frac{\partial}{\partial r} + \frac{1}{r^2}\frac{\partial^2}{\partial\varphi^2}\right) \tag{2.196}$$

可知

$$
\begin{aligned}
4\frac{\partial^2}{\partial\eta^*\partial\eta}|\eta\rangle &= \left(\frac{\partial^2}{\partial r^2}+\frac{1}{r}\frac{\partial}{\partial r}+\frac{1}{r^2}\frac{\partial^2}{\partial\varphi^2}\right)|\eta\rangle \\
&= \nabla^2|\eta\rangle = -\left[2\left(a_1^\dagger a_1+a_2^\dagger a_2\right)-|\eta|^2+2\right]|\eta\rangle \\
&= \left[2\left(a_1^\dagger a_1+a_2^\dagger a_2\right)-\left(a_1-a_2^\dagger\right)\left(a_1^\dagger-a_2\right)+2\right]|\eta\rangle \\
&= -\left[\left(a_1+a_2^\dagger\right)\left(a_1^\dagger+a_2\right)\right]|\eta\rangle
\end{aligned} \tag{2.197}
$$

所以相应于二维拉普拉斯微商运算的玻色算符是

$$
\nabla^2 \to -\left(a_1+a_2^\dagger\right)\left(a_1^\dagger+a_2\right) \tag{2.198}
$$

即

$$
\nabla^2|\eta\rangle = \left(\frac{\partial^2}{\partial r^2}+\frac{1}{r}\frac{\partial}{\partial r}+\frac{1}{r^2}\frac{\partial^2}{\partial\varphi^2}\right)|\eta\rangle = -\left(a_1+a_2^\dagger\right)\left(a_1^\dagger+a_2\right)|\eta\rangle \tag{2.199}
$$

这是 $|\eta\rangle$ 采用表象的优点. 另一方面, 由于

$$
\left(a_1+a_2^\dagger\right)\left(a_1^\dagger+a_2\right)|\xi\rangle = |\xi|^2|\xi\rangle \tag{2.200}
$$

故

$$
\langle\xi|\left(a_1+a_2^\dagger\right)\left(a_1^\dagger+a_2\right)|\eta\rangle = |\xi|^2\langle\xi|\eta\rangle = -4\frac{\partial^2}{\partial\eta^*\partial\eta}\langle\xi|\eta\rangle \tag{2.201}
$$

其解也导致

$$
\langle\xi|\eta\rangle = \frac{1}{2}\exp\left[\frac{1}{2}\left(\xi^*\eta-\eta^*\xi\right)\right] \tag{2.202}
$$

1. $\left(-\mathrm{i}\frac{\partial}{\partial\varphi}\right)$ 作为 $\left(a_1^\dagger a_1-a_2^\dagger a_2\right)$ 在 $\langle\eta|$ 表象中的实现

引入 $\langle\eta|$ 表象的优点还在于能提供方位角转动运算 $-\mathrm{i}\frac{\partial}{\partial\varphi}$ 的玻色算符表示, 事实上, 从 $\eta=r\mathrm{e}^{\mathrm{i}\varphi}$ 可见

$$
\frac{\partial}{\partial\eta} = \frac{1}{2}\mathrm{e}^{-\mathrm{i}\varphi}\left(\frac{\partial}{\partial r}+\frac{1}{\mathrm{i}r}\frac{\partial}{\partial\varphi}\right), \quad \frac{\partial}{\partial\eta} = \frac{1}{2}\mathrm{e}^{\mathrm{i}\varphi}\left(\frac{\partial}{\partial r}-\frac{1}{\mathrm{i}r}\frac{\partial}{\partial\varphi}\right) \tag{2.203}
$$

故有

$$
\left(a_1^\dagger a_1-a_2^\dagger a_2\right)|\eta\rangle = \left(\eta\frac{\partial}{\partial\eta}-\eta^*\frac{\partial}{\partial\eta^*}\right)|\eta\rangle = \frac{1}{\mathrm{i}}\frac{\partial}{\partial\varphi}|\eta\rangle \tag{2.204}
$$

这是很值得注意的.

2. 在 $|\eta\rangle$ 表象中求相应于 $\dfrac{\partial^2}{\partial r^2}+\dfrac{1}{r}\dfrac{\partial}{\partial r}$ 的玻色算符

从以上分析可见

$$\begin{aligned}\left(\frac{\partial^2}{\partial r^2}+\frac{1}{r}\frac{\partial}{\partial r}\right)|\eta\rangle &= \left(4\frac{\partial^2}{\partial\eta^*\partial\eta}-\frac{1}{r^2}\frac{\partial^2}{\partial\varphi^2}\right)|\eta\rangle \\ &= \left[-\left(a_1+a_2^\dagger\right)\left(a_1^\dagger+a_2\right)+\left(a_2^\dagger a_2-a_1^\dagger a_1\right)^2\frac{1}{\left(a_1-a_2^\dagger\right)\left(a_1^\dagger-a_2\right)}\right]|\eta\rangle \\ &= \left(a_1^\dagger a_2^\dagger-a_1a_2+1\right)^2\frac{1}{\left(a_1-a_2^\dagger\right)\left(a_1^\dagger-a_2\right)}|\eta\rangle \\ &= \frac{1}{r^2}\left(a_1^\dagger a_2^\dagger-a_1a_2+1\right)^2|\eta\rangle \end{aligned} \tag{2.205}$$

或

$$r^2\left(\frac{\partial^2}{\partial r^2}+\frac{1}{r}\frac{\partial}{\partial r}\right)|\eta\rangle=\left(a_1^\dagger a_2^\dagger-a_1a_2+1\right)^2|\eta\rangle \tag{2.206}$$

其中我们已经用了算符恒等式

$$\left(a_2^\dagger a_2-a_1^\dagger a_1\right)^2=\left(a_1^\dagger a_2^\dagger-a_1a_2+1\right)^2+\left(a_1^\dagger+a_2\right)\left(a_1+a_2^\dagger\right)\left(a_1-a_2^\dagger\right)\left(a_1^\dagger-a_2\right) \tag{2.207}$$

以及

$$\left[\left(a_2^\dagger a_2-a_1^\dagger a_1\right),\left(a_1-a_2^\dagger\right)\left(a_1^\dagger-a_2\right)\right]=0 \tag{2.208}$$

作为应用, 我们简洁地求二维谐振子的本征态. 令 $a_1^\dagger a_1+a_2^\dagger a_2$ 与 $a_1^\dagger a_1-a_2^\dagger a_2$ 的共同本征态为 $|m,l\rangle$, 有

$$\left(a_1^\dagger a_1+a_2^\dagger a_2\right)|m,l\rangle=m|m,l\rangle,\quad \left(a_1^\dagger a_1-a_2^\dagger a_2\right)|m,l\rangle=l|m,l\rangle \tag{2.209}$$

投影到 $|\eta\rangle$ 表象, 有

$$\langle m,l|\left(a_1^\dagger a_1-a_2^\dagger a_2\right)|\eta\rangle=\frac{1}{\mathrm{i}}\frac{\partial}{\partial\varphi}\langle m,l|\eta\rangle=l\langle m,l|\eta\rangle \tag{2.210}$$

故 $\langle m,l|\eta\rangle=R\mathrm{e}^{\mathrm{i}l\varphi}$, R 待定 , 用式 (2.195) 得到

$$\begin{aligned}\langle m,l|\left(a_1^\dagger a_1+a_2^\dagger a_2\right)|\eta\rangle &= \left(-2\frac{\partial^2}{\partial\eta^*\partial\eta}+\frac{1}{2}|\eta|^2-1\right)\langle m,l|\eta\rangle \\ &= \left(\frac{1}{2}r^2-1-\frac{\partial^2}{2\partial r^2}+\frac{1}{2r}\frac{\partial}{\partial r}+\frac{1}{2r^2}\frac{\partial^2}{\partial\varphi^2}\right)\langle m,l|\eta\rangle \\ &= \left(\frac{1}{2}r^2-1-\frac{\partial^2}{2\partial r^2}+\frac{1}{2r}\frac{\partial}{\partial r}-\frac{l^2}{2r^2}\right)\langle m,l|\eta\rangle \\ &= m\langle m,l|\eta\rangle \end{aligned} \tag{2.211}$$

这就是 $\langle m,l|\ \eta\rangle$ 所满足的 2 阶微分方程.

以上讨论说明, 二维玻色算符在 $|\eta\rangle$ 表象中的表示与建立 2 阶微分方程的关系密切. 作为练习, 读者可以尝试用 $|\eta\rangle$ 表象求解

$$H=\omega\left(a_1^{\dagger}a_1+a_2^{\dagger}a_2+1\right)+\lambda\left(a_1^{\dagger}a_2^{\dagger}+a_2a_1\right) \tag{2.212}$$

的能态. 提示: 引入

$$g=\frac{\omega-\lambda}{2},\quad k=\frac{\omega+\lambda}{2} \tag{2.213}$$

将 H 改写为

$$H=g\left(a_1-a_2^{\dagger}\right)\left(a_1^{\dagger}-a_2\right)+k\left(a_1+a_2^{\dagger}\right)\left(a_2+a_1^{\dagger}\right) \tag{2.214}$$

再用纠缠态表象求.

2.14 纠缠形式的维格纳算符

根据第 1 章的知识, 可知双模维格纳算符是

$$\begin{aligned}&\Delta_1(x_1,p_1)\Delta_2(x_2,p_2)\\&=\frac{1}{16\pi^4}\int_{-\infty}^{\infty}\mathrm{d}u\mathrm{d}v\mathrm{d}x\mathrm{d}y\exp\left[\mathrm{i}u(x_1-X_1)+\mathrm{i}v(p_1-P_1)+\mathrm{i}x(x_2-X_2)+\mathrm{i}y(p_2-P_2)\right]\end{aligned} \tag{2.215}$$

让

$$u=\frac{1}{\sqrt{2}}(s+s'),\quad v=\frac{1}{\sqrt{2}}(t+t') \tag{2.216}$$

$$x=-\frac{1}{\sqrt{2}}(s-s'),\quad y=\frac{1}{\sqrt{2}}(t-t') \tag{2.217}$$

以及

$$\rho_1=\frac{1}{\sqrt{2}}(x_1-x_2),\quad \rho_2=\frac{1}{\sqrt{2}}(p_1+p_2) \tag{2.218}$$

$$\zeta_1=\frac{1}{\sqrt{2}}(x_1+x_2),\quad \zeta_2=\frac{1}{\sqrt{2}}(p_1-p_2) \tag{2.219}$$

并注意 $\left|\frac{\partial(u,v,x,y)}{\partial(s,s't,t')}\right|=1$, 就可把式 (2.254) 转变为

$$\Delta_1(x_1,p_1)\Delta_2(x_2,p_2)$$

$$
\begin{aligned}
&= \frac{1}{16\pi^4} \int \mathrm{d}s\mathrm{d}t\mathrm{d}s'\mathrm{d}t' \exp\left[\mathrm{i}s\left(\rho_1 - \frac{X_1 - X_2}{\sqrt{2}}\right) + \mathrm{i}t\left(\rho_2 - \frac{P_1 + P_2}{\sqrt{2}}\right)\right. \\
&\quad \left. + \mathrm{i}s'\left(\zeta_1 - \frac{X_1 + X_2}{\sqrt{2}}\right) + \mathrm{i}t'\left(\zeta_2 - \frac{P_1 - P_2}{\sqrt{2}}\right)\right] \\
&= \frac{1}{16\pi^4} \int \mathrm{d}s\mathrm{d}t\mathrm{d}s'\mathrm{d}t' \exp\left[\mathrm{i}s'\left(\zeta_1 - \frac{X_1 + X_2}{\sqrt{2}}\right)\right] \\
&\quad \times \exp\left[\mathrm{i}s\left(\rho_1 - \frac{X_1 - X_2}{\sqrt{2}}\right) + \mathrm{i}t\left(\rho_2 - \frac{P_1 + P_2}{\sqrt{2}}\right)\right] \\
&\quad \times \exp\left[\mathrm{i}t'\left(\zeta_2 - \frac{P_1 - P_2}{\sqrt{2}}\right)\right] \exp\left[\frac{\mathrm{i}}{2}\left(st' + s't\right)\right]
\end{aligned} \tag{2.220}
$$

其部分积分

$$
\begin{aligned}
&\int \frac{\mathrm{d}s\mathrm{d}t}{4\pi^2} \exp\left[\mathrm{i}s\left(\rho_1 - \frac{X_1 - X_2}{\sqrt{2}}\right) + \mathrm{i}t\left(\rho_2 - \frac{P_1 + P_2}{\sqrt{2}}\right) + \frac{\mathrm{i}}{2}\left(st' + s't\right)\right] \\
&= \delta\left(\rho_1 - \frac{X_1 - X_2}{\sqrt{2}} + \frac{t'}{2}\right) \delta\left(\rho_2 - \frac{P_1 + P_2}{\sqrt{2}} + \frac{s'}{2}\right)
\end{aligned} \tag{2.221}
$$

代入前一式

$$
\begin{aligned}
&\Delta_1\left(x_1, p_1\right) \Delta_2\left(x_2, p_2\right) \\
&= \int \frac{\mathrm{d}s'\mathrm{d}t'}{4\pi^2} \exp\left[\mathrm{i}s'\left(\zeta_1 - \frac{X_1 + X_2}{\sqrt{2}}\right)\right] \delta\left(\rho_1 + \frac{t'}{2} - \frac{X_1 - X_2}{\sqrt{2}}\right) \\
&\quad \times \delta\left(\rho_2 + \frac{s'}{2} - \frac{P_1 + P_2}{\sqrt{2}}\right) \exp\left[\mathrm{i}t'\left(\zeta_2 - \frac{P_1 - P_2}{\sqrt{2}}\right)\right] \\
&= \int \frac{\mathrm{d}s'\mathrm{d}t'}{4\pi^3} \exp\left[\mathrm{i}s'\left(\zeta_1 - \frac{X_1 + X_2}{\sqrt{2}}\right)\right] \left|\eta_1 + \frac{t'}{2}, \eta_2 + \frac{s'}{2}\right\rangle_{\eta_1 = \rho_1, \eta_2 = \rho_2 \eta_1 = \rho_1, \eta_2 = \rho_2} \\
&\quad \left\langle \eta_1 + \frac{t'}{2}, \eta_2 + \frac{s'}{2}\right| \times \exp\left[\mathrm{i}t'\left(\zeta_2 - \frac{P_1 - P_2}{\sqrt{2}}\right)\right]
\end{aligned} \tag{2.222}
$$

再有

$$
\Delta_1\left(x_1, p_1\right) \Delta_2\left(x_2, p_2\right) = \int \frac{\mathrm{d}s'\mathrm{d}t'}{4\pi^3} \exp\left(\mathrm{i}s'\zeta_1 + \mathrm{i}t'\zeta_2\right) \left|\eta_1 + \frac{t'}{2}, \eta_2 - \frac{s'}{2}\right\rangle \left\langle \eta_1 - \frac{t'}{2}, \eta_2 + \frac{s'}{2}\right| \tag{2.223}
$$

进一步让 $\tau = -\dfrac{t'}{2} + \mathrm{i}\dfrac{s'}{2}$, 于是 $ds'\mathrm{d}t' = 4d^2\tau$, 就有

$$
\begin{aligned}
&\left|\eta_1 + \frac{t'}{2}, \eta_2 - \frac{s'}{2}\right\rangle \left\langle \eta_1 - \frac{t'}{2}, \eta_2 + \frac{s'}{2}\right| \\
&\quad = \left|\eta_1 - \frac{\tau + \tau^*}{2}, \eta_2 - \frac{\tau - \tau^*}{2\mathrm{i}}\right\rangle \left\langle \eta_1 + \frac{\tau + \tau^*}{2}, \eta_2 + \frac{\tau - \tau^*}{2\mathrm{i}}\right|
\end{aligned} \tag{2.224}
$$

这样一来, 式 (2.215) 就在纠缠态表象中表达出来了:

$$
\Delta_1\left(x_1, p_1\right) \Delta_2\left(x_2, p_2\right) = \int \frac{\mathrm{d}^2\tau}{\pi^3} \left|\eta - \tau\right\rangle \left\langle \eta + \tau\right| \mathrm{e}^{\tau\zeta^* - \tau^*\zeta} \equiv \Delta\left(\eta, \zeta\right) \tag{2.225}
$$

我们称 $\Delta(\eta,\zeta)$ 为双模维格纳算符的纠缠形式. 其中要记得

$$\eta_1=\rho_1=\frac{1}{\sqrt{2}}(x_1-x_2),\quad \eta_2=\rho_2=\frac{1}{\sqrt{2}}(p_1+p_2) \tag{2.226}$$

$$\zeta_1=\frac{1}{\sqrt{2}}(x_1+x_2),\quad \zeta_2=\frac{1}{\sqrt{2}}(p_1-p_2) \tag{2.227}$$

当对 $\Delta(\sigma,\gamma)$ 实现 $d^2\gamma$ 积分时, 有

$$\int \mathrm{d}^2\gamma\Delta(\sigma,\gamma)=\frac{1}{\pi}|\eta\rangle\langle\eta||_{\eta=\sigma} \tag{2.228}$$

正好是纠缠态 $|\eta\rangle$ 的投影算符, 而对 $\mathrm{d}^2\sigma$ 积分导致

$$\int \mathrm{d}^2\sigma\Delta(\sigma,\gamma)=\frac{1}{\pi}|\xi\rangle\langle\xi||_{\xi=\gamma} \tag{2.229}$$

纠缠态 $|\xi\rangle$ 的投影算符. $|\langle\xi|\varPsi\rangle|^2\left[|\langle\eta|\varPsi\rangle|^2\right]$ 是比例于发现两个粒子具有相对动量 $\sqrt{2}\xi_2$ (总动量为 $\sqrt{2}\eta_2$) 同时质心坐标是 $\dfrac{\xi_1}{\sqrt{2}}$(相对距离是 $\sqrt{2}\eta_1$) 的概率. 换言之, 两个粒子是如此纠缠着, 以至于言谈单个粒子的波函数都是没有物理意义的. 纠缠态的维格纳函数的边缘分布意义只是在 $|\eta\rangle$ 或 $|\xi\rangle$ 表象中才能说些什么.

2.15 相干-纠缠态的构造

鉴于 $\left[\dfrac{X_1+X_2}{\sqrt{2}},a_1-a_2\right]=0$, 我们求 $\dfrac{X_1+X_2}{\sqrt{2}},a_1-a_2$ 的共同本征态, 记为 $|x,z\rangle$, 有

$$\frac{X_1+X_2}{\sqrt{2}}|x,z\rangle=x|x,z\rangle,\quad (a_1-a_2)|x,z\rangle=z|x,z\rangle \tag{2.230}$$

为了找到 $|x,z\rangle$ 表象的明确的表达式, 根据上述讨论, 只需寻求相应的 $|x,z\rangle\langle x,z|$ 的正态分布形式即可. 具体的做法是: 根据坐标表象和相干态表象的正规乘积高斯积分形式, 由式 (2.230) 构造如下正规乘积形式的正态分布算符:

$$:\mathrm{e}^{-\left(x-\frac{X_1+X_2}{\sqrt{2}}\right)^2-\frac{1}{2}[z-(a_1-a_2)]\left[z^*-\left(a_1^\dagger-a_2^\dagger\right)\right]}:\equiv O(x,z) \tag{2.231}$$

用积分公式

$$\int\frac{\mathrm{d}^2z}{\pi}\mathrm{e}^{\lambda|z|^2+\mu z+\nu z^*}=-\frac{1}{\lambda}\mathrm{e}^{-\frac{\mu\nu}{\lambda}}\quad(\mathrm{Re}\lambda<0) \tag{2.232}$$

求它的一个边缘分布, 积分得

$$\int \frac{\mathrm{d}^2 z}{2\pi} O(x,z) =: \mathrm{e}^{-\left(x-\frac{X_1+X_2}{\sqrt{2}}\right)^2}: \tag{2.233}$$

又得另一个边缘分布

$$\int_{-\infty}^{\infty} \frac{\mathrm{d}x}{\sqrt{\pi}} O(x,z) =: \mathrm{e}^{-\frac{1}{2}[z-(a_1-a_2)]\left[z^*-\left(a_1^\dagger-a_2^\dagger\right)\right]}: \tag{2.234}$$

于是有

$$\int_{-\infty}^{\infty} \frac{\mathrm{d}x}{\sqrt{\pi}} \int \frac{\mathrm{d}^2 z}{2\pi} O(x,z) = \int_{-\infty}^{\infty} \frac{\mathrm{d}x}{\sqrt{\pi}} : \mathrm{e}^{-\left(x-\frac{X_1+X_2}{\sqrt{2}}\right)^2}: = 1 \tag{2.235}$$

这就说明了 $O(x,z)$ 构成一完备系列. 根据 $|00\rangle\langle 00| =: \mathrm{e}^{-a_1^\dagger a_1 - a_2^\dagger a_2}:$, 可将式 (2.234) 改写为

$$O(x,z) = |z,x\rangle\langle z,x| \tag{2.236}$$

其中

$$|z,x\rangle = \mathrm{e}^{-\frac{1}{4}|z|^2-\frac{1}{2}x^2+\left(x+\frac{1}{2}z\right)a_1^\dagger+\left(x-\frac{1}{2}z\right)a_2^\dagger-\frac{1}{4}\left(a_1^\dagger+a_2^\dagger\right)^2}|00\rangle \tag{2.237}$$

就是得到的新态矢量, 而且

$$\int \frac{\mathrm{d}^2 z}{2\pi} \int_{-\infty}^{\infty} \frac{\mathrm{d}x}{\sqrt{\pi}} |z,x\rangle\langle z,x| = 1 \tag{2.238}$$

利用公式

$$\left[a_j, f(a_1^\dagger, a_2^\dagger)\right] = \frac{\partial}{\partial a_j^\dagger} f(a_1^\dagger, a_2^\dagger) \tag{2.239}$$

可以得到

$$a_1|z,x\rangle = \left[x + \frac{z}{2} - \frac{1}{2}(a_1^\dagger + a_2^\dagger)\right]|z,x\rangle \tag{2.240}$$

$$a_2|z,x\rangle = \left[x - \frac{z}{2} - \frac{1}{2}(a_1^\dagger + a_2^\dagger)\right]|z,x\rangle \tag{2.241}$$

综合上面两式, 就可验证式 (2.233). 如果我们改写式 (2.240) 为

$$|z,x\rangle = \mathrm{e}^{-\frac{1}{4}|z|^2+\frac{1}{\sqrt{2}}z\frac{a_1^\dagger-a_2^\dagger}{\sqrt{2}}-\frac{1}{2}x^2+\sqrt{2}x\frac{a_1^\dagger+a_2^\dagger}{\sqrt{2}}-\frac{1}{2}\left(\frac{a_1^\dagger+a_2^\dagger}{\sqrt{2}}\right)^2}|00\rangle \tag{2.242}$$

则由于 $\dfrac{a_1^\dagger - a_2^\dagger}{\sqrt{2}}$ 与 $\dfrac{a_1^\dagger + a_2^\dagger}{\sqrt{2}}$ 独立, 可把它们视为独立模, 其中

$$\left[\frac{a_1 - a_2}{\sqrt{2}}, \frac{a_1^\dagger + a_2^\dagger}{\sqrt{2}}\right] = 0 \tag{2.243}$$

则很易于理解此结果. 从式 (2.233) 与式 (2.240) 可以看出, $|z,x\rangle$ 是一个相干-纠缠态表象, 它具有相干态性质, 也具有纠缠态特性.

2.16 两粒子间的硬壳位势的薛定谔方程解和量子化条件

设两个不等质量粒子之间有位势 $V(x_1-x_2)$, 经典哈密顿量是

$$H=\frac{p_1^2}{2m_1}+\frac{p_2^2}{2m_2}-V(x_1-x_2) \tag{2.244}$$

令

$$x_{\rm r}=x_1-x_2,\quad x_{\rm c}=\mu_1x_1+\mu_2x_2,\quad \mu_i=\frac{m_i}{M}\quad (i=1,2) \tag{2.245}$$

经典动能是

$$\frac{M\dot{x}_{\rm c}^2}{2}+\frac{\mu\dot{x}_{\rm r}^2}{2},\quad \mu^{-1}=m_1^{-1}+m_2^{-1} \tag{2.246}$$

相应的动量是

$$Mx_{\rm c}=p_1+p_2\equiv p,\quad p_{\rm r}=\mu\dot{x}_{\rm r} \tag{2.247}$$

过渡到量子力学, 量子哈密顿量是

$$H=\frac{P_1^2}{2m_1}+\frac{P_2^2}{2m_2}-V_0\delta(X_1-X_2) \tag{2.248}$$

两个不等质量粒子之间有算符 $\delta(X_1-X_2)$ 位势相关联 (或称硬壳位势, hard core potential), 其哈密顿算符为

$$H=\frac{P_1^2}{2m_1}+\frac{P_2^2}{2m_2}-V_0\delta(X_1-X_2) \tag{2.249}$$

其中 δ-函数位势的宗量是 X_1-X_2, 这在以往的文献中未出现过. 引入 $\mu_i=\dfrac{m_i}{M}(i=1,2)$, 其中 $M=m_1+m_2$ 为总质量, 以及

$$\begin{aligned}
&X_{\rm r}=X_1-X_2,\quad P_1+P_2=P\\
&P_1=P_{\rm r}+\mu_1P,\quad P_1=\mu_2P-P_{\rm r}\\
&X_{\rm c}=\mu_1X_1+\mu_2X_2,\quad P_{\rm r}=\mu_2P_1-\mu_1P_2\\
&X_1=X_{\rm c}+\mu_2X_{\rm r},\quad X_2=X_{\rm c}-\mu_1X_{\rm r}
\end{aligned}$$

$\mu_i = \dfrac{m_i}{M}$, X_{c} 代表质心, P_{r} 是质量权重相对动量. 把 H 用 $\{X_{\mathrm{r}}, P_{\mathrm{r}}\}$, $\{X_{\mathrm{c}}, P\}$ 写出, 注意

$$\frac{P_1^2}{2m_1}+\frac{P_2^2}{2m_2}=\frac{P^2}{2M}+\frac{P_{\mathrm{r}}^2}{2\mu} \tag{2.250}$$

$\mu = \dfrac{m_1 m_2}{M}$ 是折合质量, 哈密顿算符改写为

$$H=\frac{P^2}{2M}+\frac{P_{\mathrm{r}}^2}{2\mu}-V_0\delta(X_{\mathrm{r}}) \tag{2.251}$$

鉴于

$$[X_{\mathrm{r}}, P]=0 \tag{2.252}$$

$$[X_{\mathrm{r}}, P_{\mathrm{r}}]=[X_1-X_2, \mu_2 P_1-\mu_1 P_2]=\mathrm{i} \tag{2.253}$$

就有

$$\mathrm{e}^{\mathrm{i}\sigma X_{\mathrm{r}}} P_{\mathrm{r}} \mathrm{e}^{-\mathrm{i}\sigma X_{\mathrm{r}}}=P_{\mathrm{r}}-\sigma \tag{2.254}$$

$$\mathrm{e}^{\mathrm{i}\sigma X_{\mathrm{r}}} H \mathrm{e}^{-\mathrm{i}\sigma X_{\mathrm{r}}}=\mathrm{e}^{\mathrm{i}\sigma X_{\mathrm{r}}}\left[\frac{P^2}{2M}+\frac{P_{\mathrm{r}}^2}{2\mu}-V_0\delta(X_{\mathrm{r}})\right]\mathrm{e}^{-\mathrm{i}\sigma X_{\mathrm{r}}}=\frac{P^2}{2M}+\frac{(P_{\mathrm{r}}-\sigma)^2}{2\mu}-V_0\delta(X_{\mathrm{r}}) \equiv H' \tag{2.255}$$

鉴于

$$(X_1-X_2)|\eta\rangle=\sqrt{2}\eta_1|\eta\rangle, \quad (P_1+P_2)|\eta\rangle=\sqrt{2}\eta_2|\eta\rangle \tag{2.256}$$

$$\langle\eta|\frac{1}{\sqrt{2}}(X_1+X_2)=2\mathrm{i}\frac{\partial}{\partial\eta_2}\langle\eta|, \quad \langle\eta|(X_1-X_2)=\sqrt{2}\eta_1\langle\eta| \tag{2.257}$$

$$\langle\eta|\frac{1}{\sqrt{2}}(P_1-P_2)=-2\mathrm{i}\frac{\partial}{\partial\eta_1}\langle\eta|, \quad \langle\eta|(P_1+P_2)=\sqrt{2}\eta_2\langle\eta| \tag{2.258}$$

就有

$$\begin{aligned}\langle\eta|P_{\mathrm{r}} &= \langle\eta|(\mu_2 P_1-\mu_1 P_2)\\ &= \left[\mu_2\left(-2\mathrm{i}\frac{\partial}{\partial\eta_1}+\eta_2\right)-\mu_1\left(2\mathrm{i}\frac{\partial}{\partial\eta_1}+\eta_2\right)\right]\langle\eta|\\ &= -\sqrt{\frac{1}{2}}\mathrm{i}\left[\frac{\partial}{\partial\eta_1}-\mathrm{i}(\mu_1-\mu_2)\eta_2\right]\langle\eta|\end{aligned} \tag{2.259}$$

在纠缠态表象中 P_{r} 表示为

$$[P_1+P_2, H]=0 \tag{2.260}$$

故总动量是守恒量的, 记其量子数为 p, 可设 H' 的能量本征态是 $|\phi\rangle$, $H'|\phi\rangle = E|\phi\rangle$, 取 $\sigma = -\sqrt{\frac{1}{2}}(\mu_1-\mu_2)\eta_2$, 记 $\langle\eta|\phi\rangle \equiv \phi(\eta)$, 用式 (2.259) 在 $\langle\eta|$ 表象下写出能量本征方程

$$\begin{aligned}\langle\eta|H'|\phi\rangle &= \langle\eta|\left\{\frac{P^2}{2M}+\frac{\left[P_{\mathrm{r}}+\sqrt{\frac{1}{2}}(\mu_1-\mu_2)\eta_2\right]^2}{2\mu}-V_0\delta(X_{\mathrm{r}})\right\}|\phi\rangle \\ &= \left[\frac{\eta_2^2}{M}-\frac{1}{4\mu}\frac{\partial^2}{\partial\eta_1^2}-V_0\delta(\sqrt{2}\eta_1)\right]\langle\eta|\phi\rangle = E\langle\eta|\phi\rangle\end{aligned} \tag{2.261}$$

$\phi(\eta)$ 满足方程 (恢复 $\hbar$)

$$-\frac{\hbar^2}{4\mu}\frac{\partial^2}{\partial\eta_1^2}\phi(\eta) = \left[E-\frac{\eta_2^2}{M}+\frac{V_0}{\sqrt{2}}\delta(\eta_1)\right]\phi(\eta) \tag{2.262}$$

故

$$\left(-\frac{\hbar^2}{4\mu}\frac{\partial^2}{\partial\eta_1^2}-E+\frac{\eta_2^2}{M}\right)\phi(\eta) = \frac{V_0}{2\sqrt{2}\pi}\int_{-\infty}^{\infty}\mathrm{d}x\mathrm{e}^{\mathrm{i}x\eta_1}\phi(\eta) \tag{2.263}$$

由此导出关于 E 的量子化条件:

$$1 = \frac{V_0}{2\sqrt{2}\pi}\int_{-\infty}^{\infty}\mathrm{d}x\frac{\mathrm{e}^{\mathrm{i}x\eta_1}}{\hbar^2/(4\mu)x^2-E+\eta_2^2/M} \tag{2.264}$$

其中从量纲考虑已经补上了普朗克常数. 对此方程两边乘 $\int_{-\varepsilon}^{+\varepsilon}\mathrm{d}\eta_1$, $\varepsilon\to 0^+$, 积分得到 ψ' 跃变条件

$$\psi'(0^+)-\psi'(0^-) = -\frac{2\sqrt{2}\mu V_0}{\hbar^2}\psi(0) \tag{2.265}$$

在 $\eta_1 \neq 0$ 处,

$$-\frac{\hbar^2}{4\mu}\frac{\partial^2}{\partial\eta_1^2}\psi(\eta) = \left(E-\frac{\eta_2^2}{M}\right)\psi(\eta) \tag{2.266}$$

要求束缚态的边界条件是当 $|\eta_1|\to\infty$ 时, $\psi(\eta)\to 0$, 鉴于 $\delta(X_1-X_2)=\delta(X_2-X_1)$, 我们仅需考虑偶宇称束缚态. 从上式得解为

$$\psi(\eta) = \begin{cases} C\mathrm{e}^{-\lambda\eta_1} & (\eta_1>0) \\ C\mathrm{e}^{\lambda\eta_1} & (\eta_1<0)\end{cases} \tag{2.267}$$

或

$$\psi(\eta)\sim\mathrm{e}^{-\lambda|\eta_1|},\quad \lambda = \frac{1}{\hbar}\sqrt{-4\mu\left(E-\frac{\eta_2^2}{M}\right)} \tag{2.268}$$

C 是归一化常数, 代入 ψ' 跃变条件得

$$\lambda = \frac{\sqrt{2}\mu V_0}{\hbar^2} \tag{2.269}$$

可见束缚态的能级为

$$E=\frac{\eta_2^2}{M}-\frac{\mu V_0^2}{2\hbar^2} \tag{2.270}$$

注意: η_2 对应两粒子总动量本征值, 是个守恒量, 即等于总动量的初始值, 因为 $[P_1+P_2,H]=0$, 能级 E 与折合质量 $\mu=\dfrac{m_1m_2}{M}$ 有关, 这是以往文献中求 δ-函数位势能级未曾注意到的. 当变成质量为 m 的单粒子的 δ-函数位势时, $E=-\dfrac{mV_0^2}{2\hbar^2}$.

2.17 纠缠态表象中的广义傅里叶变换

在上一节我们已经指出 $\langle\eta\,|\xi\rangle$ 是复数的两维傅里叶变换, 本节给出两维广义傅里叶变换, 它是两个互为共轭的量子力学表象之间的变换. 注意到质心坐标 X_{c} 和质量权重相对动量 P_{r} 对易

$$[X_{\mathrm{c}},P_{\mathrm{r}}]=[\mu_1X_1+\mu_2X_2,\ \mu_2P_1-\mu_1P_2]=0 \tag{2.271}$$

其中, $\mu_i=\dfrac{m_i}{M},M=m_1+m_2$. 而相对坐标和质量权重相对动量 P_{r} 共轭

$$[X_{\mathrm{r}},P_{\mathrm{r}}]=[X_1-X_2,\mu_2P_1-\mu_1P_2]=\mathrm{i}\,(\mu_2+\mu_1)=\mathrm{i} \tag{2.272}$$

所以我们也可以构造 $X_{\mathrm{c}},P_{\mathrm{r}}$ 的共同本征态:

$$X_{\mathrm{r}}\,|\zeta\rangle=\sqrt{\frac{\lambda}{2}}\zeta_1\,|\zeta\rangle,\quad P_{\mathrm{r}}\,|\zeta\rangle=\sqrt{\frac{\lambda}{2}}\zeta_2\,|\zeta\rangle,\quad [\zeta=\zeta_1+\mathrm{i}\zeta_2,\ \lambda=2\left(\mu_1^2+\mu_2^2\right)] \tag{2.273}$$

可以导出

$$\begin{aligned}|\zeta\rangle=\exp\Big\{&-\frac{1}{2}\,|\zeta|^2+\frac{1}{\sqrt{\lambda}}\,[\zeta+(\mu_1-\mu_2)\,\zeta^*]\,a_1^\dagger+\frac{1}{\sqrt{\lambda}}\,[\zeta^*-(\mu_1-\mu_2)\,\zeta]\,a_2^\dagger\\&+\frac{1}{\lambda}\left[(\mu_1-\mu_2)\left(a_1^{\dagger2}-a_2^{\dagger2}\right)-4\mu_1\mu_2a_1^\dagger a_2^\dagger\right]\Big\}\,|00\rangle\end{aligned} \tag{2.274}$$

用 IWOP 方法可证它是完备的:

$$\int\frac{\mathrm{d}^2\zeta}{\pi}\,|\zeta\rangle\,\langle\zeta|=1 \tag{2.275}$$

其正交性为

$$\langle\eta\,|\zeta\rangle=\sqrt{\frac{\lambda}{4}}\exp\left\{\mathrm{i}\left[(\mu_1-\mu_2)\,(\eta_1\eta_2-\zeta_1\zeta_2)+\sqrt{\lambda}\,(\eta_1\zeta_2-\eta_2\zeta_1)\right]\right\} \tag{2.276}$$

这是一种广义傅里叶变换

$$\begin{aligned}F(\zeta) &= \langle\zeta|F\rangle = \langle\zeta|\int\frac{\mathrm{d}^2\eta}{\pi}|\eta\rangle\langle\eta|F\rangle \\ &= \sqrt{\lambda}\int\frac{\mathrm{d}^2\eta}{2\pi}\exp\left\{\mathrm{i}\left[(\mu_1-\mu_2)(\eta_1\eta_2-\zeta_1\zeta_2)+\sqrt{\lambda}(\eta_1\zeta_2-\eta_2\zeta_1)\right]\right\}F(\eta)\end{aligned} \tag{2.277}$$

以下问题请读者思考:

1. 使用 IWOP 方法导出 $X_{\mathrm{c}}, P_{\mathrm{r}}$ 的共同本征态 $|\zeta\rangle$.

提示: 分析

$$\int\frac{\mathrm{d}^2\zeta}{\pi}|\zeta\rangle\langle\zeta| = \iint_{-\infty}^{\infty}\frac{\mathrm{d}\zeta_1\mathrm{d}\zeta_2}{\pi}:\mathrm{e}^{-\left[\left(\xi_1-\sqrt{\frac{2}{\lambda}}X_{\mathrm{r}}\right)^2+\left(\xi_2-\sqrt{\frac{2}{\lambda}}P_{\mathrm{r}}\right)^2\right]}:=1 \tag{2.278}$$

2. 求哈密顿为

$$H = \frac{P_1^2}{2m_1}+\frac{P_2^2}{2m_2}+\frac{g}{X_1-X_2} \tag{2.279}$$

的量子系统的量子化能级.

3. 将 $\dfrac{1}{X_1-X_2}$ 化为正规乘积.

第 3 章

从量子力学表象的完备性导出厄密多项式和斯特林数

数学物理方程之解往往引出特殊函数. 特殊函数, 具有规律的递推性质以及能组成完备性的函数空间之谓也. 不同阶的特殊函数在函数空间中相互“正交”, 以至于有资格作为某些哈密顿量的本征函数. 我们发现从量子力学表象的完备性可以自然地导出厄密多项式. 我们进而将厄密多项式算符化, 提出算符厄密多项式理论, 反过来又可促进其他特殊函数理论的发展. 我们还用量子力学的算符方法推出斯特林 (Stirling) 数.

3.1 从 X^n 的正规排序 $X^n = (2\mathrm{i})^{-n} : \mathrm{H}_n(\mathrm{i}X) :$ 引出厄密多项式

鉴于坐标算符 $X = \dfrac{a+a^\dagger}{\sqrt{2}}$, $[a,a^\dagger]=1$, 所以 $X^n = \left(\dfrac{a+a^\dagger}{\sqrt{2}}\right)^n$ 并不能用通常的二项

式定理来展开. 我们代之以坐标表象完备性的正规乘积内的正态分布形式式 (2.7) 来写出

$$\begin{aligned}X^n &= \left(\frac{a+a^\dagger}{\sqrt{2}}\right)^n \\ &= \frac{1}{\sqrt{\pi}}\int_{-\infty}^{\infty} \mathrm{d}x x^n : \mathrm{e}^{-(x-X)^2} : \\ &= \frac{1}{\sqrt{\pi}} : \mathrm{e}^{-X^2}\int_{-\infty}^{\infty} \mathrm{d}x x^n \mathrm{e}^{-x^2+2xX} : \\ &= \frac{1}{\sqrt{\pi}} : \mathrm{e}^{-X^2}\left(\frac{\mathrm{d}}{2\mathrm{d}X}\right)^n \int_{-\infty}^{\infty} \mathrm{d}x \mathrm{e}^{-x^2+2xX} : \\ &=: \mathrm{e}^{-X^2}\left(\frac{\mathrm{d}}{2\mathrm{d}X}\right)^n \mathrm{e}^{X^2} : \\ &= \mathrm{i}^n : \mathrm{e}^{(\mathrm{i}X)^2}\left(\frac{\mathrm{d}}{2\mathrm{id}X}\right)^n \mathrm{e}^{-(\mathrm{i}X)^2} :\end{aligned} \tag{3.1}$$

注意右边处于正规乘积内部, 而且记此形式为

$$\mathrm{e}^{x^2}\left(-\frac{\mathrm{d}}{\mathrm{d}x}\right)^n \mathrm{e}^{-x^2} = \mathrm{H}_n(x) \tag{3.2}$$

称为厄密多项式 (待求). 对式 (3.2) 两边乘上 $\sum_{n=0}^{\infty}\frac{t^n}{n!}$ 求和, 其左边给出

$$\sum_{n=0}^{\infty}\frac{t^n}{n!}\mathrm{e}^{x^2}\left(-\frac{\mathrm{d}}{\mathrm{d}x}\right)^n \mathrm{e}^{-x^2} = \mathrm{e}^{x^2}\mathrm{e}^{-t\frac{\mathrm{d}}{\mathrm{d}x}}\mathrm{e}^{-x^2} = \mathrm{e}^{x^2}\mathrm{e}^{-(x-t)^2} = \mathrm{e}^{-t^2+2tx} \tag{3.3}$$

这样就得到

$$\mathrm{e}^{-t^2+2tx} = \sum_{n=0}\frac{t^n}{n!}\mathrm{H}_n(x) \tag{3.4}$$

令 $x=0$, 得

$$\sum_{n=0}^{\infty}\frac{t^n}{n!}\mathrm{H}_n(0) = \mathrm{e}^{-t^2+2tx}|_{x=0} = \mathrm{e}^{-t^2} = \sum_{n=0}^{\infty}\frac{(-1)^n t^{2n}}{n!} \tag{3.5}$$

式 (3.5) 的左边分成奇 -偶求和以后, 得

$$\sum_{n=0}^{\infty}\frac{t^n}{n!}\mathrm{H}_n(0) = \sum_{n=0}^{\infty}\frac{t^{2n}}{(2n)!}\mathrm{H}_{2n}(0) + \sum_{n=0}^{\infty}\frac{t^{2n+1}}{(2n+1)!}\mathrm{H}_{2n+1}(0) \tag{3.6}$$

可得

$$\mathrm{H}_{2n}(0) = (-1)^n\frac{(2n)!}{n!}, \quad \mathrm{H}_{2n+1}(0) = 0 \tag{3.7}$$

于是

$$\mathrm{H}_n(x) = \left(\frac{\mathrm{d}^n}{\mathrm{d}t^n}\mathrm{e}^{-t^2+2tx}\right)\Big|_{t=0} = \sum_{l=0}^{n}\binom{n}{l}\frac{\mathrm{d}^{n-l}}{\mathrm{d}t^{n-l}}\mathrm{e}^{2tx}|_{t=0}\frac{\mathrm{d}^l}{\mathrm{d}t^l}\mathrm{e}^{-t^2}|_{t=0}$$

$$= \sum_{l=0}^{n} \binom{n}{l} (2x)^{n-l} \mathrm{H}_l(0) = \sum_{k=0}^{[n/2]} \frac{n!(-1)^k}{k!(n-2k)!} (2x)^{n-2k} \tag{3.8}$$

这就是厄密多项式的幂级数展开, 而式 (3.4) 就是厄密多项式的母函数公式. 这种直接用量子力学 X^n 的正规排序来自然地引出厄密多项式的途径, 比以往的做法优越, 因为在历史文献中厄密多项式都是在解厄密方程 (或量子谐振子的波函数) 过程中引入的.

于是式 (3.1) 变为

$$X^n = (2\mathrm{i})^{-n} : \mathrm{H}_n(\mathrm{i}X) : \tag{3.9}$$

从式 (3.1) 和式 (3.8) 还可顺便得到积分公式

$$\frac{1}{\sqrt{\pi}} \int_{-\infty}^{\infty} \mathrm{d}x x^n \mathrm{e}^{-(x-y)^2} = (2\mathrm{i})^{-n} \mathrm{H}_n(\mathrm{i}y) \tag{3.10}$$

而无需直接积分. 式 (3.8) 还可以用以下方式来验证, 考虑

$$\begin{aligned} \sum_{n=0} \frac{\sqrt{2^n}\lambda^n}{n!} X^n &= \mathrm{e}^{\sqrt{2}\lambda X} = \mathrm{e}^{\lambda\left(a+a^\dagger\right)} = \mathrm{e}^{\lambda a^\dagger} \mathrm{e}^{\lambda a} \mathrm{e}^{\lambda^2/2} \\ &=: \mathrm{e}^{2\mathrm{i}\lambda\left(a+a^\dagger\right)/(2\mathrm{i}) - (\mathrm{i}\lambda)^2/2} := \sum_{n=0} \frac{(\mathrm{i}\lambda)^n}{\sqrt{2^n} n!} \mathrm{H}_n(X) \end{aligned} \tag{3.11}$$

比较两边的幂次再次得到式 (3.8). 当真空态被场的正交分量 X 的 n 次激发后, 就变为

$$X^n |0\rangle = (2\mathrm{i})^{-n} : \mathrm{H}_n(\mathrm{i}X) : |0\rangle = (2\mathrm{i})^{-n} \mathrm{H}_n\left(\mathrm{i}\frac{a^\dagger}{\sqrt{2}}\right) |0\rangle \tag{3.12}$$

这是厄密激发真空态. 根据式 (3.8) 和式 (3.7) 以及算符恒等式 $:(2X)^n: = \mathrm{H}_n(X)$ (见下节推导) 又得到

$$\begin{aligned} X^n &= (2\mathrm{i})^{-n} : \mathrm{H}_n(\mathrm{i}X) := (2\mathrm{i})^{-n} \sum_{k=0}^{[n/2]} \frac{n!(-1)^k}{k!(n-2k)!} : (2\mathrm{i}X)^{n-2k} : \\ &= \sum_{k=0}^{[n/2]} \frac{n!}{2^n k!(n-2k)!} : (2X)^{n-2k} := \sum_{k=0}^{[n/2]} \frac{n!}{2^n k!(n-2k)!} \mathrm{H}_{n-2k}(X) \end{aligned} \tag{3.13}$$

这就是 X^n 用厄密多项式的展开式, 即有

$$x^n = \sum_{k=0}^{[n/2]} \frac{n!}{2^n k!(n-2k)!} \mathrm{H}_{n-2k}(x) \tag{3.14}$$

这是式 (3.8) 的逆展开.

3.2 $\mathrm{H}_n(X) = 2^n : X^n :$ 的证明及应用

另一方面, 用坐标表象完备性的正态分布形式 [式 (2.7)] 和 IWOP 方法得到

$$
\begin{aligned}
\mathrm{H}_n(X) &= \int_{-\infty}^{\infty} \mathrm{d}x \mathrm{H}_n(x) |x\rangle\langle x| = \sqrt{\frac{1}{\pi}} \int_{-\infty}^{\infty} \mathrm{d}x \mathrm{H}_n(x) : \mathrm{e}^{-(x-X)^2} : \\
&= \sqrt{\frac{1}{\pi}} \frac{\mathrm{d}^n}{\mathrm{d}t^n} \int_{-\infty}^{\infty} \left(\mathrm{e}^{-t^2+2tx}\right)|_{t=0} : \mathrm{e}^{-(x-X)^2} : \mathrm{d}x \\
&= \sqrt{\frac{1}{\pi}} \frac{\mathrm{d}^n}{\mathrm{d}t^n} : \mathrm{e}^{-t^2-X^2} \int_{-\infty}^{\infty} \mathrm{e}^{-x^2+2x(X+t)} : |_{t=0} \\
&= \frac{\mathrm{d}^n}{\mathrm{d}t^n} : \mathrm{e}^{-t^2-X^2+(X+t)^2}|_{t=0} := \frac{\mathrm{d}^n}{\mathrm{d}t^n} : \mathrm{e}^{2Xt}|_{t=0} : \\
&= 2^n : X^n :
\end{aligned}
\tag{3.15}
$$

我们看到 $\mathrm{H}_n(X)$ 在正规排序下表现为幂函数, 此式有很多用途. 在量子世界, 也许有这样的事情发生, 在我们地球人看到的是算符厄密多项式, 在某个外星上的人看来就是排为正规序的幂算符函数, 因为他们有“特异功能”. 这就像幼儿能将在视网膜上成立的倒像自动矫正为正立的一样. 从 $\mathrm{H}_n(X) = 2^n : \hat{X}^n :$ 可得

$$
\frac{\mathrm{d}}{\mathrm{d}x} \mathrm{H}_n(X) = 2^n \frac{\mathrm{d}}{\mathrm{d}x} : \hat{X}^n :
$$

另一方面, 从 $\frac{\mathrm{d}}{\mathrm{d}x} \mathrm{H}_n(x) = 2n \mathrm{H}_{n-1}(x)$ 又得

$$
\frac{\mathrm{d}}{\mathrm{d}x} \mathrm{H}_n(X) = 2n \mathrm{H}_{n-1}(X) = n 2^n : X^{n-1} :
$$

比较以上两式得到

$$
\frac{\mathrm{d}}{\mathrm{d}x} : \hat{X}^n :=: \frac{\mathrm{d}}{\mathrm{d}x} \hat{X}^n :
$$

又从

$$
\begin{aligned}
[a, : f(a, a^\dagger) :] &=: \frac{\partial}{\partial a^\dagger} f(a, a^\dagger) : \\
[a, : X^n :] &=: \frac{\partial}{\partial a^\dagger} X^n := \frac{n}{\sqrt{2}} : X^{n-1} : \\
a : X^n : &=: X^n : a + \frac{n}{\sqrt{2}} : X^{n-1} :
\end{aligned}
$$

看出

$$
\begin{aligned}
X\mathrm{H}_n(X) &= \frac{a+a^\dagger}{\sqrt{2}}2^n : \hat{X}^n := \frac{a^\dagger}{\sqrt{2}}2^n : \hat{X}^n : + \frac{2^n}{\sqrt{2}}a : \hat{X}^n : \\
&= \frac{a^\dagger}{\sqrt{2}}2^n : \hat{X}^n : + \frac{2^n}{\sqrt{2}}\left(: X^n : a + \frac{n}{\sqrt{2}} : X^{n-1} : \right) \\
&= 2^n : X^{n+1} : + n2^{n-1} : X^{n-1} :
\end{aligned}
$$

所以有

$$
\mathrm{H}_{n+1}(X) = 2X\mathrm{H}_n(X) - 2n\mathrm{H}_{n-1}(X)
$$

由此可见

$$
\left(\frac{\mathrm{d}^2}{\mathrm{d}x^2} - 2x\frac{\mathrm{d}}{\mathrm{d}x} + 2n\right)\mathrm{H}_n(x) = 0 \tag{3.16}
$$

这就是厄密多项式所满足的 2 阶微分方程.

3.3 厄密多项式的乘积公式

用上述理论我们还能得到厄密多项式的乘积公式. 例如从算符关系

$$
\sum_{m=0}^{\infty}\frac{s^m}{m!}\mathrm{H}_m(X)\sum_{n=0}^{\infty}\frac{t^n}{n!}\mathrm{H}_n(X) = \mathrm{e}^{2(s+t)X-t^2-s^2} =: \mathrm{e}^{2(s+t)X+2ts} : \tag{3.17}
$$

导出

$$
\begin{aligned}
\mathrm{H}_m(X)\mathrm{H}_n(X) &= \frac{\partial^{m+n}}{\partial s^m \partial t^n} : \mathrm{e}^{2(s+t)X+2ts} : |_{t=s=0} =: \frac{\partial^m}{\partial s^m}\mathrm{e}^{2sX}\frac{\partial^n}{\partial t^n}\mathrm{e}^{2t(X+s)} : |_{t=s=0} \\
&=: 2^n\frac{\partial^m}{\partial s^m}(X+s)^n\mathrm{e}^{2sX}|_{s=0} : \\
&=: \sum_{l=0}^{\min(m,n)} 2^{n+m-l}l!\binom{m}{l}\binom{n}{l}X^{n+m-2l} :
\end{aligned} \tag{3.18}
$$

再用式 (3.13) 就有

$$
\mathrm{H}_m(X)\mathrm{H}_n(X) = \sum_{l=0}^{\min(m,n)} 2^l l!\binom{m}{l}\binom{n}{l}\mathrm{H}_{n+m-2l}(X) \tag{3.19}
$$

将 $X \to x$, 上式变为

$$
\mathrm{H}_m(x)\mathrm{H}_n(x) = \sum_{l=0}^{\min(m,n)} 2^l l!\binom{m}{l}\binom{n}{l}\mathrm{H}_{n+m-2l}(x) \tag{3.20}
$$

由式 (3.13) 给出算符恒等式

$$:X^m::X^n:=:\sum_{l=0}^{m}2^{-l}l!\binom{m}{l}\binom{n}{l}X^{n+m-2l}: \tag{3.21}$$

这是将两个正规乘积排序的幂级数算符的乘积化为一个正规乘积式的公式. 现在用式 (3.18) 和式 (2.7) 建立积分式

$$\begin{aligned}\mathrm{H}_m(X)\mathrm{H}_n(X)&=\int_{-\infty}^{\infty}\mathrm{d}x\mathrm{H}_m(x)\mathrm{H}_n(x)|x\rangle\langle x|\\&=:\int_{-\infty}^{\infty}\frac{\mathrm{d}x}{\sqrt{\pi}}\mathrm{H}_m(x)\mathrm{H}_n(x)\mathrm{e}^{-(x-X)^2}:\\&=:\sum_{l=0}^{m}2^{n+m-l}l!\binom{m}{l}\binom{n}{l}X^{n+m-2l}:\end{aligned} \tag{3.22}$$

可得到积分公式

$$\int_{-\infty}^{\infty}\frac{\mathrm{d}x}{\sqrt{\pi}}\mathrm{e}^{-(x-y)^2}\mathrm{H}_p(x)\mathrm{H}_q(x)=2^{p+q}p!q!\sum_{s=0}^{\min(q,p)}\frac{y^{p+q-2s}}{2^s(p-s)!s!(q-s)!} \tag{3.23}$$

而实际上我们并未真正对它进行积分. 特别地, 当 $q=0$, $\mathrm{H}_0(x)=1$ 时, 式 (3.21) 约化为式 (3.13); 而当 $y=0$ 时, 在式 (3.21) 中仅 $2s=p+q$ 的项留下了, 这就导致 $(p-s)!=\left(\frac{p-q}{2}\right)!$, $(q-s)!=\left(\frac{q-p}{2}\right)!$, 既然它们都在分母中, 故 $q=p$, 我们看到

$$\frac{1}{\sqrt{\pi}}\int_{-\infty}^{\infty}\mathrm{d}x\mathrm{e}^{-x^2}\mathrm{H}_p(x)\mathrm{H}_q(x)=\delta_{p,q}q!2^q \tag{3.24}$$

这是厄密多项式的正交关系, 是正如所期待的. 式 (3.22) 还可以写成

$$\int_{-\infty}^{\infty}\frac{\mathrm{d}x}{\sqrt{\pi}}\mathrm{e}^{-(x-y)^2}\mathrm{H}_m(x)\mathrm{H}_n(x)=\sum_{l=0}^{m}2^{n+m-l}l!\binom{m}{l}\binom{n}{l}y^{n+m-2l} \tag{3.25}$$

对照双变量厄密多项式的定义

$$\mathrm{H}_{m,n}(\zeta,\zeta^*)=\sum_{l=0}^{m}\frac{n!m!(-1)^l}{l!(m-l)!(n-l)!}\zeta^{m-l}\zeta^{*n-l}$$

有

$$\int_{-\infty}^{\infty}\frac{\mathrm{d}x}{\sqrt{\pi}}\mathrm{e}^{-(x-y)^2}\mathrm{H}_m(x)\mathrm{H}_n(x)=2^n y^{n-m}\mathrm{H}_{m,n}(\mathrm{i}y,\mathrm{i}y)$$

再比较连带拉盖尔多项式 L_m^{n-m} 的定义

$$\mathrm{L}_n^{\alpha}(x)=\sum_{k=0}^{n}\binom{\alpha+n}{n-k}\frac{(-x)^k}{k!} \tag{3.26}$$

看出

$$\mathrm{H}_{m,n}(x,x)=p!(-1)^p x^l \mathrm{L}_p^l(x^2) \quad (p=\min(m,n), l=|m-n|)$$

所以

$$\int_{-\infty}^{\infty}\frac{\mathrm{d}x}{\sqrt{\pi}}\mathrm{e}^{-(x-y)^2}\mathrm{H}_m(x)\mathrm{H}_n(x)=2^n m! y^{n-m}\mathrm{L}_m^{n-m}(-2y^2)$$

另一方面, 从式 (3.23) 也能给出算符恒等式

$$\begin{aligned}2^n m! X^{n-m}\mathrm{L}_m^{n-m}(-2X^2)&=\sum_{l=0}^{m}2^{n+m-l}l!\binom{m}{l}\binom{n}{l}X^{n+m-2l}\\&=\sum_{l=0}^{m}2^l l!\binom{m}{l}\binom{n}{l}(\mathrm{i})^{-(n+m-2l)}:\mathrm{H}_{n+m-2l}(\mathrm{i}X): \end{aligned}\tag{3.27}$$

进一步, 从式 (3.15)~ 式 (3.22) 我们能导出一个新的算符恒等式

$$\begin{aligned}&\mathrm{H}_m(X)\mathrm{H}_n(X)\mathrm{H}_r(X)\\&\quad=:\sum_{l=0}^{m}2^{n+m-l}l!\binom{m}{l}\binom{n}{l}X^{n+m-2l}:(2^r:X^r:)\\&\quad=:\sum_{l=0}^{m}\sum_{j=0}^{r}2^{n+m-l-j}l!j!\binom{m}{l}\binom{n}{l}\binom{n+m-2l}{j}\binom{r}{j}X^{n+m+r-2l-2j}:\\&\quad=\sum_{l=0}^{m}\sum_{j=0}^{r}2^{n+m-l-j}l!j!\binom{m}{l}\binom{n}{l}\binom{n+m-2l}{j}\binom{r}{j}\mathrm{H}_{n+m+r-2l-2j}(X)\end{aligned}\tag{3.28}$$

再用 IWOP 方法可知

$$\mathrm{H}_m(X)\mathrm{H}_n(X)\mathrm{H}_r(X)=:\int_{-\infty}^{\infty}\frac{\mathrm{d}x}{\sqrt{\pi}}\mathrm{H}_m(x)\mathrm{H}_n(x)\mathrm{H}_r(x)\mathrm{e}^{-(x-X)^2}:$$

我们就得到积分公式

$$\begin{aligned}&\int_{-\infty}^{\infty}\frac{\mathrm{d}x}{\sqrt{\pi}}\mathrm{H}_m(x)\mathrm{H}_n(x)\mathrm{H}_r(x)\mathrm{e}^{-(x-y)^2}\\&\quad=\sum_{l=0}^{m}\sum_{j=0}^{r}2^{n+m-l-j}l!j!\binom{m}{l}\binom{n}{l}\binom{n+m-2l}{j}\binom{r}{j}\mathrm{H}_{n+m+r-2l-2j}(y)\end{aligned}$$

而却未真正地实施此积分. 进一步, 从式 (3.20) 和式 (3.25) 我们有

$$\begin{aligned}&\frac{1}{\sqrt{\pi}}\int_{-\infty}^{\infty}\mathrm{d}x\mathrm{e}^{-(x-y)^2}\mathrm{H}_p(x)\mathrm{H}_q(x)\mathrm{H}_r(x)\\&\quad=\frac{1}{\sqrt{\pi}}p!q!\sum_{n=0}\frac{2^n}{(p-n)!n!(q-n)!}\int_{-\infty}^{\infty}\mathrm{d}x\mathrm{e}^{-(x-y)^2}\mathrm{H}_{p+q-2n}(x)\mathrm{H}_r(x)\\&\quad=p!q!r!\sum_{n=0}\frac{(p+q-2n)!}{(p-n)!n!(q-n)!}\sum_{s=0}\frac{2^{p+q+r-n-s}y^{p+q+r-2n-2s}}{(p+q-2n-s)!s!(r-s)!}\end{aligned}\tag{3.29}$$

特别地, 当 $y=0$ 时, 有 $p+q+r=2n+2s$, 和 $n=\frac{p+q-r}{2}$, 所以

$$\frac{1}{\sqrt{\pi}}\int_{-\infty}^{\infty}\mathrm{H}_p(x)\mathrm{H}_q(x)\mathrm{H}_r(x)\mathrm{e}^{-x^2}\mathrm{d}x=\frac{2^{(p+q+r)/2}p!q!r!}{\left(\frac{p+q-r}{2}\right)!\left(\frac{q+r-p}{2}\right)!\left(\frac{p+r-q}{2}\right)!} \tag{3.30}$$

注意: $p+q+r$ 为偶数, 且 p,q,r 中的任意两个之和不小于第三个. 结合以上诸式我们导出新的算符恒等式

$$\begin{aligned}X^n\mathrm{H}_p(X)&=\frac{1}{\sqrt{\pi}}\int_{-\infty}^{\infty}\mathrm{d}x x^n\mathrm{H}_p(x):\mathrm{e}^{-(x-X)^2}:\\&=\frac{1}{\sqrt{\pi}}\sum_{k=0}^{[n/2]}\frac{n!}{2^nk!(n-2k)!}\int_{-\infty}^{\infty}\mathrm{d}x\mathrm{H}_{n-2k}(x)\mathrm{H}_p(x):\mathrm{e}^{-(x-X)^2}:\\&=\frac{1}{\sqrt{\pi}}\sum_{k=0}^{[n/2]}\frac{n!}{2^nk!}p!\sum_{s=0}\frac{:X^{n-2k+p-2s}:}{2^s(p-s)!s!(n-2k-s)!}\end{aligned} \tag{3.31}$$

3.4 算符恒等式 $\mathrm{H}_n(fX)=\left(\sqrt{1-f^2}\right)^n:\mathrm{H}_n\left(\frac{fX}{\sqrt{1-f^2}}\right):$

用 Baker-Hausdorff 公式, 即对 $[A,[A,B]]=[B,[A,B]]=0$ 的情形, 有

$$\mathrm{e}^A\mathrm{e}^B=\mathrm{e}^{A+B}\mathrm{e}^{\frac{1}{2}[A,B]} \tag{3.32}$$

以及玻色算符在 : : 内部对易的性质, 我们有

$$\begin{aligned}\sum_{n=0}^{\infty}\frac{t^n}{n!}\mathrm{H}_n(fX)&=\mathrm{e}^{-t^2+2tfX}=:\mathrm{e}^{-\left(t\sqrt{1-f^2}\right)^2+2\left(t\sqrt{1-f^2}\right)\frac{fX}{\sqrt{1-f^2}}}:\\&=\sum_{n=0}^{\infty}\frac{\left(t\sqrt{1-f^2}\right)^n}{n!}:\mathrm{H}_n\left(\frac{fX}{\sqrt{1-f^2}}\right):\quad(f\neq1)\end{aligned} \tag{3.33}$$

比较两边 t^n 的系数得恒等式

$$\mathrm{H}_n(fX)=\left(\sqrt{1-f^2}\right)^n:\mathrm{H}_n\left(\frac{fX}{\sqrt{1-f^2}}\right):\neq2^n:(fX)^n: \tag{3.34}$$

因此, 我们在处理算符厄密多项式时必须十分小心. 用式 (3.34) 及坐标表象的完备性以及 IWOP 方法得到

$$\mathrm{H}_n(fX)=\int_{-\infty}^{\infty}\frac{\mathrm{d}x}{\sqrt{\pi}}\mathrm{H}_n(fx):\mathrm{e}^{-\left(x-\hat{X}\right)^2}:=\left(1-f^2\right)^{\frac{n}{2}}:\mathrm{H}_n\left(\frac{fX}{\sqrt{1-f^2}}\right): \tag{3.35}$$

这暗示着积分公式

$$\frac{1}{\sqrt{\pi}}\int_{-\infty}^{\infty}\mathrm{d}x\mathrm{e}^{-(x-y)^2}\mathrm{H}_n(fx)=\left(1-f^2\right)^{\frac{n}{2}}\mathrm{H}_n\left(\frac{fy}{\sqrt{1-f^2}}\right) \tag{3.36}$$

对上式做积分变数变换可演变为以下公式:

$$\int_{-\infty}^{\infty}\mathrm{d}x\mathrm{e}^{-\frac{(x-y)^2}{2u}}\mathrm{H}_n(x)=\sqrt{2\pi u}(1-2u)^{\frac{n}{2}}\mathrm{H}_n\left[y(1-2u)^{-\frac{1}{2}}\right] \tag{3.37}$$

3.5 含厄密多项式的厄密型级数和公式

通过式 (3.8) 我们已经看到厄密多项式的幂级数结构, 现在问: 当把其中的 $(2y)^{n-2k}$ 改为 $\mathrm{H}_{n-2k}(y)$ 后, 求如下的含厄密多项式的厄密型级数和

$$\sum_{k=0}^{[n/2]}\frac{n!}{k!(n-2k)!}t^k\mathrm{H}_{n-2k}(y)=? \tag{3.38}$$

为此, 将 y 以坐标算符 X 代, 即以 $\mathrm{H}_{n-2k}(X)$ 代替 $\mathrm{H}_{n-2k}(y)$, 先用式 (3.15) 和

$$\mathrm{H}_n(x)=\sum_{k=0}^{[n/2]}\frac{n!(-1)^k}{k!(n-2k)!}(2x)^{n-2k} \tag{3.39}$$

讨论求和

$$\begin{aligned}\sum_{k=0}^{[n/2]}\frac{n!}{k!(n-2k)!}t^k\mathrm{H}_{n-2k}(X)&=(-\mathrm{i})^n\sqrt{t^n}\sum_{k=0}^{[n/2]}\frac{n!(-1)^k}{k!(n-2k)!}\left(\frac{\mathrm{i}}{\sqrt{t}}\right)^{n-2k}:(2X)^{n-2k}:\\&=\left(-\mathrm{i}\sqrt{t}\right)^n:\mathrm{H}_n\left(\frac{\mathrm{i}}{\sqrt{t}}X\right):\end{aligned} \tag{3.40}$$

对照式 (3.35), 令

$$\frac{f}{\sqrt{1-f^2}}=\frac{\mathrm{i}}{\sqrt{t}} \tag{3.41}$$

可见 $f=\dfrac{1}{\sqrt{1-t}}, 1-f^2=\dfrac{-t}{1-t}$, 于是

$$:\mathrm{H}_n\left(\frac{\mathrm{i}}{\sqrt{t}}X\right):=\sqrt{\left(\frac{t-1}{t}\right)^n}\mathrm{H}_n\left(\frac{X}{\sqrt{1-t}}\right) \tag{3.42}$$

代入式 (3.40) 得到

$$\begin{aligned}\sum_{k=0}^{[n/2]}\frac{n!}{k!(n-2k)!}t^k\mathrm{H}_{n-2k}(X)&=\left(-\mathrm{i}\sqrt{t}\right)^n\sqrt{\left(\frac{t-1}{t}\right)^n}\mathrm{H}_n\left(\frac{X}{\sqrt{1-t}}\right)\\&=\sqrt{(1-t)^n}\mathrm{H}_n\left(\frac{X}{\sqrt{1-t}}\right)\end{aligned} \tag{3.43}$$

将 X 换回到 y, 就有

$$\sum_{k=0}^{[n/2]}\frac{n!}{k!(n-2k)!}t^k\mathrm{H}_{n-2k}(y)=\sqrt{(1-t)^n}\mathrm{H}_n\left(\frac{y}{\sqrt{1-t}}\right) \tag{3.44}$$

这就是含厄密多项式的厄密型级数和公式.

3.6 用算符厄密多项式方法推导含 $\mathrm{H}_n(x)$ 的新二项式定理

通常的二项式定理是 $\sum_{l=0}^{\infty}\binom{m}{l}y^lx^{m-l}=(y+x)^m$, 那么将 x^{m-l} 以厄密多项式 $\mathrm{H}_{m-l}(x)$ 取代, 即

$$\sum_{l=0}^{\infty}\binom{m}{l}y^l\mathrm{H}_{m-l}(x) \tag{3.45}$$

其求和结果是什么呢? 注意式 (3.38) 与式 (3.45) 的含义不同.

用算符厄密多项式方法, 把 $\mathrm{H}_{m-l}(x)$ 以 $\mathrm{H}_{m-l}(X)$ 替代, 用式 (3.15) 得到

$$\sum_{l=0}^{\infty}\binom{m}{l}y^l\mathrm{H}_{m-l}(X)=\sum_{l=0}^{\infty}\binom{m}{l}y^l2^{m-l}:X^{m-l}:=:(2X+y)^m: \tag{3.46}$$

再对两边乘以 $\sum_m \frac{\lambda^m}{m!}$ 求和, 用 Baker-Hausdorff 公式得

$$\begin{aligned}\sum_m \frac{\lambda^m}{m!}\sum_{l=0}^{\infty}\binom{m}{l}y^l \mathrm{H}_{m-l}(X) &= \sum_m \frac{\lambda^m}{m!} :(2X+y)^m:=: \mathrm{e}^{\lambda(2X+y)}: \\ &= \mathrm{e}^{2X\lambda+\lambda y-\lambda^2} = \sum_m \frac{\lambda^m}{m!}\mathrm{H}_m\left(X+\frac{y}{2}\right)\end{aligned} \tag{3.47}$$

所以

$$\sum_{l=0}^{\infty}\binom{m}{l}y^l \mathrm{H}_{m-l}(X) = \mathrm{H}_m\left(X+\frac{y}{2}\right) \tag{3.48}$$

再把 $X \to x$, 得到求和公式

$$\sum_{l=0}^{\infty}\binom{m}{l}y^l \mathrm{H}_{m-l}(x) = \mathrm{H}_m\left(x+\frac{y}{2}\right) \tag{3.49}$$

这是一个广义的二项式定理. 由此可见用算符厄密多项式方法的优越性.

作为此式的推论, 我们再证明如下的另一个含厄密多项式的广义二项式定理:

$$\sum_{k=0}^{m}\binom{m}{k}\binom{k}{n}y^{k-n}\mathrm{H}_{m-k}(x) = \frac{m!}{(m-n)!}\mathrm{H}_{m-n}\left(x+\frac{y}{2}\right) \tag{3.50}$$

证明 对式 (3.49) 的右边求导得到

$$\frac{\partial^n}{\partial\left(\frac{y}{2}\right)^n}\mathrm{H}_m\left(x+\frac{y}{2}\right) = \frac{2^n m!}{(m-n)!}\mathrm{H}_{m-n}\left(x+\frac{y}{2}\right) \tag{3.51}$$

而对其左边求导给出

$$\frac{\partial^n}{\partial\left(\frac{y}{2}\right)^n}\sum_{k=0}^{m}\binom{m}{k}y^k\mathrm{H}_{m-k}(x) = 2^n\sum_{k=0}^{m}\binom{m}{k}\binom{k}{n}y^{k-n}\mathrm{H}_{m-k}(x) \tag{3.52}$$

比较式 (3.51) 和式 (3.52), 就得出式 (3.50).

我们再给出 $\sum\limits_{l=0}^{m}\binom{m}{l}y^l q^{m-l}\mathrm{H}_{m-l}(x)$ 的求和公式, 用算符厄密多项式方法, 把 $\mathrm{H}_{m-l}(x)$ 代之以 $\mathrm{H}_{m-l}(X)$ 并考虑

$$\sum_{l=0}^{m}\binom{m}{l}y^l q^{m-l}\mathrm{H}_{m-l}(X) = \sum_{l=0}^{m}\binom{m}{l}y^l(2q)^{m-l}:X^{m-l}:=:(2qX+y)^m: \tag{3.53}$$

再对两边乘以 $\sum_m \frac{\lambda^m}{m!}$ 求和，有

$$\sum_{m=0}^{\infty}\frac{\lambda^m}{m!}\sum_{l=0}^{\infty}\binom{m}{l}y^l q^{m-l}\mathrm{H}_{m-l}(X) = \sum_{m=0}^{\infty}\frac{\lambda^m}{m!}:(2qX+y)^m:=: \mathrm{e}^{\lambda(2qX+y)}: \tag{3.54}$$

用 Baker-Hausdorff 公式和厄密多项式的母函数公式得到

$$:\mathrm{e}^{\lambda(2qX+y)}:=\mathrm{e}^{2\lambda q\left(X+\frac{y}{2q}\right)-\lambda^2q^2}=\sum_{m=0}^{\infty}\frac{(\lambda q)^m}{m!}\mathrm{H}_m\left(X+\frac{y}{2q}\right) \tag{3.55}$$

比较式 (3.54) 和式 (3.55) 给出

$$\sum_{l=0}^{m}\binom{m}{l}y^{m-l}q^l\mathrm{H}_l(X)=q^m\mathrm{H}_m\left(X+\frac{y}{2q}\right) \tag{3.56}$$

令 $X\to x$, 又导出一个有关 $\sum_{l=0}^{\infty}\binom{m}{l}y^{m-l}q^l\mathrm{H}_l(x)$ 的广义二项式定理

$$\sum_{l=0}^{\infty}\binom{m}{l}y^{m-l}q^l\mathrm{H}_l(x)=q^m\mathrm{H}_m\left(x+\frac{y}{2q}\right) \tag{3.57}$$

当 $q=1$ 时, 式 (3.57) 变为式 (3.49). 再求

$$\sum_{l=0}^{\infty}\binom{m}{l}q^l\mathrm{H}_l(x)\mathrm{H}_{m-l}(y)=? \tag{3.58}$$

作为习题请读者解答.

3.7 坐标算符 $f(X)\to:f(X):$ 的方法

动量算符在坐标表象 $\langle x|$ 的表示是

$$\langle x|P=-\mathrm{i}\frac{\mathrm{d}}{\mathrm{d}x}\langle x| \tag{3.59}$$

用

$$\mathrm{e}^{-gP^2}=\int_{-\infty}^{\infty}\frac{\mathrm{d}v}{\sqrt{\pi}}\mathrm{e}^{-v^2+2\mathrm{i}\sqrt{g}vP} \tag{3.60}$$

就有

$$\begin{aligned}\langle x|\mathrm{e}^{-gP^2}|F\rangle&=\mathrm{e}^{g\frac{\mathrm{d}}{\mathrm{d}x^2}}F(x)\\&=\int_{-\infty}^{\infty}\frac{\mathrm{d}v}{\sqrt{\pi}}\mathrm{e}^{-v^2}\langle x|\mathrm{e}^{2\mathrm{i}\sqrt{g}vP}|F\rangle\\&=\int_{-\infty}^{\infty}\frac{\mathrm{d}v}{\sqrt{\pi}}\mathrm{e}^{-v^2}F(x+2\sqrt{g}v)\end{aligned}$$

$$= \frac{1}{2\sqrt{g\pi}}\int_{-\infty}^{\infty} \mathrm{e}^{-\frac{(x-\xi)^2}{4g}} F(\xi) d\xi \tag{3.61}$$

故

$$\mathrm{e}^{g\frac{\mathrm{d}}{\mathrm{d}x^2}} F(x) = \frac{1}{2\sqrt{g\pi}}\int_{-\infty}^{\infty} \mathrm{e}^{-\frac{(x-\xi)^2}{4g}} F(\xi) d\xi \tag{3.62}$$

在式 (3.62) 中, 当 $g = \frac{1}{4}$ 时,

$$\exp\left(\frac{1}{4}\frac{\partial^2}{\partial x^2}\right) F(x) = \sqrt{\frac{1}{\pi}}\int_{-\infty}^{\infty} \mathrm{d}s F(s) \exp\left[-(x-s)^2\right] \tag{3.63}$$

再取 $F(x) = \mathrm{H}_n(x)$, 代入式 (3.63) 得到

$$\begin{aligned}
\exp\left(\frac{1}{4}\frac{\partial^2}{\partial x^2}\right) \mathrm{H}_n(x) &= \sqrt{\frac{1}{\pi}}\int_{-\infty}^{\infty} \mathrm{d}s \mathrm{H}_n(s) \exp\left[-(x-s)^2\right] \\
&= \frac{\mathrm{d}^n}{\mathrm{d}t^n} \mathrm{e}^{-t^2-x^2} \exp\left[(t+x)^2\right] |_{t=0} \\
&= \frac{\mathrm{d}^n}{\mathrm{d}t^n} \mathrm{e}^{2tx} |_{t=0} = 2^n x^n
\end{aligned} \tag{3.64}$$

也就是

$$\exp\left(-\frac{1}{4}\frac{\partial^2}{\partial x^2}\right) x^n = 2^{-n} \mathrm{H}_n(x) \tag{3.65}$$

或

$$\exp\left(-\frac{1}{4}\frac{\partial^2}{\partial X^2}\right) X^n = 2^{-n} \mathrm{H}_n(X) =: X^n : \tag{3.66}$$

对于任何可以展开为 X^n 的 $f(X)$, 我们要证明

$$\exp\left(-\frac{1}{4}\frac{\partial^2}{\partial X^2}\right) f(X) =: f(X) : \tag{3.67}$$

这是将 $f(X) \to: f(X):$ 的微商运算公式. 用坐标表象完备性 IWOP 方法直接证明如下:

用以下微分–积分方法得到

$$\begin{aligned}
f(X) &= \int_{-\infty}^{\infty} \mathrm{d}x f(x) |x\rangle\langle x| = \sqrt{\frac{1}{\pi}}\int_{-\infty}^{\infty} \mathrm{d}x f(x) : \exp\left[-(x-X)^2\right] : \\
&= \frac{1}{2\pi}\int_{-\infty}^{\infty} \mathrm{d}x f(x) \int_{-\infty}^{\infty} \mathrm{d}t : \exp\left(-\frac{t^2}{4} - \mathrm{i}xt + \mathrm{i}Xt\right) : \\
&= \frac{1}{2\pi}\int_{-\infty}^{\infty} \mathrm{d}x f(x) \sum_{n=0}^{\infty} \frac{1}{4^n n!}\int_{-\infty}^{\infty} \mathrm{d}t \left(-t^2\right)^n : \mathrm{e}^{-\mathrm{i}(x-X)t} : \\
&= \sum_{n=0}^{\infty} \frac{1}{4^n n!}\int_{-\infty}^{\infty} \mathrm{d}x f(x) \left(\frac{\partial^2}{\partial X^2}\right)^n \frac{1}{2\pi}\int_{-\infty}^{\infty} \mathrm{d}t : \mathrm{e}^{-\mathrm{i}(x-X)t} :
\end{aligned}$$

$$= \sum_{n=0}^{\infty} \frac{1}{4^n n!} \int_{-\infty}^{\infty} \mathrm{d}x f(x) \left(\frac{\partial^2}{\partial X^2} \right)^n : \delta(x - X) :$$

$$= \exp\left(\frac{\partial^2}{4 \partial X^2} \right) : f(X) : \tag{3.68}$$

这就是将 $f(X)$ 变为 $:f(X):$ 正规乘积化的捷径, 故有式 (3.67) 成立.

3.8 $\exp\left(-\frac{1}{4}\frac{\partial^2}{\partial X^2}\right) x^n = 2^{-n}\mathrm{H}_n(x)$ 和 $\exp\left(-\frac{1}{4}\frac{\partial^2}{\partial x^2}\right) \mathrm{H}_n(x) = \sqrt{2^n}\mathrm{H}_n\left(\frac{x}{\sqrt{2}}\right)$ 的证明

取 $f(X) = X^n$, 已经知道 $\mathrm{H}_n(X) = 2^n : X^n :$, 所以从式 (3.67) 得

$$\exp\left(-\frac{1}{4}\frac{\partial^2}{\partial X^2}\right) X^n =: X^n : = 2^{-n} \mathrm{H}_n(X) \tag{3.69}$$

现在把算符 X 换成 x, 直接微商, 得到

$$\begin{aligned}
\exp\left(-\frac{1}{4}\frac{\partial^2}{\partial x^2}\right) x^n &= \sum_{k=0} \frac{1}{k!} \left(-\frac{1}{4}\frac{\partial^2}{\partial x^2}\right)^k x^n \\
&= \sum_{k=0}^{[n/2]} \frac{(-1)^k n!}{2^{2k} k! (n-2k)!} x^{n-2k} \\
&= 2^{-n} \mathrm{H}_n(x)
\end{aligned} \tag{3.70}$$

确实与式 (3.69) 一致. 取 $f(X) = \mathrm{H}_n(X)$, 即算符厄密多项式, 用式 (3.69) 就有

$$\begin{aligned}
\exp\left(-\frac{1}{4}\frac{\partial^2}{\partial X^2}\right) \mathrm{H}_n(X) &=: \mathrm{H}_n(X) : = 2^n \sum_{k=0}^{[n/2]} \frac{(-1)^k n!}{2^{2k} k! (n-2k)!} : X^{n-2k} : \\
&= \sum_{k=0}^{[n/2]} \frac{(-1)^k n!}{k! (n-2k)!} \mathrm{H}_{n-2k}(X) \equiv \mathfrak{H}_n(X)
\end{aligned} \tag{3.71}$$

求 $\mathfrak{H}_n(X)$ 的母函数得到

$$\sum_{n=0}^{\infty} \frac{\lambda^n}{n!} \mathfrak{H}_n(X) = \sum_{n=0}^{\infty} \frac{\lambda^n}{n!} : \mathrm{H}_n(X) : =: \mathrm{e}^{2\lambda X - \lambda^2} := \mathrm{e}^{\sqrt{2} a^\dagger \lambda} \mathrm{e}^{\sqrt{2} a \lambda - \lambda^2}$$

$$= e^{\sqrt{2}a^{\dagger}\lambda+\sqrt{2}a\lambda-2\lambda^2} = e^{2\lambda X-2\lambda^2}$$

$$= e^{2\sqrt{2}\lambda\frac{X}{\sqrt{2}}-\left(\sqrt{2}\lambda\right)^2} = \sum_{n=0}^{\infty}\frac{\left(\sqrt{2}\lambda\right)^n}{n!}\mathrm{H}_n\left(\frac{X}{\sqrt{2}}\right) \tag{3.72}$$

所以

$$\mathfrak{H}_n(x) = \sum_{k=0}^{[n/2]}\frac{(-1)^k n!}{k!(n-2k)!}\mathrm{H}_{n-2k}(X) = \sqrt{2^n}\mathrm{H}_n\left(\frac{x}{\sqrt{2}}\right)$$

或

$$\exp\left(-\frac{1}{4}\frac{\partial^2}{\partial x^2}\right)\mathrm{H}_n(x) = \sqrt{2^n}\mathrm{H}_n\left(\frac{x}{\sqrt{2}}\right)$$

以及

$$:\mathrm{H}_n(X): = \sqrt{2^n}\mathrm{H}_n\left(\frac{X}{\sqrt{2}}\right)$$

从

$$\begin{aligned}\exp\left(-\frac{1}{4}\frac{\partial^2}{\partial X^2}\right)X^n &=: X^n : = 2^{-n}\mathrm{H}_n(X)\\ &= \sum_{k=0}^{[n/2]}\frac{(-1)^k n!}{2^{2k}k!(n-2k)!}X^{n-2k}\\ &= n!\sum_{k=0}^{[n/2]}\frac{1}{k!(n-2k)!}2^{-n} : \mathrm{H}_{n-2k}(X) :\end{aligned} \tag{3.73}$$

又一次看出 x^n 用 $\mathrm{H}_n(x)$ 展开的公式

$$x^n = \sum_{m=0}^{[n/2]}\frac{n!\mathrm{H}_{n-2m}(x)}{2^n m!(n-2m)!} \tag{3.74}$$

3.9 算符公式 $\frac{1}{\sqrt{\pi}}\exp\left(-\frac{1}{4}\frac{\partial^2}{\partial X^2}\right)e^{-(x-X)^2} = \delta(x-X)$ 的证明及应用

证明过程如下:

证明 从式 (3.67) 得到

$$\exp\left(-\frac{1}{4}\frac{\partial^2}{\partial X^2}\right)e^{-(x-X)^2} =: e^{-(x-X)^2} : \tag{3.75}$$

而

$$\frac{1}{\sqrt{\pi}}:\mathrm{e}^{-(x-X)^2}:=|x\rangle\langle x|=\delta(x-X) \tag{3.76}$$

所以

$$\frac{1}{\sqrt{\pi}}\exp\left(-\frac{1}{4}\frac{\partial^2}{\partial X^2}\right)\mathrm{e}^{-(x-X)^2}=\delta(x-X) \tag{3.77}$$

一方面, 从式 (3.67) 可知

$$\exp\left(-\frac{1}{4}\frac{\partial^2}{\partial X^2}\right)\mathrm{e}^{-\lambda X^2}=:\mathrm{e}^{-\lambda X^2}: \tag{3.78}$$

另一方面, 用坐标表象完备性和 IWOP 方法可得

$$\begin{aligned}\mathrm{e}^{-\lambda X^2}&=\int_{-\infty}^{\infty}\mathrm{d}x\,|x\rangle\langle x|\,\mathrm{e}^{-\lambda x^2}=\frac{1}{\sqrt{\pi}}\int_{-\infty}^{\infty}\mathrm{d}x:\mathrm{e}^{-(x-X)^2-\lambda x^2}:\\&=\frac{1}{\sqrt{1+\lambda}}:\exp\left(\frac{-\lambda}{1+\lambda}X^2\right):\end{aligned} \tag{3.79}$$

令 $\dfrac{\lambda}{1+\lambda}=t,\lambda(1-t)=t,\lambda=\dfrac{t}{1-t},1+\lambda=\dfrac{1}{1-t}$, 式 (3.79) 变成

$$:\exp\left(-tX^2\right):=\frac{1}{\sqrt{1-t}}\mathrm{e}^{-\frac{t}{1-t}X^2} \tag{3.80}$$

故有

$$\exp\left(-\frac{1}{4}\frac{\partial^2}{\partial X^2}\right)\mathrm{e}^{-tX^2}=:\exp\left(-tX^2\right):=\frac{1}{\sqrt{1-t}}\mathrm{e}^{-\frac{t}{1-t}X^2} \tag{3.81}$$

或

$$\exp\left(-\frac{1}{4}\frac{\partial^2}{\partial x^2}\right)\mathrm{e}^{-tx^2}=\frac{1}{\sqrt{1-t}}\mathrm{e}^{-\frac{t}{1-t}x^2} \tag{3.82}$$

展开左边并用式 (3.65) 得到

$$\begin{aligned}\exp\left(-\frac{1}{4}\frac{\partial^2}{\partial x^2}\right)\mathrm{e}^{-tx^2}&=\exp\left(-\frac{1}{4}\frac{\partial^2}{\partial x^2}\right)\sum_{n=0}^{\infty}\frac{1}{n!}\left(-tx^2\right)^n\\&=\sum_{n=0}^{\infty}\frac{(-t)^n}{n!}\exp\left(-\frac{1}{4}\frac{\partial^2}{\partial x^2}\right)x^{2n}=\sum_{n=0}^{\infty}\frac{(-t)^n}{n!}2^{-2n}\mathrm{H}_{2n}(X)\end{aligned}$$

将上式与式 (3.82) 进行比较得出对偶数阶 $\mathrm{H}_{2n}(X)$ 进行求和的公式为

$$\sum_{n=0}^{\infty}\frac{(-t)^n}{4^n n!}\mathrm{H}_{2n}(X)=\frac{1}{\sqrt{1-t}}\mathrm{e}^{-\frac{t}{1-t}x^2}$$

再则, 从式 (3.79) 得到

$$\mathrm{e}^{-\lambda X^2}=\frac{1}{\sqrt{1+\lambda}}:\sum_{n=0}^{\infty}\frac{1}{n!}\left(\frac{-\lambda}{1+\lambda}\right)^n X^{2n}: \tag{3.83}$$

所以也有

$$e^{-\lambda x^2} = \frac{1}{\sqrt{1+\lambda}} \sum_{n=0}^{\infty} \frac{1}{2^{2n} n!} \left(\frac{-\lambda}{1+\lambda} \right)^n \mathrm{H}_{2n}(x) \tag{3.84}$$

我们已经用表象完备性和 IWOP 方法给出了正规乘积化光场的正交分量算符函数的新途径, 也给出了若干有用的新算符恒等式. 我们将在以后推广此方法到多模情形.

下面介绍符号函数用厄密多项式展开的方法.

符号函数的定义是

$$\frac{\mathrm{d}}{\mathrm{d}x}|x| = \mathrm{sgn}(x) = \begin{cases} 1 & (x>0) \\ -1 & (x<0) \end{cases} \tag{3.85}$$

它与 δ-函数的关系是

$$\frac{\mathrm{d}}{\mathrm{d}x}\mathrm{sgn}(x) = 2\delta(x) \tag{3.86}$$

把 $x \to X$, 得到算符符号函数, 用 $\mathrm{H}_n(X) = 2^n : X^n :$ 得到

$$\frac{\mathrm{d}}{\mathrm{d}X}\mathrm{sgn}(X) = 2\delta(X) = \frac{2}{\sqrt{\pi}} : e^{-X^2} := \frac{2}{\sqrt{\pi}} \sum_{n=0} \frac{:(-X^2)^n:}{n!} = \frac{2}{\sqrt{\pi}} \sum_{n=0} \frac{(-1)^n \mathrm{H}_{2n}(X)}{4^n n!} \tag{3.87}$$

积分得到

$$\begin{aligned} \mathrm{sgn}(X) &= 2\int \mathrm{d}X \delta(X) = \frac{2}{\sqrt{\pi}} \int \mathrm{d}X \sum_{n=0} \frac{(-1)^n \mathrm{H}_{2n}(X)}{4^n n!} \\ &= \frac{2}{\sqrt{\pi}} \sum_{n=0} \frac{(-1)^n \mathrm{H}_{2n+1}(X)}{4^n n!(2n+1)} \end{aligned} \tag{3.88}$$

所以符号函数用厄密多项式展开的结果是

$$\mathrm{sgn}(x) = \frac{2}{\sqrt{\pi}} \sum_{n=0} \frac{(-1)^n \mathrm{H}_{2n+1}(x)}{4^n n!(2n+1)} \tag{3.89}$$

3.10 含斯特林数和厄密多项式的量子算符公式

本节的主要目的是以量子力学观点引出斯特林数, 即通过算符厄密多项式方法推导出斯特林数的母函数及其算符实现. 在数学物理和量子统计力学领域中, 斯特林数的应

用十分广泛且频繁. 第一类斯特林数表示将 m 个不同的元素构成 k 个圆排列的数目, 而且可以作为如下的级数展开的系数:

$$(x)_m = \sum_{k=0}^{m} s(m,k)\, x^k \tag{3.90}$$

这里的 $(x)_m$ (Pochhammer 符号) 表示如下的递降阶乘:

$$(x)_m \equiv x(x-1)\cdots(x-m) \tag{3.91}$$

第二类斯特林数可以表示集合的拆分, 即将 m 个不同的元素拆分成 k 个集合的方案数, 同样也可以用如下的级数展开来定义:

$$x^m = \sum_{k=0}^{m} S(m,k)\,(x)_k \tag{3.92}$$

我们将研究用算符的方法推导出 $S(m,k)$ 和 $s(m,k)$ 及其母函数, 而且这样的推导过程会被赋予一些物理内涵.

我们首先来使用算符厄密多项式方法研究第二类斯特林数 $S(m,k)$ 的级数展开是什么?

引理 让 $\frac{1}{k!}(\mathrm{e}^x-1)^k$ 对 x 幂级数展开成如下的形式:

$$\frac{1}{k!}(\mathrm{e}^x-1)^k = \sum_{n=0}^{\infty} \frac{A(n,k)}{n!} x^n \tag{3.93}$$

则 $A(n,k)$ 可以表示成

$$A(n,k) = \frac{1}{k!}\sum_{l=0}^{k} \binom{k}{l} (-1)^{k-l}\, l^n \tag{3.94}$$

证明 我们使用算符厄密多项式方法. 不先考虑 $\frac{1}{k!}(\mathrm{e}^x-1)^k$, 而是先来审视正规乘积算符 $\frac{1}{k!}:\left(\mathrm{e}^{2X}-1\right)^k:$, 这里的 $X=\frac{a+a^\dagger}{\sqrt{2}}$, $\left[a,a^\dagger\right]=1$, 于是根据 $\mathrm{H}_n(X)=:(2X)^n:$ 我们有

$$\frac{1}{k!}:\left(\mathrm{e}^{2X}-1\right)^k:=:\sum_{n=0}^{\infty}\frac{A(n,k)}{n!}(2X)^n:=\sum_{n=0}^{\infty}\frac{A(n,k)}{n!}\mathrm{H}_n(X) \tag{3.95}$$

另一方面由二项式定理得到

$$\frac{1}{k!}:\left(\mathrm{e}^{2X}-1\right)^k:=\frac{1}{k!}:\sum_{l=0}^{k}(-1)^{k-l}\binom{k}{l}\mathrm{e}^{2Xl}: \tag{3.96}$$

使用 Baker-Hausdorff 公式我们有

$$:\mathrm{e}^{2Xl}:=\mathrm{e}^{2Xl-l^2}=\sum_{m=0}^{\infty}\frac{l^m}{m!}\mathrm{H}_m(X) \tag{3.97}$$

把式 (3.97) 代入 (3.96) 中得到

$$\frac{1}{k!}:\left(\mathrm{e}^{2X}-1\right)^{k}:=\frac{1}{k!}\sum_{l=0}^{k}(-1)^{k-l}\binom{k}{l}\sum_{m=0}^{\infty}\frac{l^{m}}{m!}\mathrm{H}_{m}(X) \tag{3.98}$$

比较式 (3.98) 和式 (3.95) 我们发现

$$\frac{1}{k!}\sum_{l=0}^{k}\binom{k}{l}(-1)^{k-l}\sum_{m=0}^{\infty}\frac{l^{m}}{m!}\mathrm{H}_{m}(X)=\sum_{n=0}^{\infty}\frac{A(n,k)}{n!}\mathrm{H}_{n}(X) \tag{3.99}$$

也就决定了式 (3.94). 把式 (3.95) 转变回到式 (3.93) 并没有任何障碍, 于是引理得证.

接下来我们检查一下式 (3.94) 中的 $A(n,k)$ 是否正好等于第二类斯特林数 $S(n,k)$.

我们依然使用量子力学的算符方法, 考虑算符 $N=a^{\dagger}a$ 和 $a^{\dagger}|m\rangle=\sqrt{m+1}|m+1\rangle$, $|m\rangle$ 张成一个福克空间 $\sum\limits_{m=0}^{\infty}|m\rangle\langle m|=1$, 于是有

$$\begin{aligned}a^{\dagger k}a^{k}&=\sum_{m=0}^{\infty}a^{\dagger k}|m\rangle\langle m|a^{k}=\sum_{m=0}^{\infty}(m+1)\cdots(m+k)|m+k\rangle\langle m+k|\\&=N(N-1)\cdots(N-k+1)\end{aligned} \tag{3.100}$$

则

$$\begin{aligned}\sum_{k=0}^{\infty}\frac{\lambda^{k}}{k!}N^{k}&=\mathrm{e}^{\lambda a^{\dagger}a}=:\mathrm{e}^{\left(\mathrm{e}^{\lambda}-1\right)a^{\dagger}a}:\\&=\sum_{k=0}^{\infty}\frac{a^{\dagger k}a^{k}}{k!}\left(\mathrm{e}^{\lambda}-1\right)^{k}\end{aligned} \tag{3.101}$$

将

$$\left(\mathrm{e}^{\lambda}-1\right)^{k}=k!\sum_{n=0}^{\infty}\frac{A(n,k)}{n!}\lambda^{n} \tag{3.102}$$

以及式 (3.100) 代入式 (3.101) 得到

$$\sum_{k=0}^{\infty}\frac{\lambda^{k}}{k!}N^{k}=\sum_{k=0}^{\infty}\frac{a^{\dagger k}a^{k}}{k!}\left(\mathrm{e}^{\lambda}-1\right)^{k}=\sum_{k=0}^{\infty}\sum_{n=0}^{\infty}\frac{\lambda^{n}}{n!}A(n,k)N(N-1)\cdots(N-k+1) \tag{3.103}$$

比较左右两边可以导出

$$N^{n}=\sum_{k=0}^{\infty}A(n,k)N(N-1)\cdots(N-k+1) \tag{3.104}$$

这与式 (3.92) 中对第二类斯特林数的定义具有同样的形式, 因此有

$$S(n,k)=A(n,k)=\frac{1}{k!}\sum_{l=0}^{k}\binom{k}{l}(-1)^{k-l}l^{n} \tag{3.105}$$

这样就得到了第二类斯特林数 $S(m,k)$ 的级数展开, 式 (3.92) 是第二类斯特林数的母函数公式. 有的文献记

$$S(n,k)=\frac{1}{k!}\sum_{l=0}^{k}\binom{k}{l}(-1)^{k-l}l^n=\left\{\begin{matrix} n \\ k \end{matrix}\right\} \tag{3.106}$$

注意: 当 $k>n$ 时, $\left\{\begin{matrix} n \\ k \end{matrix}\right\}=0$, $\left\{\begin{matrix} n \\ 0 \end{matrix}\right\}=\delta_{n,0}$. 式 (3.104) 也揭示了斯特林数在福克空间中的意义

$$N^n=\sum_{k=0}^{\infty}S(n,k)a^{\dagger k}a^k \tag{3.107}$$

可见用算符厄密多项式方法可以导出组合理论中的特殊函数. 式 (3.107) 也可以用福克态 $|n\rangle=\frac{a^{\dagger n}}{\sqrt{n!}}|0\rangle$ 的完备性和正规乘积算符的性质证明. 鉴于

$$\sum_{n=0}^{\infty}|n\rangle\langle n|=\sum_{n=0}^{\infty}\frac{a^{\dagger n}}{\sqrt{n!}}|0\rangle\langle 0|\frac{a^n}{\sqrt{n!}}=\sum_{n=0}^{\infty}:\frac{\left(a^\dagger a\right)^n}{n!}\mathrm{e}^{-a^\dagger a}:=1$$

故而

$$\left(a^\dagger a\right)^k=\sum_{n=0}^{\infty}n^k|n\rangle\langle n|=\sum_{n=0}^{\infty}n^k:\frac{\left(a^\dagger a\right)^n}{n!}\sum_{m=0}^{\infty}\frac{(-1)^m}{m!}\left(a^\dagger a\right)^m:$$

用双重求和指标的重排公式

$$\sum_{n=0}^{\infty}\sum_{m=0}^{\infty}A_nB_m=\sum_{l=0}^{\infty}\sum_{m=0}^{l}A_{l-m}B_m$$

改写上式得到

$$\begin{aligned}
\left(a^\dagger a\right)^k &=:\sum_{l=0}^{\infty}\sum_{m=0}^{l}(l-m)^k\frac{\left(a^\dagger a\right)^{l-m}}{(l-m)!}\frac{(-1)^m}{m!}\left(a^\dagger a\right)^m: \\
&=:\sum_{l=0}^{\infty}\frac{\left(a^\dagger a\right)^l}{l!}\sum_{m=0}^{l}(l-m)^k\frac{l!(-1)^m}{m!(l-m)!}: \\
&\overset{l-m\to m}{=}\sum_{l=0}^{\infty}\frac{a^{\dagger l}a^l}{l!}\sum_{m=0}^{l}(-1)^{l-m}\binom{l}{m}m^k \\
&=\sum_{l=0}^{\infty}\left\{\begin{matrix} k \\ l \end{matrix}\right\}a^{\dagger l}a^l
\end{aligned}$$

与式 (3.107) 一致. 从式 (3.100) 我们又有

$$(1+t)^N=\mathrm{e}^{a^\dagger a\ln(1+t)}=:\mathrm{e}^{ta^\dagger a}:=\sum_{n=0}^{\infty}\frac{t^n}{n!}a^{\dagger n}a^n$$

$$= \sum_{n=0}^{\infty} \frac{t^n}{n!} N(N-1)(N-2)\cdots(N-n+1) \tag{3.108}$$

令 $N \to x$, 得到

$$(1+t)^x = \sum_{n=0}^{\infty} \frac{t^n}{n!} x(x-1)(x-2)\cdots(x-n+1) \tag{3.109}$$

这是另一种形式的二项式定理.

作为一个意外的收获, 现在从式 (3.95) 可以知道

$$\begin{aligned}\sum_{n=0}^{\infty} \frac{S(n,k)}{n!} \mathrm{H}_n(X) &= \sum_{n=0}^{\infty} \frac{S(n,k)}{n!} :2^n X^n: \\ &=: \frac{1}{k!}\left(\mathrm{e}^{2X}-1\right)^k :=: \frac{1}{k!} \sum_{l=0}^{k} (-1)^{k-l} \binom{k}{l} \mathrm{e}^{2Xl} : \\ &= \frac{1}{k!} \sum_{l=0}^{k} (-1)^{k-l} \binom{k}{l} \mathrm{e}^{2Xl-l^2}\end{aligned} \tag{3.110}$$

替换 $X \to x$, 我们可以得到一个新的同时包含斯特林数和厄密多项式的求和公式:

$$\sum_{n=0}^{\infty} \frac{S(n,k)}{n!} \mathrm{H}_n(x) = \frac{1}{k!} \sum_{l=0}^{k} (-1)^{k-l} \binom{k}{l} \mathrm{e}^{2xl-l^2} \tag{3.111}$$

这个新公式十分有用, 因为它提供了利用厄密多项式的性质推导出斯特林数的性质的可能性.

类似于式 (3.95), 考虑如下的方程:

$$\frac{1}{k!} :\left(\mathrm{e}^{4X^2}-1\right)^k :=: \sum_{n=0}^{\infty} \frac{S(n,k)}{n!} \left(4X^2\right)^n := \sum_{n=0}^{\infty} \frac{S(n,k)}{n!} \mathrm{H}_{2n}(X) \tag{3.112}$$

另一方面

$$\frac{1}{k!} :\left(\mathrm{e}^{4X^2}-1\right)^k := \frac{1}{k!} :\sum_{l=0}^{k} \binom{k}{l} \mathrm{e}^{4X^2 l} (-1)^{k-l} : \tag{3.113}$$

运用 IWOP 方法我们可以得到

$$:\mathrm{e}^{4X^2 l}:= \sqrt{\frac{1}{1+4l}} \mathrm{e}^{\frac{4l}{1+4l} X^2} \tag{3.114}$$

把式 (3.114) 代入式 (3.113), 然后将结果与式 (3.112) 进行对比, 得到

$$\frac{1}{k!} \sum_{l=0}^{k} \binom{k}{l} (-1)^{k-l} \sqrt{\frac{1}{1+4l}} \mathrm{e}^{\frac{4l}{1+4l} X^2} = \sum_{n=0}^{\infty} \frac{S(n,k)}{n!} \mathrm{H}_{2n}(X) \tag{3.115}$$

比较式 (3.115) 和式 (3.105) 得到了偶序厄密多项式的母函数公式

$$\sqrt{\frac{1}{1+4l}}\mathrm{e}^{\frac{4l}{1+4l}X^2}=\sum_{m=0}^{\infty}\frac{l^m}{m!}\mathrm{H}_{2m}(X) \tag{3.116}$$

我们可以确定 $\sum\limits_{m=0}^{\infty}\frac{l^m}{m!}\mathrm{H}_{2m}(X)|0\rangle$ 就是单模压缩态, 因为使用式 (3.15) 我们有

$$\mathrm{H}_{2m}(X)|0\rangle=2^{2m}:X^{2m}:|0\rangle=2^m a^{\dagger 2m}|0\rangle \tag{3.117}$$

于是

$$\sum_{m=0}^{\infty}\frac{l^m}{m!}\mathrm{H}_{2m}(X)|0\rangle=\sum_{m=0}^{\infty}\frac{l^m}{m!}2^m a^{\dagger 2m}|0\rangle=\mathrm{e}^{2la^{\dagger 2}}|0\rangle \tag{3.118}$$

正是压缩态的表示.

1. $\left(aa^{\dagger}\right)^k$ 的反正规乘积展开

在第 1 章式 (1.144) 我们已经介绍了化任意算符为反正规乘积的公式:

$$A=\vdots\int\frac{\mathrm{d}^2\beta}{\pi}\langle-\beta|A|\beta\rangle\exp\left(|\beta|^2+\beta^*a-\beta a^{\dagger}+aa^{\dagger}\right)\vdots \tag{3.119}$$

这里, $\vdots\ \vdots$ 表示反正规排序, $|\beta\rangle$ 是相干态, 由此立刻得到 $\mathrm{e}^{\lambda aa^{\dagger}}$ 的反正规乘积展开为

$$\begin{aligned}\mathrm{e}^{\lambda aa^{\dagger}}&=\mathrm{e}^{\lambda}\mathrm{e}^{\lambda a^{\dagger}a}\\&=\mathrm{e}^{\lambda}\vdots\int\frac{\mathrm{d}^2\beta}{\pi}\langle-\beta|\mathrm{e}^{-\lambda a^{\dagger}a}|\beta\rangle\exp\left(|\beta|^2+\beta^*a-\beta a^{\dagger}+aa^{\dagger}\right)\vdots\\&=\mathrm{e}^{\lambda}\vdots\int\frac{\mathrm{d}^2\beta}{\pi}\exp\left[\mathrm{e}^{-\lambda}|\beta|^2+\beta^*a-\beta a^{\dagger}+aa^{\dagger}\right]\vdots\\&=\vdots\exp\left(\left(1-\mathrm{e}^{-\lambda}\right)aa^{\dagger}\right)\vdots\\&=\vdots\sum_{n=0}^{\infty}\left(1-\mathrm{e}^{-\lambda}\right)^n\frac{\left(aa^{\dagger}\right)^n}{n!}\vdots\end{aligned} \tag{3.120}$$

另一方面, 从式 (3.102) 我们知道

$$\left(1-\mathrm{e}^{-\lambda}\right)^n=n!\sum_{v=0}^{n}(-1)^{n-v}\left\{\begin{matrix}v\\n\end{matrix}\right\}\frac{\lambda^v}{v!}$$

所以

$$\left(aa^{\dagger}\right)^k=\left(\frac{\partial}{\partial\lambda}\right)^k\mathrm{e}^{\lambda aa^{\dagger}}|_{\lambda=0}=\left(\frac{\partial}{\partial\lambda}\right)^k\vdots\sum_{n=0}^{\infty}\sum_{v=0}^{\infty}(-1)^{n-v}\left\{\begin{matrix}v\\n\end{matrix}\right\}\frac{\lambda^v}{v!}\left(aa^{\dagger}\right)^n\vdots|_{\lambda=0}$$

$$= \sum_{n=0}^{k} (-1)^{k-n} \left\{ \begin{matrix} k \\ n \end{matrix} \right\} a^n a^{\dagger n} \tag{3.121}$$

这是 $(aa^\dagger)^k$ 的反正规排序, 因为存在因子 $(-1)^{n-k}$, 故其与

$$N^n = (a^\dagger a)^n = \sum_{k=0}^{\infty} \left\{ \begin{matrix} n \\ k \end{matrix} \right\} a^{\dagger k} a^k \tag{3.122}$$

有明显区别. 例如, 当 $n=4$ 时,

$$\left\{ \begin{matrix} 4 \\ 1 \end{matrix} \right\} = 1, \left\{ \begin{matrix} 4 \\ 2 \end{matrix} \right\} = 7, \left\{ \begin{matrix} 4 \\ 3 \end{matrix} \right\} = 6, \left\{ \begin{matrix} 4 \\ 4 \end{matrix} \right\} = 1$$

$$(aa^\dagger)^4 = -aa^\dagger + 7a^2 a^{\dagger 2} - 6a^3 a^{\dagger 3} + a^4 a^{\dagger 4}$$

我们再来看 $(N)^k$ 的反正规展开, 用式 (3.107) 得到

$$\begin{aligned} N^k &= \vdots \int \frac{\mathrm{d}^2\beta}{\pi} \langle -\beta| \sum_{n=0}^{k} \left\{ \begin{matrix} k \\ n \end{matrix} \right\} a^{\dagger n} a^n |\beta\rangle \exp\left[|\beta|^2 + \beta^* a - \beta a^\dagger + aa^\dagger\right] \vdots \\ &= \sum_{n=0}^{k} \left\{ \begin{matrix} k \\ n \end{matrix} \right\} \vdots \int \frac{\mathrm{d}^2\beta}{\pi} (-\beta^*\beta)^n \exp\left[-|\beta|^2 + \beta^* a - \beta a^\dagger + aa^\dagger\right] \vdots \\ &= \sum_{n=0}^{k} (-1)^n \left\{ \begin{matrix} k \\ n \end{matrix} \right\} \vdots \sum_{l=0}^{n} \frac{n!n!(-1)^l}{l!(n-l)!(m-l)!} a^{n-l} (-a)^{\dagger n-l} \vdots \\ &= \sum_{n=0}^{\infty} \left\{ \begin{matrix} k \\ n \end{matrix} \right\} \vdots \mathrm{H}_{n,n}(a, a^\dagger) \vdots \end{aligned} \tag{3.123}$$

这里 $\mathrm{H}_{m,n}(\xi, \xi^*)$ 是双变量厄密多项式

$$\mathrm{H}_{m,n}(\xi, \xi^*) = \sum_{t=0}^{\min(m,n)} \frac{m!n!}{l!(n-l)!(m-l)!} (-1)^t \xi^{m-l} \xi^{*n-l}$$

再用量子力学的观点分析第一类斯特林数.

令幂级数 $\frac{1}{k!}\ln^k(1+t)$ 对 t 展开成如下形式:

$$\frac{1}{k!}\ln^k(1+t) = \sum_{n=0}^{\infty} \frac{s(n,k)}{n!} t^n \tag{3.124}$$

那么这里的 $s(n,k)$ 是第一类斯特林数.

证明 不去直接考虑 $\frac{1}{k!}\ln^k(1+t)$, 我们审视如下的算符方程, 并用式 (3.108) 得到

$$\sum_{k=0}^{\infty}\frac{\left(a^{\dagger}a\right)^k}{k!}\ln^k(1+t)=\exp\left[a^{\dagger}a\ln(1+t)\right]=(1+t)^N$$

$$=\sum_{n=0}^{\infty}\frac{t^n}{n!}N(N-1)(N-2)\cdots(N-n+1) \tag{3.125}$$

另一方面, 根据式 (3.124)

$$\sum_{k=0}^{\infty}\frac{\left(a^{\dagger}a\right)^k}{k!}\ln^k(1+t)=\sum_{n=0}^{\infty}\frac{t^n}{n!}\sum_{k=0}^{\infty}\left(a^{\dagger}a\right)^k s(n,k) \tag{3.126}$$

比较式 (3.126) 和式 (3.125) 得

$$N(N-1)(N-2)\cdots(N-n+1)=\sum_{k=0}^{\infty}s(n,k)N^k \tag{3.127}$$

这正好是方程 (3.96) 中对第一类斯特林数的定义, 也可以说式 (3.96) 表示了 $s(n,k)$ 的母函数.

综上所述, 我们使用了算符厄密多项式方法去研究斯特林数理论, 此外还发现了 $S(m,k)$ 和 $s(m,k)$ 的母函数的量子力学算符的实现; 这样特殊的实现过程蕴含了一些物理内涵. 作为意外的发现, 我们还推导出了同时包含斯特林数和厄密多项式的求和公式.

2. 在量子力学框架中引入 Bell 多项式

比较

$$\mathrm{e}^{\lambda a^{\dagger}a}=\sum_{k=0}^{\infty}\mathrm{e}^{\lambda k}|k\rangle\langle k|=\sum_{n=0}^{\infty}\sum_{k=0}^{\infty}:\mathrm{e}^{-a^{\dagger}a}k^n\frac{\left(a^{\dagger}a\right)^k}{k!}:\frac{\lambda^n}{n!}$$

与 $\mathrm{e}^{\lambda a^{\dagger}a}=\sum\limits_{n=0}^{\infty}\frac{\lambda^n}{n!}\left(a^{\dagger}a\right)^n$ 中 λ^n 前的系数 , 我们引入

$$:\mathrm{e}^{-a^{\dagger}a}\sum_{k=0}^{\infty}k^n\frac{\left(a^{\dagger}a\right)^k}{k!}:\equiv:B\left(n,a^{\dagger}a\right): \tag{3.128}$$

它等于

$$:B\left(n,a^{\dagger}a\right):=\left(a^{\dagger}a\right)^n=:\sum_{l=0}^{\infty}\left\{\begin{matrix}n\\l\end{matrix}\right\}\left(a^{\dagger}a\right)^l: \tag{3.129}$$

$N^n=\sum\limits_{k=0}^{\infty}S(n,k)a^{\dagger k}a^k$, 则在相干态 $|z\rangle$ 的期望值

$$\langle z|N^k|z\rangle=\sum_{l=0}^{\infty}S(k,l)\langle z|a^{\dagger l}a^l|z\rangle=\sum_{l=0}^{\infty}\left\{\begin{matrix}k\\l\end{matrix}\right\}|z|^{2l}\equiv B_k\left(k,|z|^2\right) \tag{3.130}$$

这恰是 Bell 多项式. 另一方面, 由

$$N^k = \sum_{n=0}^{\infty} n^k |n\rangle \langle n| =: \sum_{n=0}^{\infty} \frac{n^k}{n!} a^{\dagger n} a^n \mathrm{e}^{-a^\dagger a} : \tag{3.131}$$

的相干态期望值是

$$\langle z| (N)^k |z\rangle = \mathrm{e}^{-|z|^2} \sum_{n=0}^{\infty} \frac{n^k}{n!} |z|^{2n}$$

比较式 (3.99) 和式 (3.100) 给出

$$B\left(k, |z|^2\right) = \mathrm{e}^{-|z|^2} \sum_{n=0}^{\infty} \frac{n^k}{n!} |z|^{2n}$$

故可推断

$$B(n, y) = \mathrm{e}^{-y} \sum_{l=0}^{\infty} \frac{l^n}{l!} y^l$$

这恰是 Bell 数, $B(0, y) = 1$. 用双重求和指标的重排公式

$$\sum_{n=0}^{\infty} \sum_{m=0}^{\infty} A_n B_m = \sum_{n=0}^{\infty} \sum_{m=0}^{n} A_{n-m} B_m$$

可以进一步证明

$$B(n, y) = \sum_{k=0}^{\infty} \left\{ \begin{matrix} n \\ k \end{matrix} \right\} y^k$$

事实上, 代入 $\left\{ \begin{matrix} n \\ k \end{matrix} \right\}$ 的定义式, 有

$$\begin{aligned} B(n, y) &= \sum_{k=0}^{\infty} \left\{ \begin{matrix} n \\ k \end{matrix} \right\} = \sum_{k=0}^{\infty} \frac{y^k}{k!} \sum_{l=0}^{k} \binom{k}{l} (-1)^{k-l} l^n = \sum_{k=0}^{\infty} y^k \sum_{l=0}^{k} \frac{(-1)^{k-l}}{l!(k-l)!} l^n \\ &= \sum_{k=0}^{\infty} \frac{y^k}{k!} (-1)^k \sum_{l=0}^{\infty} \frac{l^n}{l!} y^l = \mathrm{e}^{-y} \sum_{l=0}^{\infty} \frac{l^n}{l!} y^l \end{aligned}$$

3.11 $\left(a^{\dagger r}a\right)^k$, $\mathrm{e}^{\lambda a^{\dagger r}a}$ 和 $\left(a^{\dagger r}a^r\right)^k$ 的正规乘积展开

现在讨论 $\left(a^{\dagger r}a\right)^k$ 和 $\mathrm{e}^{\lambda a^{\dagger r}a}$ 的正规乘积展开. 从

$$\left[N,a^{\dagger r-1}\right]=a^{\dagger}\left[a,a^{\dagger r-1}\right]=(r-1)\,a^{\dagger r-1}$$

得到

$$Na^{\dagger r-1}=a^{\dagger r-1}N+(r-1)\,a^{\dagger r-1}=a^{\dagger r-1}(N+r-1)$$

所以

$$\begin{aligned}\left(a^{\dagger r}a\right)^k&=\left(a^{\dagger r-1}N\right)^k=a^{\dagger r-1}\;Na^{\dagger r-1}\;Na^{\dagger r-1}\;\cdots Na^{\dagger r-1}\;N\\&=a^{\dagger 2(r-1)}(N+r-1)\,a^{\dagger r-1}\;(N+r-1)\cdots a^{\dagger r-1}(N+r-1)\,N\\&=a^{\dagger 3(r-1)}[N+2\,(r-1)]\,a^{\dagger r-1}[N+2\,(r-1)]\cdots a^{\dagger r-1}[N+2\,(r-1)]\,(N+r-1)\,N\\&=\cdots\\&=a^{\dagger k(r-1)}[N+(k-1)\,(r-1)]\,[N+(k-2)\,(r-1)]\cdots[N+2\,(r-1)]\,(N+r-1)\,N\\&=a^{\dagger k(r-1)}\prod_{j=0}^{k-1}[N+j\,(r-1)]\quad(j=0,1,2,\cdots,k-1)\end{aligned}$$

用粒子数表象完备性和双重求和指标的重排公式得到

$$\begin{aligned}\left(a^{\dagger r}a\right)^k&=a^{\dagger k(r-1)}\sum_{n=0}^{\infty}\prod_{j=0}^{k-1}[n+j\,(r-1)]\,|n\rangle\langle n|\\&=a^{\dagger k(r-1)}\sum_{n=0}^{\infty}\prod_{j=0}^{k-1}[n+j\,(r-1)]:\frac{\left(a^{\dagger}a\right)^n}{n!}\sum_{m=0}^{\infty}\frac{(-1)^m}{m!}\left(a^{\dagger}a\right)^m:\\&=a^{\dagger k(r-1)}\sum_{l=0}^{\infty}\sum_{m=0}^{l}\prod_{j=0}^{k-1}[l-m+j\,(r-1)]:\frac{\left(a^{\dagger}a\right)^l}{(l-m)!}\frac{(-1)^m}{m!}:\end{aligned}$$

定义

$$\frac{1}{l!}\sum_{m=0}^{l}\prod_{j=0}^{k-1}[m+j\,(r-1)]\,(-1)^m\binom{l}{m}\equiv S_{r,1}(k,l)$$

为一种广义斯特林数, 在 $r=1$ 时, 它退化为式 (3.105), 有

$$\left(a^{\dagger r}a\right)^k =: a^{\dagger k(r-1)}\sum_{l=0}^{\infty}S_{r,1}(k,l)\left(a^{\dagger}a\right)^l :$$

于是

$$\mathrm{e}^{\lambda a^{\dagger r}a}=\sum_{k=}^{\infty}\frac{\lambda^k}{k!}\left(a^{\dagger r}a\right)^k=\sum_{k=}^{\infty}\frac{\lambda^k}{k!}: a^{\dagger k(r-1)}\sum_{l=0}^{\infty}S_{r,1}(k,l)\left(a^{\dagger}a\right)^l :$$

$\exp\left(\lambda a^{\dagger r}a\right)$ 的正规乘积展开还可以用 IWOP 方法求, 注意到

$$\begin{aligned}\exp\left(\lambda a^{\dagger r}a\right)a^{\dagger}\exp\left(-\lambda a^{\dagger r}a\right)&=a^{\dagger}+\lambda a^{\dagger r}+\frac{1}{2!}\lambda^2 r a^{\dagger 2r-1}+\frac{1}{3!}\lambda^3 r(2r-1)a^{\dagger 3r-2}+\ldots\\&=a^{\dagger}\sum_{n=0}^{\infty}\frac{\lambda^n}{n!}\left\{\prod_{m=0}^{n-1}[1+m(r-1)]\right\}a^{\dagger n(r-1)}\end{aligned}$$

以及 $\exp\left(\lambda a^{\dagger r}a\right)|0\rangle=|0\rangle$, 用相干态的完备性和 IWOP 方法导出

$$\begin{aligned}\exp\left(\lambda a^{\dagger r}a\right)&=\int\frac{\mathrm{d}^2 z}{\pi}\exp\left(\lambda a^{\dagger r}a\right)|z\rangle\langle z|\\&=\int\frac{\mathrm{d}^2 z}{\pi}\exp\left(\lambda a^{\dagger r}a\right)\mathrm{e}^{za^{\dagger}}\exp\left(-\lambda a^{\dagger r}a\right)|0\rangle\langle z|\mathrm{e}^{-|z|^2/2}\\&=:\int\frac{\mathrm{d}^2 z}{\pi}\exp\left\{-|z|^2+za^{\dagger}\sum_{n=0}^{\infty}\frac{\lambda^n}{n!}\left[\prod_{m=0}^{n-1}[1+m(r-1)]\right]a^{\dagger n(r-1)}+z^*a-a^{\dagger}a\right\}:\\&=:\exp\left\{\sum_{n=0}^{\infty}\frac{\lambda^n}{n!}\left[\prod_{m=0}^{n-1}[1+m(r-1)]\right]a^{\dagger nr-n+1}a\right\}:\\&=:\exp\left\{\sum_{n=0}^{\infty}\frac{\lambda^n\left(a^{\dagger r-1}\right)^n}{n!}\left[\prod_{m=0}^{n-1}[1+m(r-1)]\right]a^{\dagger nr-n+1}a^{\dagger}a\right\}\end{aligned}\tag{3.132}$$

再用数学公式

$$[1-\lambda(r-1)]^{-1/(r-1)}-1=\sum_{n=1}^{\infty}\frac{\lambda^n}{n!}\prod_{m=0}^{n-1}[1+m(r-1)]$$

它可以用泰勒展开式验证:

$$f(\lambda)\equiv[1-\lambda(r-1)]^{-1/(r-1)}-1=f(0)+\sum_{n=1}^{\infty}\frac{\lambda^n}{n!}f^{(n)}(0)$$

所以 $\exp\left(\lambda a^{\dagger r}a\right)$ 的正规乘积展开是

$$\exp\left(\lambda a^{\dagger r}a\right)=:\exp\left\{\left[1-\lambda a^{\dagger(r-1)}\right]^{-1/(r-1)}-1\right\}a^{\dagger}a:$$

特别地, 当 $r=2$ 时, 给出

$$\begin{aligned}\exp\left(\lambda a^{\dagger 2}a\right) &=: \exp\left\{\left[1-\lambda a^{\dagger}\right]^{-1}-1\right\}a^{\dagger}a: \\ &=: \exp\left(\lambda a^{\dagger}a\sum_{n=0}^{\infty}\lambda^{n}a^{\dagger n}\right):\end{aligned}$$

再讨论如何使得 $\left(a^{\dagger r}a^{r}\right)^{k}$ 正规乘积化, 用粒子数态的完备性 $\sum_{n=0}^{\infty}|n\rangle\langle n|=1$ 得到

$$\begin{aligned}\left(a^{\dagger r}a^{r}\right)^{k} &= \sum_{n=0}^{\infty}[n(n-1)\cdots(n-r+1)]^{k}|n\rangle\langle n| \\ &= \sum_{n=0}^{\infty}[n(n-1)\cdots(n-r+1)]^{k}:\frac{\left(a^{\dagger}a\right)^{n}}{n!}\sum_{m=0}^{\infty}\frac{(-1)^{m}}{m!}\left(a^{\dagger}a\right)^{m}:\end{aligned}$$

以及双重求和指标的重排公式, 得到

$$\begin{aligned}\left(a^{\dagger r}a^{r}\right)^{k} &=: \sum_{l=0}^{\infty}\left(a^{\dagger}a\right)^{l}\sum_{m=0}^{l}[(l-m)(l-m-1)\cdots(l-m-r+1)]^{k}\frac{(-1)^{m}}{m!(l-m)!}: \\ &=: \sum_{l=0}^{\infty}\left(a^{\dagger}a\right)^{l}\frac{1}{l!}\sum_{m=0}^{l}(-1)^{l-m}\binom{l}{m}[m(m-1)\cdots(m-r+1)]^{k}:\end{aligned}$$

引入

$$\frac{1}{l!}\sum_{m=0\to m=r}^{l}(-1)^{l-m}\binom{l}{m}[m(m-1)\cdots(m-r+1)]^{k}\equiv S_{r,r}(k,l)$$

这是另一种广义斯特林数, 就得到算符恒等式

$$\left(a^{\dagger r}a^{r}\right)^{k}=:\sum_{l=0}^{\infty}\left(a^{\dagger}a\right)^{l}S_{r,r}(k,l): \qquad (k\neq 0)$$

故

$$\mathrm{e}^{\lambda a^{\dagger r}a^{r}}=\sum_{k=0}\frac{\lambda^{k}}{k!}\left(a^{\dagger r}a^{r}\right)^{k}=1+\sum_{k=1}\frac{\lambda^{k}}{k!}\left(a^{\dagger r}a^{r}\right)^{k}=1+\sum_{k=1}\frac{\lambda^{k}}{k!}:\sum_{l=0}^{\infty}\left(a^{\dagger}a\right)^{l}S_{r,r}(k,l):$$

以后我们还要用量子算符方法讨论双变量厄密多项式.

第 4 章

拉盖尔多项式

在解氢原子的薛定谔方程时, 波函数的径向部分出现拉盖尔多项式, 以往认为它与厄密多项式是独立定义的. 我们用算符厄密多项式方法研究发现拉盖尔多项式是可以由厄密多项式导出的. 我们还新导出了含拉盖尔多项式的负二项式定理, 并指出用拉盖尔多项式可以将福克空间重新分类, 以混合态 (二项式态或负二项式态) 分类.

4.1 从算符厄密多项式方法直接推导出拉盖尔多项式

推导的具体做法是: 在

$$e^{-\lambda X} =: e^{-\lambda X} : e^{\lambda^2/4} =: e^{\lambda^2/4-\lambda X} := \sum_{n=0}^{\infty} \frac{(\mathrm{i}\lambda/2)^n}{n!} : H_n(iX) :$$

中让 $-\lambda = \dfrac{z}{z-1}$, 再用 $X = \dfrac{a+a^\dagger}{\sqrt{2}}$ 和 $e^A e^B = e^{A+B} e^{\frac{1}{2}[A,B]}$(当 $[A,B]=c$ 数时), 以及厄密多项式的母函数公式, 我们计算

$$\begin{aligned}(1-z)^{-1} : e^{\frac{z}{z-1}X} : &= (1-z)^{-1} e^{\frac{z}{z-1}\frac{a^\dagger}{\sqrt{2}}} e^{\frac{z}{z-1}\frac{a}{\sqrt{2}}} = (1-z)^{-1} e^{-\left(\frac{z}{z-1}\right)^2/4+\frac{z}{z-1}X} \\ &= \sum_{m=0}^{\infty} (-1)^m \mathrm{H}_m(X) \frac{z^m}{2^m m! (1-z)^{m+1}} \end{aligned} \tag{4.1}$$

再用负二项式定理

$$(1-z)^{-(n+1)} = \sum_{l=0}^{\infty} \binom{l+n}{l} z^l \tag{4.2}$$

我们有

$$\begin{aligned}(1-z)^{-1} : e^{\frac{z}{z-1}X} : &= \sum_{m=0}^{\infty}\sum_{l=0}^{\infty} (-1)^m \mathrm{H}_m(X) \binom{l+m}{l} \frac{z^{m+l}}{2^m m!} \\ &= \sum_{n=0}^{\infty}\sum_{l=0}^{n} (-1)^{n-l} \mathrm{H}_{n-l}(X) \binom{n}{n-l} \frac{z^n}{2^{n-l}(n-l)!} \\ &= \sum_{n=0}^{\infty}\sum_{l=0}^{n} (-1)^l \mathrm{H}_l(X) \binom{n}{l} \frac{z^n}{2^l l!} \end{aligned} \tag{4.3}$$

在上式第二步我们用了求和的重组公式

$$\sum_{m=0}^{\infty}\sum_{l=0}^{\infty} A_m B_l = \sum_{n=0}^{\infty}\sum_{l=0}^{n} A_{n-l} B_l \tag{4.4}$$

另一方面, 我们可以幂级数 z^n 来展开:

$$(1-z)^{-1} : e^{\frac{z}{z-1}X} := \sum_{n=0}^{\infty} : \mathrm{L}_n(X) : z^n \tag{4.5}$$

这里 $\mathrm{L}_n(X)$ 是待定的记号, 即我们事先并不知道 $\mathrm{L}_n(X)$ 的具体形象与性质, 但是我们通过比较式 (4.5) 和式 (4.3) 中的 z^n 的系数能够确定它, 结果是

$$: \mathrm{L}_n(X) := \sum_{l=0}^{n} \binom{n}{l} \frac{(-1)^l}{2^l l!} \mathrm{H}_l(X) \tag{4.6}$$

这是一个新的算符恒等式, 再用式 (3.15) 我们得到

$$: \mathrm{L}_n(X) := \sum_{l=0}^{n} \binom{n}{l} \frac{(-1)^l}{l!} : X^l : \tag{4.7}$$

此式两边都是正规乘积, 所以将 X 换成 x 就得

$$\mathrm{L}_n(x)=\sum_{l=0}^{n}\binom{n}{l}\frac{(-1)^l}{l!}x^l \tag{4.8}$$

这就是拉盖尔多项式的原始的幂级数定义. 以上就是我们给出的从厄密多项式转化为拉盖尔多项式的途径, 是借助了算符厄密多项式的方法.

最后, 我们从

$$(1-z)^{-1}\exp\frac{zx}{z-1}=\sum_{l=0}\mathrm{L}_n(x)z^n \tag{4.9}$$

以及

$$\mathrm{e}^{fa^\dagger a}=:\mathrm{e}^{\left(\mathrm{e}^f-1\right)a^\dagger a}:$$

给出一个新的算符恒等式:

$$\begin{aligned}:\sum_{l=0}\lambda^l\mathrm{L}_l\left(-a^\dagger a\right):&=(1-\lambda)^{-1}:\exp\frac{-\lambda a^\dagger a}{\lambda-1}:=(1-\lambda)^{-1}\exp\left(a^\dagger a\ln\frac{-1}{\lambda-1}\right)\\&=\vdots\mathrm{e}^{\lambda aa^\dagger}\vdots\end{aligned} \tag{4.10}$$

这可用相干态完备性和 IWOP 方法验证, 即

$$\begin{aligned}\vdots\mathrm{e}^{\lambda aa^\dagger}\vdots&=\int\frac{\mathrm{d}^2z}{\pi}\mathrm{e}^{\lambda|z|^2}|z\rangle\langle z|=\int\frac{\mathrm{d}^2z}{\pi}:\mathrm{e}^{-(1-\lambda)|z|^2+za^\dagger+z^*a-a^\dagger a}:\\&=\frac{1}{1-\lambda}:\exp\left[\left(\frac{1}{1-\lambda}-1\right)a^\dagger a\right]:\\&=\frac{1}{1-\lambda}\mathrm{e}^{a^\dagger a\ln\frac{1}{1-\lambda}}=(1-\lambda)^{-1}:\exp\frac{-\lambda a^\dagger a}{\lambda-1}:\end{aligned} \tag{4.11}$$

4.2 拉盖尔多项式的倒易公式和双变量厄密多项式的引入

现在我们探索厄密多项式的倒易式. 先将单变量厄密多项式的母函数公式

$$\mathrm{e}^{-t^2+2tx}=\sum_{n=0}\frac{t^n}{n!}\mathrm{H}_n(x) \tag{4.12}$$

推广为双变量厄密多项式的母函数:

$$\sum_{m,n=0} \frac{t^m \tau^n}{m!n!} \mathrm{H}_{m,n}(x,y) = \exp(tx + \tau y - t\tau)$$

故

$$\begin{aligned}
\mathrm{H}_{m,n}(x,y) &= \frac{\partial^{n+m}}{\partial t^m \partial \tau^n} \exp(tx + \tau y - t\tau)|_{t=\tau=0} \\
&= \frac{\partial^m}{\partial t^m} \mathrm{e}^{tx} \frac{\partial^n}{\partial \tau^n} \exp(\tau(y-t))|_{t=\tau=0} \\
&= \frac{\partial^m}{\partial t^m} \left[\mathrm{e}^{tx}(y-t)^n\right]|_{t=0} \\
&= \sum_{l=0} \binom{m}{l} \frac{\partial^l}{\partial t^l}(y-t)^n \frac{\partial^{m-l}}{\partial t^{m-l}} \mathrm{e}^{tx}|_{t=0} \\
&= \sum_{l=0}^{\min(m,n)} \frac{m!n!(-1)^l}{l!(m-l)!(n-l)!} x^{m-l} y^{n-l}
\end{aligned}$$

比较拉盖尔多项式的定义 $\mathrm{L}_n(x) = \sum_{l=0}^{n} \binom{n}{l} \frac{(-1)^l}{l!} x^l$ 可知

$$\mathrm{L}_n(xy) = \frac{(-1)^n}{n!} \mathrm{H}_{n,n}(x,y)$$

用相干态

$$|z\rangle = \exp\left(-\frac{1}{2}|z|^2 + za^\dagger\right)|0\rangle \tag{4.13}$$

和

$$|0\rangle\langle 0| =: \exp(-a^\dagger a) : \tag{4.14}$$

我们将相干态投影算符 $|z\rangle\langle z|$

$$|z\rangle\langle z| =: \exp[-|z|^2 + za^\dagger + z^* a - a^\dagger a] : \tag{4.15}$$

以双变数厄密多项式展开:

$$|z\rangle\langle z| = \mathrm{e}^{-|z|^2} \sum_{m,n=0}^{\infty} : \frac{a^{\dagger m} a^n}{m!n!} \mathrm{H}_{m,n}(z,z^*) := \mathrm{e}^{-|z|^2} \sum_{m,n=0}^{\infty} \frac{a^{\dagger m} a^n}{m!n!} \mathrm{H}_{m,n}(z,z^*) \tag{4.16}$$

再用粒子数态 $|l\rangle$ 的性质

$$a^n |l\rangle = \sqrt{\frac{l!}{(l-n)!}} |l-n\rangle \quad \left(|l\rangle = \frac{a^{\dagger l}}{\sqrt{l!}}|0\rangle\right) \tag{4.17}$$

计算 $|z\rangle\langle z|$ 在粒子数表象的矩阵元:

$$\langle k|z\rangle\langle z|l\rangle = \mathrm{e}^{-|z|^2}\langle k|\sum_{m,n=0}^{\infty}\frac{a^{\dagger m}a^n}{m!n!}\mathrm{H}_{m,n}(z,z^*)|l\rangle$$
$$= \mathrm{e}^{-|z|^2}\langle k-m|\sum_{m,n=0}^{\infty}\frac{1}{m!n!}\sqrt{\frac{k!}{(k-m)!}}\sqrt{\frac{l!}{(l-n)!}}\mathrm{H}_{m,n}(z,z^*)|l-n\rangle$$
$$= \mathrm{e}^{-|z|^2}\sum_{n=0}^{\infty}\frac{\sqrt{l!k!}}{(l-n)!}\frac{\mathrm{H}_{n-l+k,n}(z,z^*)}{(n-l+k)!n!}. \tag{4.18}$$

另一方面, 用 $|l\rangle = \dfrac{a^{\dagger l}}{\sqrt{l!}}|0\rangle, a|z\rangle = z|z\rangle$, 我们直接有

$$\langle k|z\rangle\langle z|l\rangle = \mathrm{e}^{-|z|^2}\frac{z^k z^{*l}}{\sqrt{k!l!}} \tag{4.19}$$

所以

$$\sum_{n=0}^{\infty}\frac{\mathrm{H}_{n-l+k,n}(z,z^*)}{(l-n)!(n-l+k)!n!} = \frac{z^k z^{*l}}{k!l!} \tag{4.20}$$

用

$$\mathrm{H}_{n,n}(z,z^*) = n!(-1)^n\mathrm{L}_n\left(|z|^2\right) \tag{4.21}$$

特别地, 当 $k=l$ 时有

$$\langle l|z\rangle\langle z|l\rangle = \mathrm{e}^{-|z|^2}\sum_{n=0}^{\infty}\frac{1}{n!n!}\frac{l!}{(l-n)!}\mathrm{H}_{n,n}(z,z^*)$$
$$= \mathrm{e}^{-|z|^2}\sum_{n=0}^{\infty}\frac{l!(-1)^n}{n!(l-n)!}\mathrm{L}_n\left(|z|^2\right) \tag{4.22}$$

比较 $\langle l|z\rangle\langle z|l\rangle = \mathrm{e}^{-|z|^2}\dfrac{|z|^{2l}}{l!}$, 我们导出新公式:

$$\sum_{n=0}^{\infty}(-1)^n\binom{l}{n}\mathrm{L}_n\left(|z|^2\right) = \frac{|z|^{2l}}{l!} \tag{4.23}$$

取 $x=|z|^2$, 导出

$$x^l = l!\sum_{n=0}(-1)^n\binom{l}{n}\mathrm{L}_n(x) \tag{4.24}$$

这是 x^l 用拉盖尔多项式展开的公式 (倒易公式). 特别地, 有

$$\mathrm{L}_0(x) = 1$$
$$\sum_{n=0}^{1}(-1)^n\binom{1}{n}\mathrm{L}_n(x) = 1-\mathrm{L}_1(x) = x$$

$$\sum_{n=0}^{2}(-1)^n\binom{2}{n}\mathrm{L}_n(x)=1-2\mathrm{L}_1(x)+\mathrm{L}_2(x)=\frac{x^2}{2}$$

$$\sum_{n=0}^{2}(-1)^n\binom{3}{n}\mathrm{L}_n(x)=1-3\mathrm{L}_1(x)+3\mathrm{L}_2(x)-\mathrm{L}_3(x)=\frac{x^3}{6}$$

$$\sum_{n=0}^{2}(-1)^n\binom{4}{n}\mathrm{L}_n(x)=1-4\mathrm{L}_1(x)+6\mathrm{L}_2(x)-4\mathrm{L}_3(x)+\mathrm{L}_4(x)=\frac{x^4}{24}$$

综合以上结论, 我们可以证明一个关于厄密多项式的二项-负二项定理:

$$\sum_{n=0}^{l}(-1)^n\binom{l}{n}\sum_{k=0}^{n}\binom{n}{k}\frac{(-1)^k}{2^k k!}\mathrm{H}_k(x)=\frac{1}{2^l l!}\mathrm{H}_l(x) \tag{4.25}$$

证明 作为第一步, 令 $x\to X$, 将要证明

$$\sum_{n=0}^{l}(-1)^n\binom{l}{n}\sum_{k=0}^{n}\binom{n}{k}\frac{(-1)^k}{2^k k!}\mathrm{H}_k(X)=\frac{1}{2^l l!}\mathrm{H}_l(X) \tag{4.26}$$

事实上, 注意到

$$\sum_{k=0}^{n}\binom{n}{k}\frac{(-1)^k}{2^k k!}\mathrm{H}_k(X)=\sum_{k=0}^{n}\binom{n}{k}\frac{(-1)^k}{k!}:X^k=:\mathrm{L}_n(X): \tag{4.27}$$

再根据式 (4.24), 所以式 (4.27) 可化为

$$\sum_{n=0}^{l}(-1)^n\binom{l}{n}\sum_{k=0}^{n}\binom{n}{k}\frac{(-1)^k}{k!}:X^k:=\sum_{n=0}^{l}(-1)^n\binom{l}{n}:\mathrm{L}_n(X):=:\frac{X^l}{l!}:=\frac{1}{2^l l!}\mathrm{H}_l(X) \tag{4.28}$$

故式 (4.25) 得证.

4.3 关于拉盖尔多项式的新积分公式

从纠缠态

$$|\tau\rangle=\exp\left(-\frac{1}{2}|\tau|^2+\tau a^\dagger+\tau^* b^\dagger-a^\dagger b^\dagger\right)|00\rangle \quad (\tau=|\tau|\mathrm{e}^{\mathrm{i}\varphi})$$

所满足的本征方程

$$(a+b^\dagger)|\tau\rangle=\tau|\tau\rangle,\quad (a^\dagger+b)|\tau\rangle=\tau^*|\tau\rangle$$

以及完备正交性

$$\int \frac{\mathrm{d}^2\tau}{\pi}|\tau\rangle\langle\tau| = \int \frac{\mathrm{d}^2\tau}{\pi} : \mathrm{e}^{-|\tau|^2+\tau\left(a^\dagger+b\right)+\tau^*\left(a+b^\dagger\right)-\left(a^\dagger+b\right)\left(a+b^\dagger\right)} := 1$$

$$\langle\tau'|\tau\rangle = \pi\delta\left(\tau'-\tau\right)\delta\left(\tau'^*-\tau^*\right)$$

以及 IWOP 方法, 可以证明

$$\begin{aligned}\mathrm{e}^{\lambda\left(a+b^\dagger\right)\left(a^\dagger+b\right)} &= \int \frac{\mathrm{d}^2\tau}{\pi} : \mathrm{e}^{\left[-(1-\lambda)|\tau|^2+\tau\left(a^\dagger+b\right)+\tau^*\left(a+b^\dagger\right)-\left(a^\dagger+b\right)\left(a+b^\dagger\right)\right.} : \\ &= \frac{1}{(1-\lambda)} : \exp\left[\frac{-\lambda}{\lambda-1}\left(a^\dagger+b\right)\left(a+b^\dagger\right)\right] :\end{aligned}$$

再用拉盖尔多项式的母函数公式

$$(1-t)^{-\alpha-1}\exp\left(\frac{xt}{t-1}\right) = \sum_{n=0}^{\infty}\mathrm{L}_n^{(\alpha)}(x)\,t^n \tag{4.29}$$

得到

$$\mathrm{e}^{\lambda\left(a+b^\dagger\right)\left(a^\dagger+b\right)} =: \sum_{n=0}^{\infty}\mathrm{L}_n\left[-\left(a^\dagger+b\right)\left(a+b^\dagger\right)\right]\lambda^n : \tag{4.30}$$

所以

$$\left[\left(a+b^\dagger\right)\left(a^\dagger+b\right)\right]^n = n! : \mathrm{L}_n\left[-\left(a^\dagger+b\right)\left(a+b^\dagger\right)\right] : \tag{4.31}$$

再从

$$\begin{aligned}\left[\left(a+b^\dagger\right)\left(a^\dagger+b\right)\right]^n &= \int \frac{\mathrm{d}^2\tau}{\pi}|\tau|^{2n}|\tau\rangle\langle\tau| \\ &= \int \frac{\mathrm{d}^2\tau}{\pi}|\tau|^{2n} : \mathrm{e}^{-\left[\tau^*-\left(a^\dagger+b\right)\right]\left[\tau-\left(a+b^\dagger\right)\right]} : \\ &= n! : \mathrm{L}_n\left[-\left(a^\dagger+b\right)\left(a+b^\dagger\right)\right] :\end{aligned} \tag{4.32}$$

就得到关于拉盖尔多项式的新积分公式

$$\int \frac{\mathrm{d}^2\tau}{\pi}|\tau|^{2n}\mathrm{e}^{-(\tau^*-z^*)(\tau-z)} = n!\mathrm{L}_n\left[-|z|^2\right] \tag{4.33}$$

又有

$$\begin{aligned}\sum_{n=0}^{\infty}t^n\int\frac{\mathrm{d}^2z}{\pi}\mathrm{L}_n\left[|z|^2\right]\mathrm{e}^{-(\tau^*-z^*)(\tau-z)} &= (1-t)^{-1}\int\frac{\mathrm{d}^2z}{\pi}\exp\left[\frac{|z|^2t}{t-1}-(\tau^*-z^*)(\tau-z)\right] \\ &= (1-t)^{-1}\int\frac{\mathrm{d}^2z}{\pi}\exp\left(-\frac{|z|^2}{1-t}-|\tau|^2+z^*\tau+z\tau^*\right) \\ &= \exp(-t|\tau|^2) = \sum_{n=0}^{\infty}(-t)^n\frac{|\tau|^{2n}}{n!}\end{aligned} \tag{4.34}$$

表明

$$\int\frac{\mathrm{d}^2z}{\pi}\mathrm{L}_n\left[|z|^2\right]\mathrm{e}^{-(\tau^*-z^*)(\tau-z)}=(-1)^n\frac{|\tau|^{2n}}{n!}\tag{4.35}$$

式 (4.33) 与式 (4.35) 互逆. 综合以上讨论结果可见

$$\begin{aligned}\mathrm{L}_n\left[\left(a^\dagger+b\right)\left(a+b^\dagger\right)\right]&=\sum_{k=0}\binom{n}{n-k}\frac{\left[-\left(a^\dagger+b\right)\left(a+b^\dagger\right)\right]^k}{k!}\\&=\int\frac{\mathrm{d}^2\tau}{\pi}\sum_{k=0}\binom{n}{n-k}\frac{(-1)^k|\tau|^{2k}}{k!}|\tau\rangle\langle\tau|\\&=\int\frac{\mathrm{d}^2\tau}{\pi}\mathrm{L}_n\left[|\tau|^2\right]|\tau\rangle\langle\tau|=\int\frac{\mathrm{d}^2\tau}{\pi}\mathrm{L}_n\left[|\tau|^2\right]:\mathrm{e}^{-\left[\tau^*-\left(a^\dagger+b\right)\right]\left[\tau-\left(a+b^\dagger\right)\right]}:\\&=(-1)^n:\frac{\left[\left(a^\dagger+b\right)\left(a+b^\dagger\right)\right]^n}{n!}:\end{aligned}\tag{4.36}$$

拉盖尔多项式和算符拉盖尔多项式的对应列表如下:

$$\mathrm{L}_n(x)=\sum_{k=0}\binom{n}{n-k}\frac{(-x)^k}{k!}\Leftrightarrow\mathrm{L}_n\left[\left(a^\dagger+b\right)\left(a+b^\dagger\right)\right]=\frac{(-1)^n}{n!}:\left[\left(a^\dagger+b\right)\left(a+b^\dagger\right)\right]^n:$$

$$\frac{x^l}{l!}=\sum_{n=0}(-1)^n\binom{l}{n}\mathrm{L}_n(x)\Leftrightarrow\left[\left(a+b^\dagger\right)\left(a^\dagger+b\right)\right]^n=n!:\mathrm{L}_n\left[-\left(a^\dagger+b\right)\left(a+b^\dagger\right)\right]:$$

4.4 含拉盖尔多项式的负二项式定理的推导

以下我们要用算符厄密多项式方法导出广义负二项式定理

$$\sum_{l=0}\frac{(n+l)!(-\lambda)^l}{l!n!}\mathrm{L}_{n+l}(z)=(1+\lambda)^{-n-1}\mathrm{e}^{\lambda z/(1+\lambda)}\mathrm{L}_n\left(\frac{z}{1+\lambda}\right)\tag{4.37}$$

当 $z=0$ 时, 它约化为

$$\sum_{l=0}\frac{(n+l)!(-\lambda)^l}{l!n!}=(1+\lambda)^{-n-1}\tag{4.38}$$

这是负二项式定理.

为此目的, 我们注意到

$$\mathrm{e}^{t'a}\mathrm{e}^{ta^\dagger}=\mathrm{e}^{ta^\dagger}\mathrm{e}^{t'a}\mathrm{e}^{tt'}=:\mathrm{e}^{\left(-\mathrm{i}t'\right)\mathrm{i}a+(-\mathrm{i}t)\mathrm{i}a^\dagger-(-\mathrm{i}t)\left(-\mathrm{i}t'\right)}:$$

$$
=\sum_{m=0}\sum_{n=0}\frac{(-\mathrm{i}t)^m(-\mathrm{i}t')^n}{n!m!}:\mathrm{H}_{m,n}\left(\mathrm{i}a^\dagger,ia\right):
$$

比较

$$
\mathrm{e}^{t'a}\mathrm{e}^{ta^\dagger}=\sum_{m=0}\sum_{n=0}\frac{t'^n t^m}{n!m!}a^n a^{\dagger m}
$$

立刻得到

$$
a^n a^{\dagger m}=(-\mathrm{i})^{m+n}:\mathrm{H}_{m,n}\left(\mathrm{i}a^\dagger,\mathrm{i}a\right): \tag{4.39}
$$

然后用相干态 $|z\rangle=\exp\left(-\frac{|z|^2}{2}+za^\dagger\right)|0\rangle$ 的完备性

$$
\int\frac{\mathrm{d}^2z}{\pi}|z\rangle\langle z|=\int\frac{\mathrm{d}^2z}{\pi}:\mathrm{e}^{-|z|^2+za^\dagger+z^*a-a^\dagger a}:=1
$$

及 IWOP 方法给出

$$
\begin{aligned}
a^n a^{\dagger m}=(-\mathrm{i})^{m+n}:\mathrm{H}_{m,n}\left(\mathrm{i}a^\dagger,ia\right):&=\int\frac{\mathrm{d}^2z}{\pi}a^n|z\rangle\langle z|a^{\dagger m}\\
&=\int\frac{\mathrm{d}^2z}{\pi}z^n z^{*m}:\exp\left(-|z|^2+za^\dagger+z^*a-aa^\dagger\right):
\end{aligned} \tag{4.40}
$$

这暗示了积分公式:

$$
\int\frac{\mathrm{d}^2\beta}{\pi}\beta^n\beta^{*m}\exp\left(-|\beta|^2+\beta\alpha^*+\beta^*\alpha\right)=(-\mathrm{i})^{m+n}\mathrm{H}_{m,n}(\mathrm{i}\alpha^*,\mathrm{i}\alpha)\mathrm{e}^{|\alpha|^2} \tag{4.41}
$$

现在求和 $\sum_{l=0}^{\infty}\frac{\lambda^l}{l!}\mathrm{H}_{l+m,l+n}(x,y)$.

采用算符厄密多项式方法, 将 $\mathrm{H}_{l+m,l+n}(x,y)$ 改写为 $:\mathrm{H}_{l+m,l+n}\left(\mathrm{i}a^\dagger,\mathrm{i}a\right):$, 用式 (4.40) 先求出

$$
\sum_{l=0}\frac{\lambda^l}{l!}(-\mathrm{i})^{m+n+2l}:\mathrm{H}_{l+m,l+n}\left(\mathrm{i}a^\dagger,ia\right):=\sum_{l=0}\frac{\lambda^l}{l!}a^{l+n}a^{\dagger l+m}=a^n\vdots\mathrm{e}^{\lambda aa^\dagger}\vdots a^{\dagger m} \tag{4.42}
$$

这里 $\vdots\ \vdots$ 代表反正规乘积. 再用 IWOP 方法积分得

$$
\begin{aligned}
a^n\vdots\mathrm{e}^{\lambda aa^\dagger}\vdots a^{\dagger m}&=\int\frac{\mathrm{d}^2z}{\pi}z^n\mathrm{e}^{\lambda|z|^2}|z\rangle\langle z|z^{*m}\\
&=\int\frac{\mathrm{d}^2z}{\pi}z^n z^{*m}:\mathrm{e}^{-(1-\lambda)|z|^2+za^\dagger+z^*a-a^\dagger a}:\\
&=\frac{1}{(1-\lambda)^{(n+m)/2+1}}\int\frac{\mathrm{d}^2z}{\pi}z^n z^{*m}:\mathrm{e}^{-|z|^2+\frac{1}{\sqrt{1-\lambda}}za^\dagger+\frac{1}{\sqrt{1-\lambda}}z^*a-a^\dagger a}:\\
&=(-\mathrm{i})^{m+n}(1-\lambda)^{\frac{-(n+m)}{2}-1}:\mathrm{e}^{\lambda a^\dagger a/(1-\lambda)}\mathrm{H}_{m,n}\left(\frac{\mathrm{i}a^\dagger}{\sqrt{1-\lambda}},\frac{\mathrm{i}a}{\sqrt{1-\lambda}}\right):
\end{aligned} \tag{4.43}
$$

当 $n=m$ 时, 上式约化为

$$a^{n}\vdots e^{\lambda a a^{\dagger}}\vdots a^{\dagger n}=(-1)^{n}(1-\lambda)^{-n-1}:e^{\lambda a^{\dagger}a/(1-\lambda)}\mathrm{H}_{n,n}\left(\frac{\mathrm{i}a^{\dagger}}{\sqrt{1-\lambda}},\frac{\mathrm{i}a}{\sqrt{1-\lambda}}\right): \tag{4.44}$$

比较式 (4.42) 和式 (4.44) 看出

$$\begin{aligned}&\sum_{l=0}\frac{\lambda^{l}}{l!}(-\mathrm{i})^{m+n+2l}:\mathrm{H}_{l+m,l+n}\left(\mathrm{i}a^{\dagger},\mathrm{i}a\right):\\&\quad=(-\mathrm{i})^{m+n}(1-\lambda)^{-(n+m)/2-1}:e^{\lambda a^{\dagger}a^{(1-\lambda)}}\mathrm{H}_{m,n}\left(\frac{\mathrm{i}a^{\dagger}}{\sqrt{1-\lambda}},\frac{\mathrm{i}a}{\sqrt{1-\lambda}}\right):\end{aligned} \tag{4.45}$$

注意方程两边都是正规乘积, 在: : 内部, $a^{\dagger}$ 与 a 可交换, 故让 $\mathrm{i}a^{\dagger}\to x$, $\mathrm{i}a\to y$, $\lambda\to-\lambda$, 我们得到

$$\sum_{l=0}\frac{\lambda^{l}}{l!}\mathrm{H}_{l+m,l+n}(x,y)=(1+\lambda)^{-(n+m)/2-1}e^{\lambda xy/(1+\lambda)}\mathrm{H}_{m,n}\left(\frac{x}{\sqrt{1+\lambda}},\frac{y}{\sqrt{1+\lambda}}\right) \tag{4.46}$$

这个公式很有用. 特别地, 当 $m=n$,

$$\sum_{l=0}\frac{\lambda^{l}}{l!}\mathrm{H}_{l+n,l+n}(x,y)=(1+\lambda)^{-n-1}e^{\lambda xy/(1+\lambda)}\mathrm{H}_{n,n}\left(\frac{x}{\sqrt{1+\lambda}},\frac{y}{\sqrt{1+\lambda}}\right) \tag{4.47}$$

再用 $\mathrm{L}_{n}(xy)=\frac{(-1)^{n}}{n!}\mathrm{H}_{n,n}(x,y)$ 就将式 (4.47) 变为了式 (4.37), 这就是含拉盖尔多项式的广义负二项式定理, 它截然不同于在 3.6 节中导出的含单变量厄密多项式的二项式定理.

4.5 算符拉盖尔多项式在划分福克空间上的应用

福克空间往往以粒子数态来展开:

$$1=\sum_{m=0}^{\infty}|m\rangle\langle m|$$

这里, $|m\rangle=\frac{a^{\dagger m}}{\sqrt{m!}}|0\rangle$ 是分立的数态, 一个纯态, $a^{\dagger}$ 是光子产生算符, $\left[a,a^{\dagger}\right]=1$. 或是说完备性用分立的纯态展开. 完备性也可用连续的纯态展开, 如用相干态 $|\alpha\rangle=e^{\alpha a^{\dagger}-\alpha^{*}a}|0\rangle$ 展开得到

$$\int\frac{\mathrm{d}^{2}\alpha}{\pi}|\alpha\rangle\langle\alpha|=1$$

量子光场一般是多自由度体系, 一个光场通常用密度算符 (混合态) 表示, 例如混沌光的密度算符 ρ_c 是

$$\rho_c = \sum_{m=0}^{\infty} \gamma(1-\gamma)^m |m\rangle\langle m| \tag{4.48}$$

一个有趣的问题是福克空间完备性能否用混合态展开呢? 如果能, 是什么混合态呢?

以下我们要指出福克空间完备性可分别以二项式态或负二项式态来表征, 或是说按二项式态和负二项式态来划分, 它们分别建立在二项分布和负二项分布的基础之上. 我们用正规乘积内的算符求和方法来实现这一目标, 因为在正规乘积内部产生算符与湮灭算符是可交换的.

1. 用二项式态表征福克空间完备性

二项分布是 $\binom{n}{l}\sigma^l(1-\sigma)^{n-l}, 0<\sigma<1$, 光场的二项式态的密度算符是

$$\sum_{l=0}^{n} \binom{n}{l}\sigma^l(1-\sigma)^{n-l}|l\rangle\langle l| \equiv \rho_n(\sigma) \tag{4.49}$$

这里 $|l\rangle$ 是粒子数态, 由二项式定理知 $\mathrm{tr}\rho_n = 1$. 注意到拉盖尔多项式 $\mathrm{L}_n(x)$ 的母函数公式

$$(1-z)^{-1}\mathrm{e}^{\frac{z}{z-1}x} = \sum_{n=0}^{\infty}\mathrm{L}_n(x)z^n \tag{4.50}$$

以及在正规乘积记号 $::$ 内部产生算符与湮灭算符是可交换的, 我们有如下形式的 1 的分解:

$$\begin{aligned} 1 &=: \mathrm{e}^{a^\dagger a}\mathrm{e}^{-a^\dagger a} := \sigma\frac{1}{1-(1-\sigma)} : \mathrm{e}^{\frac{1-\sigma}{-\sigma}\left(\frac{\sigma}{\sigma-1}a^\dagger a\right)}\mathrm{e}^{-a^\dagger a} : \\ &= \sigma\sum_{n=0}^{\infty}(1-\sigma)^n : \mathrm{L}_n\left(\frac{\sigma}{\sigma-1}a^\dagger a\right)\mathrm{e}^{-a^\dagger a} : \end{aligned} \tag{4.51}$$

其中拉盖尔多项式 $\mathrm{L}_n(x)$ 的定义是

$$\mathrm{L}_n(x) = \sum_{l=0}^{n}\binom{n}{l}\frac{(-1)^l}{l!}x^l \tag{4.52}$$

用 $: \mathrm{e}^{-a^\dagger a} := |0\rangle\langle 0|$, 就可以将式 (4.33) 改写为

$$\begin{aligned} 1 &= \sigma\sum_{n=0}^{\infty}(1-\sigma)^n\sum_{l=0}^{n}\binom{n}{l}\frac{(-1)^l}{l!} : \left(\frac{\sigma}{\sigma-1}a^\dagger a\right)^l \mathrm{e}^{-a^\dagger a} : \\ &= \sigma\sum_{n=0}^{\infty}(1-\sigma)^n\sum_{l=0}^{n}\binom{n}{l}\frac{(-1)^l}{l!}\left(\frac{\sigma}{\sigma-1}\right)^l a^{\dagger l}|0\rangle\langle 0|a^l \end{aligned}$$

$$= \sigma \sum_{n=0}^{\infty} \sum_{l=0}^{n} \binom{n}{l} \sigma^l (1-\sigma)^{n-l} |l\rangle\langle l| \tag{4.53}$$

再用式 (4.49) 就将上式的分解简写成

$$1 = \sigma \sum_{n=0}^{\infty} \rho_n(\sigma) \tag{4.54}$$

这说明福克空间的完备性可以用二项式态 ρ_n 来表征和划分, 或是说: 二项式态可以用 1 的分解得到. 实验上, 二项式态是可以实现的, 而理论上可以证明, 当一个粒子数态经历一个衰减通道, 就会演化为一个二项式态.

2. 奇二项式态和偶二项式态

鉴于完备性关系可以划分为奇和偶两部分

$$\sum_{m=0}^{\infty} |2m\rangle\langle 2m| + \sum_{m=0}^{\infty} |2m+1\rangle\langle 2m+1| = 1 \tag{4.55}$$

我们尝试将式 (4.54) 也分解为奇–偶两个子集合. 先把 1 分解为

$$1 = \frac{1}{2}[1+(1-2\sigma)^n] + \frac{1}{2}[1-(1-2\sigma)^n] \tag{4.56}$$

其右边第一部分可表达为

$$\begin{aligned}\frac{1}{2}[1+(1-2\sigma)^n] &= \frac{1}{2}[(1-\sigma+\sigma)^n + (1-\sigma-\sigma)^n] \\ &= \frac{1}{2}\sum_{m=0}^{n}\binom{n}{m}\sigma^m(1-\sigma)^{n-m} + \frac{1}{2}\sum_{m=0}^{n}\binom{n}{m}(-\sigma)^m(1-\sigma)^{n-m} \\ &= \sum_{m=0}^{[n/2]}\binom{n}{2m}\sigma^{2m}(1-\sigma)^{n-2m}\end{aligned} \tag{4.57}$$

相应地, 我们可以引入偶二项式态

$$\sum_{m=0}^{[n/2]}\binom{n}{2m}\sigma^{2m}(1-\sigma)^{n-2m}|2m\rangle\langle 2m| \equiv \rho_{\text{even}}(\sigma) \tag{4.58}$$

其迹是

$$\text{tr}\rho_{\text{even}}(\sigma) = \frac{1}{2}[1+(1-2\sigma)^n] \tag{4.59}$$

而式 (4.56) 右边第二部分展开为

$$\frac{1}{2}[1-(1-2\sigma)^n] = \frac{1}{2}[(1-\sigma+\sigma)^n - (1-\sigma-\sigma)^n]$$

$$= \frac{1}{2}\sum_{m=0}^{n}\binom{n}{m}\sigma^m(1-\sigma)^{n-m} - \frac{1}{2}\sum_{m=0}^{n}\binom{n}{m}(-\sigma)^m(1-\sigma)^{n-m}$$

$$= \sum_{m=0}^{[(n-1)/2]}\binom{n}{2m+1}\sigma^{2m+1}(1-\sigma)^{n-2m-1} \tag{4.60}$$

相应地引入奇二项式态

$$\sum_{m=0}^{[(n-1)/2]}\binom{n}{2m+1}\sigma^{2m+1}(1-\sigma)^{n-2m-1}|2m+1\rangle\langle 2m+1| \equiv \rho_{odd}(\sigma) \tag{4.61}$$

其迹是

$$\mathrm{tr}\rho_{\mathrm{odd}}(\sigma) = \frac{1}{2}[1-(1-2\sigma)^n] \tag{4.62}$$

3. 用负二项式态表征福克空间完备性

我们可以进一步利用式 (4.53) 把福克空间完备性转化为用负二项式态分解. 用求和再分配公式

$$\sum_{n=0}^{\infty}\sum_{l=0}^{n}A_{n-l}B_l = \sum_{s=0}^{\infty}\sum_{m=0}^{\infty}A_sB_m \tag{4.63}$$

可将式 (4.53) 改写成

$$1 = \sigma\sum_{n=0}^{\infty}\rho_n(\sigma) = \sigma\sum_{n=0}^{\infty}\sum_{l=0}^{n}\binom{n}{n-l}(1-\sigma)^{n-l}\sigma^l|l\rangle\langle l|$$

$$= \sum_{m=0}^{\infty}\sum_{s=0}^{\infty}\binom{m+s}{s}(1-\sigma)^s\sigma^{m+1}|m\rangle\langle m| \tag{4.64}$$

其中, $\binom{m+s}{s} = \frac{(m+s)!}{s!m!} = \binom{m+s}{m}$, $\binom{m+s}{s}(1-\sigma)^s\sigma^{m+1}$ 是负二项分布. 负二项分布在量子光学理论中经常见到, 例如一个福克态 $|s,0\rangle = \frac{a^{\dagger s}}{\sqrt{s!}}|0,0\rangle$ 经过双模压缩算符作用后就是一个具有负二项分布的态, 即

$$e^{\xi(a^\dagger b^\dagger - ab)}|s,0\rangle = e^{\xi(a^\dagger b^\dagger - ab)}\frac{a^{\dagger s}}{\sqrt{s!}}|0,0\rangle$$

$$= (\mathrm{sech}^2\xi)^{(1+s)/2}\sum_{m=0}^{\infty}\sqrt{\frac{(m+s)!}{m!s!}}(\tanh\xi)^m|m+s,s\rangle \equiv |\xi\rangle \tag{4.65}$$

故测量 $|\xi\rangle$ 得到处于态为 $|m+s,s\rangle$ 的概率是

$$(\mathrm{sech}^2\xi)^{1+s}\frac{(m+s)!}{m!s!}(\tanh^2\xi)^m \tag{4.66}$$

它是一个负二项分布. 再令 $1-\sigma=\gamma$, 就得

$$1=\sum_{s=0}^{\infty}\sum_{m=0}^{\infty}\binom{m+s}{m}\gamma^{s}(1-\gamma)^{m+1}|m\rangle\langle m| \tag{4.67}$$

其中记

$$\sum_{m=0}^{\infty}\binom{m+s}{m}\gamma^{s+1}(1-\gamma)^{m}|m\rangle\langle m|\equiv\rho_{s}(\gamma) \tag{4.68}$$

代表一个负二项式态, 则式 (4.68) 变为

$$1=\frac{1-\gamma}{\gamma}\sum_{s=0}^{\infty}\rho_{s}(\gamma) \tag{4.69}$$

这表明福克空间也可按负二项式态划分.

为了进一步验证式 (4.69) 的正确性, 用 $a|m\rangle=\sqrt{m}|m-1\rangle$ 将式 (4.68) 改写为

$$\rho_{s}=\frac{\gamma^{s+1}}{s!(1-\gamma)^{s}}a^{s}\sum_{m=0}^{\infty}(1-\gamma)^{m}|m\rangle\langle m|a^{\dagger s}=\frac{1}{s!(n_{c})^{s}}a^{s}\rho_{c}a^{\dagger s} \tag{4.70}$$

这里

$$\rho_{\mathrm{c}}=\sum_{m=0}^{\infty}\gamma(1-\gamma)^{m}|m\rangle\langle m|=\gamma\mathrm{e}^{a^{\dagger}a\ln(1-\gamma)}=\gamma:\mathrm{e}^{-\gamma a^{\dagger}a}: \tag{4.71}$$

是混沌光场.

$$n_{\mathrm{c}}=\frac{1-\gamma}{\gamma}=\mathrm{tr}\left(\rho_{\mathrm{c}}a^{\dagger}a\right) \tag{4.72}$$

是混沌光场的平均光子数. 用化算符为其反正规乘积的公式

$$\rho(a,a^{\dagger})=\int\frac{\mathrm{d}^{2}\beta}{\pi}\vdots\langle-\beta|\rho(a,a^{\dagger})|\beta\rangle\exp\left(|\beta|^{2}+\beta^{*}a-\beta a^{\dagger}+a^{\dagger}a\right)\vdots \tag{4.73}$$

这里, $\vdots\ \vdots$ 表示反正规乘积, $|\beta\rangle=\exp\left(-\frac{|\beta|^{2}}{2}+\beta a^{\dagger}\right)|0\rangle$ 是相干态, $\langle-\beta|\beta\rangle=\mathrm{e}^{-2|\beta|^{2}}$, 把 ρ_{c} 改写为

$$\rho_{\mathrm{c}}=\gamma\int\frac{\mathrm{d}^{2}\beta}{\pi}\vdots\langle-\beta|:e^{-\gamma a^{\dagger}a}:|\beta\rangle\exp\left(|\beta|^{2}+\beta^{*}a-\beta a^{\dagger}+a^{\dagger}a\right)\vdots=\frac{\gamma}{1-\gamma}\vdots\mathrm{e}^{\frac{\gamma}{\gamma-1}aa^{\dagger}}\vdots \tag{4.74}$$

于是

$$\rho_{s}(\gamma)=\frac{1}{s!(n_{\mathrm{c}})^{s+1}}\vdots a^{s}\mathrm{e}^{\frac{\gamma}{\gamma-1}aa^{\dagger}}a^{\dagger s}\vdots \tag{4.75}$$

在反正规乘积内部产生算符与湮灭算符是可交换的, 所以可以求和

$$\sum_{s=0}^{\infty}\rho_{s}(\gamma)=\frac{1}{n_{\mathrm{c}}}\sum_{s=0}^{\infty}\frac{1}{s!(n_{\mathrm{c}})^{s}}\vdots a^{s}a^{\dagger s}\mathrm{e}^{\frac{-1}{n_{\mathrm{c}}}aa^{\dagger}}\vdots=\frac{1}{n_{\mathrm{c}}}\vdots\mathrm{e}^{\frac{1}{n_{\mathrm{c}}}aa^{\dagger}}\mathrm{e}^{\frac{-1}{n_{\mathrm{c}}}aa^{\dagger}}\vdots=\frac{1}{n_{\mathrm{c}}} \tag{4.76}$$

可见福克空间按负二项式态的划分式是正确的.

我们已经用正规乘积内的算符求和方法提出并证明福克空间的完备性可以用混合态 (二项式态和负二项式态) 来表征, 或是说福克空间可以按二项式态和负二项式态来划分, 这就进一步了解了福克空间的结构, 丰富了福克空间的内涵.

5

第 5 章

量子力学基本表象的正态分布相貌

数理统计与概率论是研究大量随机现象规律的一门学科, 它也是数学物理的内容之一. 自然界 (尤其是微观世界) 中的现象是瞬息万变、无法完全人为控制的, 所以随机性不可避免, 现象之间又存在着千丝万缕的不可捉摸的联系. 为了研究它们, 人们对随机现象做随机实验. 例如物理学家研究悬浮在液体中的固体微粒 (如花粉) 在液体分子的随机撞击下做无规则的 (布朗) 运动, 观察花粉在某一段时间内运动队的轨迹就是一种随机试验, 花粉运动的每一个轨道, 就代表一个试验的结局. 物理学家无法确切预言每次试验的结局, 但能从理论上推理出它可能出现的范围, 爱因斯坦用统计方法导出悬浮粒子无规则运动的均方根位移公式, 这就是爱因斯坦对分子布朗运动轨道的贡献, 而后由法国物理学家佩兰用超显微镜加以观测证实, 他测定了布朗粒子的平均质量和平均半径, 并观测了布朗粒子在每隔 30 秒的位移平方的平均值, 得出了吻合爱因斯坦理论的结果. 现在人们普遍认为布朗运动的分布函数为正态分布.

实际上, 生活中的许多随机现象都服从或近似地服从正态分布. 例如在正常生产条件下各种产品的质量指标, 在随机测量过程中测量的结果, 生物学中同一群体的某种特征, 气象学中的月平均气温、湿度等. 在概率论与数理统计中, 正态分布最基本、最常用.

有了 IWOP 方法, 我们就可以构造新的物理态, 它们具有完备性, 成为物理上有用的新表象, 其正规乘积排序呈现出正态分布, 这与玻恩给出的量子力学的概率假设自洽.

数理统计也是数学物理的一个重要内容, 它是物理学家与数学家共同努力发展起来的. 有序算符内的积分理论可以使得量子力学的概率假设与数理统计的正态分布紧密联系.

5.1 从 $|x\rangle\langle x|$ 给出的正态分布及其卷积

将高斯函数的卷积的性质

$$\frac{1}{2\pi\sigma\tau}\int_{-\infty}^{\infty}\mathrm{e}^{\frac{-(y-x)^2}{2\sigma^2}}\mathrm{e}^{-\frac{y^2}{2\tau^2}}\mathrm{d}y=\frac{1}{\sqrt{2\pi(\sigma^2+\tau^2)}}\mathrm{e}^{-\frac{x^2}{2(\sigma^2+\tau^2)}}\tag{5.1}$$

推广到含有正规乘积排序算符的情况, 这里 $x=\dfrac{a+a^t}{\sqrt{\pi}}$, 可见

$$\frac{1}{2\pi\sigma\tau}\int_{-\infty}^{\infty}:\mathrm{e}^{\frac{-(X-x)^2}{2\sigma^2}}:\mathrm{e}^{-\frac{x^2}{2\tau^2}}\mathrm{d}x=\frac{1}{\sqrt{2\pi(\sigma^2+\tau^2)}}:\mathrm{e}^{-\frac{X^2}{2(\sigma^2+\tau^2)}}:\tag{5.2}$$

则当 $\sigma=\dfrac{1}{\sqrt{2}}$ 时, 用坐标投影算符的正态分布形式

$$|x\rangle\langle x|=\delta(x-X)=\frac{1}{\sqrt{\pi}}:\mathrm{e}^{-(x-X)^2}:\tag{5.3}$$

得到

$$\frac{1}{\sqrt{2}\pi\tau}\int_{-\infty}^{\infty}:\mathrm{e}^{-(X-x)^2}:\mathrm{e}^{-\frac{x^2}{2\tau^2}}\mathrm{d}x=\frac{1}{\sqrt{\pi(1+2\tau^2)}}:\mathrm{e}^{-\frac{X^2}{1+2\tau^2}}:\tag{5.4}$$

即

$$\frac{1}{\sqrt{2\pi}\tau}\int_{-\infty}^{\infty}|x\rangle\langle x|\mathrm{e}^{-\frac{x^2}{2\tau^2}}\mathrm{d}x=\frac{1}{\sqrt{2\pi}\tau}\mathrm{e}^{-\frac{X^2}{2\tau^2}}=\frac{1}{\sqrt{\pi(1+2\tau^2)}}:\mathrm{e}^{-\frac{X^2}{1+2\tau^2}}:\tag{5.5}$$

把式 (5.2) 的右边推广为 $X\to\mu X+\nu P$ (μ, ν 是实参数), 并记高斯算符函数

$$\frac{1}{\sqrt{\pi(\mu^2+\nu^2)}}:\mathrm{e}^{-\frac{1}{\mu^2+\nu^2}[x-(\mu X+\nu P)]^2}:\equiv I\tag{5.6}$$

在上式中代入 $\hat{X}=\dfrac{1}{\sqrt{2}}\left(a+a^{\dagger}\right)$ 和 $\hat{P}=\dfrac{1}{\mathrm{i}\sqrt{2}}\left(a-a^{\dagger}\right)$, 并用 $:\mathrm{e}^{-a^{\dagger}a}:=|0\rangle\langle 0|$ 得到

$$I=\frac{1}{\sqrt{\pi(\mu^2+\nu^2)}}:\mathrm{e}^{-\frac{x^2}{\mu^2+\nu^2}+2x\frac{\mu X+\nu P}{\mu^2+\nu^2}-\frac{(\mu X+\nu P)^2}{\mu^2+\nu^2}}:$$

$$
\begin{aligned}
&= \frac{1}{\sqrt{\pi(\mu^2+\nu^2)}} : \mathrm{e}^{-\frac{x^2}{2(\mu^2+\nu^2)}+\frac{\sqrt{2}xa^\dagger}{\mu-\mathrm{i}\nu}-\frac{a^{\dagger 2}}{2}\frac{\mu+\mathrm{i}\nu}{\mu-\mathrm{i}\nu}-a^\dagger a}\mathrm{e}^{-\frac{x^2}{2(\mu^2+\nu^2)}+\frac{\sqrt{2}xa}{\mu+\mathrm{i}\nu}-\frac{a^2}{2}\frac{\mu-\mathrm{i}\nu}{\mu+\mathrm{i}\nu}} : \\
&= \frac{1}{\sqrt{\pi(\mu^2+\nu^2)}}\mathrm{e}^{-\frac{x^2}{2(\mu^2+\nu^2)}+\frac{\sqrt{2}xa^\dagger}{\mu-\mathrm{i}\nu}-\frac{a^{\dagger 2}}{2}\frac{\mu+\mathrm{i}\nu}{\mu-\mathrm{i}\nu}} : \mathrm{e}^{-a^\dagger a} : \mathrm{e}^{-\frac{x^2}{2(\mu^2+\nu^2)}+\frac{\sqrt{2}xa}{\mu+\mathrm{i}\nu}-\frac{a^2}{2}\frac{\mu-\mathrm{i}\nu}{\mu+\mathrm{i}\nu}} \\
&= |x\rangle_{\mu,\nu\,\nu,\mu}\langle x|
\end{aligned}
\tag{5.7}
$$

其中,

$$
|x\rangle_{\mu,\nu} = \left[\pi\left(\mu^2+\nu^2\right)\right]^{-\frac{1}{4}}\mathrm{e}^{-\frac{x^2}{2(\mu^2+\nu^2)}+\frac{\sqrt{2}xa^\dagger}{\mu-\mathrm{i}\nu}-\frac{a^{\dagger 2}}{2}\frac{\mu+\mathrm{i}\nu}{\mu-\mathrm{i}\nu}}|0\rangle \tag{5.8}
$$

恰好满足本征方程

$$
(\mu X+\nu P)|x\rangle_{\mu,\nu} = x|x\rangle_{\mu,\nu} \tag{5.9}
$$

它也满足完备性

$$
\int_{-\infty}^{\infty}\mathrm{d}x\,|x\rangle_{\mu,\nu\,\nu,\mu}\langle x| = \frac{1}{\sqrt{\pi(\mu^2+\nu^2)}}\int_{-\infty}^{\infty}\mathrm{d}x : \mathrm{e}^{-\frac{1}{\mu^2+\nu^2}[x-(\mu X+\nu P)]^2} : =1 \tag{5.10}
$$

$|x\rangle_{\mu,\nu}$ 称为坐标–动量中介表象 (它在量子层析成像理论中有重要的应用), 从本征方程 (5.9) 可以看出, 当 $\nu=0$ 或者 $\mu=0$ 时, $|x\rangle_{\mu,\nu}$ 就分别变成上述的坐标表象与动量表象, 故称 $|x\rangle_{\mu,\nu}$ 为坐标–动量中介表象. 于是我们就用 IWOP 方法简洁地导出了坐标–动量中介表象.

5.2 正态分布的基本性质

方程 (5.10) 中的函数的形式是正态分布的, 让 $f(x)$ 是概率密度, 其定义是

$$
f(x) = \frac{1}{\sqrt{2\pi}\sigma}\mathrm{e}^{-\frac{(x-\mu)^2}{2\sigma^2}} \tag{5.11}
$$

参数 (μ,σ^2) 为常数 , 正态分布满足完备性

$$
\int_{-\infty}^{\infty}f(x)\,\mathrm{d}x = \frac{1}{\sqrt{2\pi}\sigma}\int_{-\infty}^{\infty}\mathrm{d}x\mathrm{e}^{-\frac{(x-\mu)^2}{2\sigma^2}} = 1 \tag{5.12}
$$

求其平均值得到

$$
\frac{1}{\sqrt{2\pi}\sigma}\int_{-\infty}^{\infty}x\mathrm{e}^{-\frac{(x-\mu)^2}{2\sigma^2}}\mathrm{d}x = \frac{\sigma}{\sqrt{2\pi}}\int_{-\infty}^{\infty}\mathrm{e}^{-\frac{(x-\mu)^2}{2\sigma^2}}\mathrm{d}\frac{(x-\mu)^2}{2\sigma^2}+\mu\int_{-\infty}^{\infty}\frac{1}{\sqrt{2\pi}\sigma}\mathrm{e}^{-\frac{(x-\mu)^2}{2\sigma^2}}\mathrm{d}x = \mu \tag{5.13}
$$

求其方差值, 令 $u=\dfrac{x-\mu}{\sigma}$, 就得

$$D\equiv\frac{1}{\sqrt{2\pi}\sigma}\int_{-\infty}^{\infty}(x-\mu)^2\mathrm{e}^{-\frac{(x-\mu)^2}{2\sigma^2}}\mathrm{d}x=\frac{\sigma^2}{\sqrt{2\pi}}\int_{-\infty}^{\infty}u^2\mathrm{e}^{-\frac{u^2}{2}}\mathrm{d}u=\sigma^2 \tag{5.14}$$

可见正态密度 $\mathrm{e}^{-\frac{(x-\mu)^2}{2\sigma^2}}$ 的两个参数 μ 与 σ^2 有明确的概率意义, 它们分别是正的数学期望与方差. 也就是说正态密度完全决定于数学期望与方差.

正态分布的 k 阶矩:

$$\begin{aligned}E(\xi-E(\xi))^k&\rightarrow\frac{1}{\sqrt{2\pi}\sigma}\int_{-\infty}^{\infty}(x-\mu)^k\mathrm{e}^{-\frac{(x-\mu)^2}{2\sigma^2}}\mathrm{d}x\\&=\begin{cases}\sigma^k(k-1)(k-3) & (k\text{ 是偶数})\\0 & (k\text{ 是奇数})\end{cases}\end{aligned}\tag{5.15}$$

5.3 正态分布是对应同一方差的最大熵分布

随机变量的熵是实验中该随机变量可能值的不肯定性的一种度量. 在具有同一方差值 D 的随机连续变量 x 的所有各种分布中, 具有最大熵的分布律是正态分布. 其证如下:

用概率密度 $f(x)$ 给出的连续型随机变量 x 的经典熵定义为

$$-\int_{-\infty}^{\infty}f(x)\ln f(x)\,\mathrm{d}x \tag{5.16}$$

其取最大值 (条件极值) 的两个条件是

$$\int_{-\infty}^{\infty}f(x)\,\mathrm{d}x=1 \tag{5.17}$$

$$\int_{-\infty}^{\infty}(x-\bar{x})^2f(x)\,\mathrm{d}x=D \tag{5.18}$$

根据求条件极值的理论, 函数 $y=y(t)$ 在 n 个补充 (约束) 条件

$$\int_{z}^{z'}\Psi_s(t,y)\,\mathrm{d}t=c_s\quad(s=1,2,\cdots,n) \tag{5.19}$$

下, 欲使积分

$$I\equiv\int_{z}^{z'}\Phi(t,y)\,\mathrm{d}t \tag{5.20}$$

取最大值, 应按方程式

$$\frac{\partial \Phi}{\partial y}-\sum_{s=1}^{n}\alpha_s\frac{\partial \Psi_s}{\partial y}=0 \tag{5.21}$$

来求, 这里的拉格朗日常数 α_s 由给定的补充条件求解. 对照式 (5.16) 和式 (5.20) 我们认定

$$\Phi=-f\ln f,\quad \frac{\partial \Phi}{\partial f}=-\ln f-1 \tag{5.22}$$

进一步对照约束方程 (5.17) 和式 (5.18) 取

$$\begin{cases}\Psi_1=f, & \dfrac{\partial \Psi_1}{\partial f}=1\\ \Psi_2=(x-\bar{x})^2 f, & \dfrac{\partial \Psi_2}{\partial f}=(x-\bar{x})^2\end{cases} \tag{5.23}$$

结合式 (5.21) 就有关系

$$\ln f=-1-\alpha_1-\alpha_2(x-\bar{x})^2 \tag{5.24}$$

其解为

$$f(x)=c\mathrm{e}^{-\alpha_2(x-\bar{x})^2}\quad \left(c=\mathrm{e}^{-\alpha_1-1}\right) \tag{5.25}$$

代回式 (5.16) 得

$$c\int_{-\infty}^{\infty}\mathrm{e}^{-\alpha_2(x-\bar{x})^2}\mathrm{d}x=1\quad \left(c\sqrt{\frac{\pi}{\alpha_2}}=1\right) \tag{5.26}$$

再代回式 (5.18) 得

$$c\int_{-\infty}^{\infty}(x-\bar{x})^2\mathrm{e}^{-\alpha_2(x-\bar{x})^2}\mathrm{d}x=D \tag{5.27}$$

其中

$$\int_{-\infty}^{\infty}(x-\bar{x})^2\mathrm{e}^{-\alpha_2(x-\bar{x})^2}\mathrm{d}x=\frac{\partial}{\partial(-\alpha_2)}\int_{-\infty}^{\infty}\mathrm{e}^{-\alpha_2(x-\bar{x})^2}\mathrm{d}x=\frac{\partial}{\partial(-\alpha_2)}\sqrt{\frac{\pi}{\alpha_2}}=\frac{\sqrt{\pi}}{2}\alpha_2^{-\frac{3}{2}} \tag{5.28}$$

结合式 (5.26) 和式 (5.27) 得

$$c\frac{\sqrt{\pi}}{2}\alpha_2^{-\frac{3}{2}}=\sqrt{\frac{\alpha_2}{\pi}}\frac{\sqrt{\pi}}{2}\alpha_2^{-\frac{3}{2}}=\frac{1}{2}\alpha_2^{-1}=D \tag{5.29}$$

所以

$$c=\sqrt{\frac{\alpha_2}{\pi}}=\frac{1}{\sqrt{2\pi D}},\quad \alpha_2=\frac{1}{2D},\quad f(x)=\frac{1}{\sqrt{2\pi D}}\mathrm{e}^{-\frac{1}{2D}(x-\bar{x})^2} \tag{5.30}$$

证毕. 求其熵, 令 $D=\sigma^2$, 由式 (5.16)、式 (5.30) 和式 (5.18) 得到

$$S=\int_{-\infty}^{\infty}f(x)\ln\frac{1}{f(x)}\mathrm{d}x \tag{5.31}$$

$$
\begin{aligned}
&= \ln\left(\sqrt{2\pi}\sigma\right) + \int_{-\infty}^{\infty} f(x)\frac{(x-\bar{x})^2}{2\sigma^2}\mathrm{d}x \\
&= \frac{1}{2}\ln\left(2\pi e\sigma^2\right)
\end{aligned}
$$

上述观点, 即最大熵的分布律是正态分布, 也可以另一种方式表达. 由玻尔兹曼关系式 $S = k\ln W$ 可知, 在一个保守系中, 当内能与体积固定时, 熵具有某一数值的概率 W 与 $\mathrm{e}^{\frac{S}{k}}$ 成正比, 即 $W(x)\mathrm{d}x = C\mathrm{e}^{\frac{S(x)}{k}}\mathrm{d}x$, x 是导致熵 S 改变的参量. 则由于熵 S 取极大值, 就应有

$$\left(\frac{\partial S}{\partial x}\right)_0 = 0 \tag{5.32}$$

根据泰勒展开公式:

$$S(x) = S(0) + \left(\frac{\partial S}{\partial x}\right)_0 x + \frac{1}{2}\left(\frac{\partial^2 S}{\partial x^2}\right)_0 x^2 + \cdots \tag{5.33}$$

取最大熵的条件是

$$\left(\frac{\partial S}{\partial x}\right)_0 = 0, \quad \left(\frac{\partial^2 S}{\partial x^2}\right)_0 \equiv -\alpha < 0 \quad (\alpha > 0) \tag{5.34}$$

所以取到 2 阶得到

$$S(x) = S(0) - \frac{\alpha}{2}x^2, \quad W(x)\mathrm{d}x = C\mathrm{e}^{\frac{S_0}{k}}\mathrm{e}^{-\frac{\alpha x^2}{2k}}\mathrm{d}x \tag{5.35}$$

由 $\int_{-\infty}^{\infty} W(x)\mathrm{d}x = 1$ 得到

$$C\mathrm{e}^{\frac{S_0}{k}} = \left(\int_{-\infty}^{\infty}\mathrm{e}^{\frac{-\alpha x^2}{2k}}\mathrm{d}x\right)^{-1} = \sqrt{\frac{\alpha}{2\pi k}} \tag{5.36}$$

故

$$W(x)\mathrm{d}x = \sqrt{\frac{\alpha}{2\pi k}}\mathrm{e}^{-\frac{\alpha x^2}{2k}}\mathrm{d}x \tag{5.37}$$

x^2 的期望值是

$$\overline{x^2} = \sqrt{\frac{\alpha}{2\pi k}}\int_{-\infty}^{\infty} x^2\mathrm{e}^{\frac{-\alpha x^2}{2k}}\mathrm{d}x = -\sqrt{\frac{2\alpha k}{\pi}}\frac{\mathrm{d}}{\mathrm{d}\alpha}\int_{-\infty}^{\infty}\mathrm{e}^{\frac{-\alpha x^2}{2k}}\mathrm{d}x = -2k\sqrt{\alpha}\frac{\mathrm{d}}{\mathrm{d}\alpha}\sqrt{\frac{1}{\alpha}} = \frac{k}{\alpha} \tag{5.38}$$

故

$$W(x)\mathrm{d}x = \frac{1}{\sqrt{2\pi\,\overline{x^2}}}\mathrm{e}^{\frac{-x^2}{2\overline{x^2}}}\mathrm{d}x \tag{5.39}$$

为正态分布.

5.4 拉东变换与正态分布

现在我们对二维高斯函数 $\mathrm{e}^{-\left(x-x'\right)^2-\left(p-p'\right)^2}$ 作拉东 (Radon) 变换, 即在 (x',p') 相空间中将此函数投影到方向以 $\delta\left(y-\mu x'-\nu p'\right)$ 标识的射线上. 二维情况下拉东变换大致可以这样理解: 一个平面内对 $f(x,y)$ 沿不同的直线 (直线与原点的距离为 d, 方向角为 α) 做线积分, 得到的像 $F(d,\alpha)$ 就是函数 f 的拉东变换. 也就是说, 平面 (d,α) 的每个点的像函数值对应着原始函数的某个线积分值. 积分得到

$$\begin{aligned}
&\frac{1}{\pi}\iint_{-\infty}^{\infty}\mathrm{d}p'\mathrm{d}x'\delta\left(y-\mu x'-\nu p'\right)\mathrm{e}^{-\left(x-x'\right)^2-\left(p-p'\right)^2}\\
&=\frac{1}{\pi\mu}\int_{-\infty}^{\infty}\mathrm{d}p'\mathrm{e}^{-\left(x-\frac{y-\nu p'}{\mu}\right)^2-\left(p-p'\right)^2}\\
&=\frac{1}{\pi\mu}\mathrm{e}^{-x^2+2x\frac{y}{\mu}-\frac{y^2}{\mu^2}-p^2}\int_{-\infty}^{\infty}\mathrm{d}p'\mathrm{e}^{-p'^2\left(1+\frac{\nu^2}{\mu^2}\right)+2p'\left(\frac{y\nu}{\mu^2}+p-\frac{x\nu}{\mu}\right)}\\
&=\frac{1}{\pi\mu}\mathrm{e}^{-x^2+2x\frac{y}{\mu}-\frac{y^2}{\mu^2}-p^2}\sqrt{\frac{\mu^2\pi}{\left(\mu^2+\nu^2\right)}}\exp\left[\frac{\mu^2}{\mu^2+\nu^2}\left(\frac{y\nu}{\mu^2}+p-\frac{x\nu}{\mu}\right)^2\right]\\
&=\frac{1}{\sqrt{2\pi}\sigma}\exp\left[\frac{-\left(y-\mu'\right)^2}{2\sigma^2}\right]
\end{aligned}\tag{5.40}$$

其中

$$2\sigma^2=\mu^2+\nu^2,\quad \mu'=+\nu p\tag{5.41}$$

这恰是正态分布, 此式称为范氏关系方程. 由它可以立即导出正态分布密度的期望值

$$\begin{aligned}
\frac{1}{\sqrt{2\pi}\sigma}\int_{-\infty}^{\infty}\mathrm{d}y y\mathrm{e}^{\frac{-\left(y-\mu'\right)^2}{2\sigma^2}}&=\frac{1}{\pi}\iint\mathrm{d}p'\mathrm{d}x'\int_{-\infty}^{\infty}\mathrm{d}y y\delta\left(y-\mu x'-\nu p'\right)\mathrm{e}^{-\left(x-x'\right)^2-\left(p-p'\right)^2}\\
&=\frac{1}{\pi}\iint\mathrm{d}p'\mathrm{d}x'\left(\mu x'+\nu p'\right)\mathrm{e}^{-\left(x-x'\right)^2-\left(p-p'\right)^2}\\
&=\mu x+\nu p=\mu'
\end{aligned}\tag{5.42}$$

也就是说任何一个正态分布密度可以是二维高斯函数的拉东变换.

将式 (5.40) 中的 $x\rightarrow X$, $p\rightarrow P$, 改写为正规乘积内的积分

$$\frac{1}{\pi}\iint_{-\infty}^{\infty}\mathrm{d}p'\mathrm{d}x'\delta\left(y-\mu x'-\nu p'\right):\mathrm{e}^{-\left(X-x'\right)^2-\left(P-p'\right)^2}:=\frac{1}{\sqrt{2\pi}\sigma}:\exp\left[\frac{-\left(y-\mu X-\nu P\right)^2}{2\sigma^2}\right]:\tag{5.43}$$

鉴于

$$\frac{1}{\pi}:\mathrm{e}^{-\left(X-x'\right)^2-\left(P-p'\right)^2}:=\Delta(x',p') \tag{5.44}$$

是维格纳算符, 再对照坐标–动量中介表象式 (5.6) 和式 (5.7) 得到

$$\begin{aligned}\iint \mathrm{d}p'\mathrm{d}x'\delta(x-\mu x'-\nu p')\Delta(x',p') &= \frac{1}{\sqrt{\pi(u^2+\nu^2)}}:\mathrm{e}^{-\frac{1}{\mu^2+\nu^2}\left[x-\left(\mu\hat{X}+\nu\hat{P}\right)\right]^2}: \\ &= |x\rangle_{\mu,\nu\mu,\nu}\langle x|\end{aligned} \tag{5.45}$$

说明维格纳算符的拉东变换导致混合态变为纯态, 即坐标–动量中介表象. 可见 IWOP 方法不但可以使得很多表象之间的转换关系明朗化, 而且可以导出新表象.

5.5　傅里叶切片定理及其在维格纳算符上的应用

傅里叶切片定理又称傅里叶投影定理, 该定理是层析成像图像重建中的一个重要定理. 它是针对实际二维空间而提出的. 傅里叶切片定理表述如下:

令 $f(x,p)$ 表示图像函数, 称穿过 $f(x,p)$ 的一条直线为射线, 其方程为

$$x\cos\theta+p\sin\theta=t \tag{5.46}$$

由沿一组平行的射线取 $f(x,p)$ 的积分而组成的投影称为平行投影 $P_\theta(t)$. 显然, 当投影角度 θ 固定时, $P_\theta(t)$ 为 t 的函数. 相空间目标函数 $f(x,p)$ 的二维傅里叶变换为

$$F(u,v)=\iint_{-\infty}^{\infty}f(x,p)\mathrm{e}^{-\mathrm{i}(\mu x+vp)}\mathrm{d}x\mathrm{d}p \tag{5.47}$$

定义在旋转坐标系 (t,s) 中沿 t 方向的投影 $P_\theta(t)$

$$P_\theta(t)=\int_{(\theta,t)\ \mathrm{line}}f(x,p)\mathrm{d}s=\iint_{-\infty}^{\infty}f(x,p)\delta(t-x\cos\theta-p\sin\theta)\mathrm{d}x\mathrm{d}p \tag{5.48}$$

其中旋转坐标系 (t,s) 与原坐标系 (x,p) 的转换关系为

$$\begin{pmatrix}t\\ s\end{pmatrix}=\begin{pmatrix}\cos\theta & \sin\theta\\ -\sin\theta & \cos\theta\end{pmatrix}\begin{pmatrix}x\\ p\end{pmatrix} \tag{5.49}$$

投影 $P_\theta(t)$ 沿 t 方向的一维傅里叶变换为 $S_\theta(\lambda)$, 其表达式为

$$S_\theta(\lambda)=\int_{-\infty}^{\infty}P_\theta(t)\mathrm{e}^{-\mathrm{i}\lambda t}\mathrm{d}t \tag{5.50}$$

依据坐标旋转关系式 (5.49), 傅里叶切片定理就表述为

$$S_{\theta}(\lambda)=\iint_{-\infty}^{\infty} f(x,p)\,\mathrm{e}^{-\mathrm{i}\lambda(x\cos\theta+p\sin\theta)}\mathrm{d}x\mathrm{d}p \tag{5.51}$$

方程的右边表示频率为 $(u=\lambda\cos\theta,v=\lambda\sin\theta)$ 的二维傅里叶变换,

$$S_{\theta}(\lambda)=F(\lambda\cos\theta,\lambda\sin\theta) \tag{5.52}$$

由此可见, 图像 $f(x,p)$ 沿与 x 轴成 θ 角的直线投影 $P_{\theta}(t)$ 的一维傅里叶变换等于图像 $f(x,p)$ 二维傅里叶变换 $F(u,v)$ 与 u 轴成 θ 角位置径线上的值. 由此获得不同角度的投影值并取其傅里叶变换, 则可获得图像二维傅里叶变换 $F(u,v)$ 在相应角度位置的径线上的值. 当投影数据个数 $N\to\infty$, 即可获得无穷多的投影数据时, 我们就可以获得 $F(u,v)$ 在平面 (u,v) 上的所有值, 则可由二维傅里叶逆变换

$$f(x,p)=\iint_{-\infty}^{\infty} F(u,v)\,\mathrm{e}^{-\mathrm{i}2\pi(x\mu+p\nu)}\mathrm{d}u\mathrm{d}v \tag{5.53}$$

重建图像. 因此傅里叶切片定理是研究准直射线层析成像 (tomography) 理论和构成实际图像重建算法的基础.

这里, 将探讨如果将维格纳算符理论运用到傅里叶切片理论中将会出现什么样的结果. 将方程 (5.51) 中的傅里叶切片定理进行推广

$$S_{\mu,\nu}(\lambda)=\iint_{-\infty}^{\infty} f(x,p)\,\mathrm{e}^{-\mathrm{i}\lambda(x\mu+p\nu)}\mathrm{d}x\mathrm{d}p \tag{5.54}$$

其中 μ 和 ν 是两个实参数, 再将 $f(x,y)$ 替代为维格纳算符, 由方程 (2.121) 以及 IWOP 方法可得

$$\begin{aligned}&\iint_{-\infty}^{\infty}\mathrm{d}x\mathrm{d}p\mathrm{e}^{-\mathrm{i}\lambda(x\mu+p\nu)}\Delta(x,p)\\&=\iint_{-\infty}^{\infty}\mathrm{d}x\mathrm{d}p\mathrm{e}^{-\mathrm{i}\lambda(x\mu+p\nu)}\vdots\,\delta(x-X)\,\delta(p-P)\,\vdots\\&=\vdots\,\mathrm{e}^{-\mathrm{i}\lambda(X\mu+P\nu)}\,\vdots=\mathrm{e}^{-\mathrm{i}\lambda(X\mu+P\nu)}\end{aligned} \tag{5.55}$$

又从式 (5.9) 和式 (5.10) 可知

$$\mathrm{e}^{-\mathrm{i}\lambda(X\mu+P\nu)}=\int_{-\infty}^{\infty}\mathrm{d}x\ |x\rangle_{\mu,\nu}\ {}_{\mu,\nu}\langle x|\,\mathrm{e}^{-\mathrm{i}\lambda x} \tag{5.56}$$

此式也可以说是反映了 $\mathrm{e}^{-\mathrm{i}\lambda(X\mu+P\nu)}$ 是投影算符 $|x\rangle_{\mu,\nu}\ {}_{\mu,\nu}\langle x|$ 的傅里叶变换.

从式 (5.7) 我们已经知道 $|x\rangle_{\mu,\nu}$ 的显式为

$$|x\rangle_{\mu,\nu}=[\pi(\mu^2+\nu^2)]^{-1/4}\exp\left[-\frac{x^2}{2(\mu^2+\nu^2)}+\frac{\sqrt{2}xa^{\dagger}}{\mu-\mathrm{i}\nu}-\frac{\mu+\mathrm{i}\nu}{2(\mu-\mathrm{i}\nu)}a^{\dagger 2}\right]|0\rangle \tag{5.57}$$

另一方面, 根据 Weyl 量子化规则, 式 (5.45) 中的函数 $\delta(x-x'\mu-p'\nu)$ 是算符 $|x\rangle_{\mu,\nu\ \mu,\nu}\langle x|$ 的经典对应. 将式 (2.121) 代入到 (5.45), 得到 $|x\rangle_{\mu,\nu\ \mu,\nu}\langle x|$ 的 Weyl-排序形式

$$\begin{aligned}|x\rangle_{\mu,\nu\ \mu,\nu}\langle x| &= \iint_{-\infty}^{\infty}\mathrm{d}p'\mathrm{d}x'\delta(x-\nu p'-\mu x')\,\vdots\,\delta(x'-X)\,\delta(p'-P)\,\vdots \\ &= \vdots\,\delta(x-\nu P-\mu X)\,\vdots \end{aligned} \tag{5.58}$$

引入 $|x\rangle_{\mu,\nu}$ 是很有必要的, 因为对于任何态 $|\psi\rangle$, 它的维格纳函数

$$W(x',p') = \langle\psi|\,\Delta(x',p')\,|\psi\rangle \tag{5.59}$$

和波函数 $|\psi\rangle$ 的模平方之间的关系就建立起来了, 即

$$\iint_{-\infty}^{\infty}\mathrm{d}p'\mathrm{d}x'\delta(x-\nu p'-\mu x')W(x',p') = \left|\langle\psi\,|x\rangle_{\mu,\nu}\right|^2 \tag{5.60}$$

根据量子态的断层影像的定义, 我们知道 $\left|\langle\psi\,|x\rangle_{\mu,\nu}\right|^2$ 就是 $|\psi\rangle$ 的断层影像. 由此可见, 引入态矢 $|x\rangle_{\mu,\nu}$ 有助于研究量子态的层析理论断层影像.

5.6 用高斯卷积把维格纳算符变换为纯态

用维格纳算符 $\Delta(x,p)$ 的正规乘积形式可做另一类带着实数的 κ 参数的积分变换

$$\begin{aligned}&\iint_{-\infty}^{\infty}\mathrm{d}x'\mathrm{d}p'\Delta(x',p')\exp\left[-\kappa(x'-x)^2-\frac{(p'-p)^2}{\kappa}\right] \\ &= \frac{1}{\pi}\iint\mathrm{d}x'\mathrm{d}p' : \mathrm{e}^{-(X-x')^2-(P-p')^2} : \exp\left[-\kappa(x'-x)^2-\frac{(p'-p)^2}{\kappa}\right] \equiv \Delta_h(x,p,\kappa)\end{aligned} \tag{5.61}$$

用高斯函数的卷积公式:

$$\frac{1}{2\pi\sigma\tau}\int_{-\infty}^{\infty}\mathrm{e}^{\frac{-(y-x)^2}{2\sigma^2}}\mathrm{e}^{-\frac{y^2}{2\tau^2}}\mathrm{d}y = \frac{1}{\sqrt{2\pi(\sigma^2+\tau^2)}}\mathrm{e}^{-\frac{x^2}{2(\sigma^2+\tau^2)}} \tag{5.62}$$

得到

$$\Delta_h(x,p,\kappa) = \frac{\sqrt{\kappa}}{1+\kappa} : \exp\left\{\frac{-\kappa}{1+\kappa}(x-X)^2-\frac{1}{1+\kappa}(p-P)^2\right\} : \tag{5.63}$$

用 $|0\rangle\langle 0| =: \mathrm{e}^{-a^\dagger a}:$, 发现它恰好可分解为

$$\begin{aligned}\Delta_h(x,p,\kappa) &= \frac{\sqrt{\kappa}}{1+\kappa} : \exp\left[\frac{-\kappa}{1+\kappa}\left(x-\frac{a+a^\dagger}{\sqrt{2}}\right)^2 - \frac{1}{1+\kappa}\left(p-\frac{a-a^\dagger}{\sqrt{2}i}\right)^2\right] : \\ &= \frac{\sqrt{\kappa}}{1+\kappa} : \exp\left[\frac{-\kappa}{1+\kappa}x^2 + \frac{1-\kappa}{2(1+\kappa)}\left(a^2+a^{\dagger 2}\right) - \frac{p^2}{1+\kappa} - a^\dagger a\right. \\ &\quad \left. + \frac{\kappa}{1+\kappa}\sqrt{2}x\left(a+a^\dagger\right) - \frac{1}{1+\kappa}i\sqrt{2}p\left(a-a^\dagger\right)\right] :\equiv |p,x\rangle_{\kappa\kappa}\langle p,x| \end{aligned} \tag{5.64}$$

这是一个纯态, 其中

$$|p,x\rangle_\kappa = \exp\left[-\frac{\kappa}{2(1+\kappa)}x^2 - \frac{p^2}{2(1+\kappa)} + \frac{\sqrt{2}\kappa}{1+\kappa}xa^\dagger + \frac{\mathrm{i}\sqrt{2}}{1+\kappa}pa^\dagger + \frac{1-\kappa}{2(1+\kappa)}a^{\dagger 2}\right]|0\rangle$$

这样一来, 用 Δ_h 定义的广义维格纳函数

$$\langle\psi|\Delta_h(x,p,\kappa)|\psi\rangle = |\langle\psi|p,x\rangle_\kappa|^2$$

就是正定的. 另一方面, 用维格纳算符 $\Delta(x,p)$ 的 Weyl-排序形式为

$$\Delta(x,p) = \vdots\,\delta(x-X)\,\delta(p-P)\,\vdots \tag{5.65}$$

可得

$$|p,x\rangle_{\kappa\kappa}\langle p,x| = \vdots\exp\left[-\kappa(x-X)^2 - \frac{(p-P)^2}{\kappa}\right]\vdots = \Delta_h(x,p,\kappa)$$

思考 1: 求平移压缩混沌光场密度算符

$$\rho_s = \left(1-\mathrm{e}^\lambda\right)D(\alpha)S(r)\mathrm{e}^{\lambda a^\dagger a}S^{-1}(r)D^{-1}(\alpha)$$

在正规乘积内的正态分布形式.

思考 2: 用正规乘积算符内积分技术论证以下积分:

$$\begin{aligned}\Omega_k(p,x) &= \frac{1}{4\pi^2} : \iint_{-\infty}^{\infty} \mathrm{d}y\mathrm{d}u\mathrm{e}^{-\frac{1}{4}\left(y^2+u^2\right)+\mathrm{i}u(x-X)+\mathrm{i}y(p-P)+\mathrm{i}\frac{k}{2}yu} : \\ &= \frac{1}{2\pi\sqrt{\pi}} : \int \mathrm{d}u\mathrm{e}^{-\frac{1}{4}u^2+\mathrm{i}u(x-X)-\left(p-P+\frac{k}{2}u\right)^2} : \\ &= \frac{1}{2\pi\sqrt{\pi}} : \int \mathrm{d}u\mathrm{e}^{-\frac{1}{4}u^2\left(1+k^2\right)+\mathrm{i}u[x-X+\mathrm{i}k(p-P)]-(p-P)^2} : \\ &= \frac{1}{\pi\sqrt{(1+k^2)}} : \exp\left[-\frac{(x-X)^2}{1+k^2} - \frac{2\mathrm{i}k}{1+k^2}(x-X)(p-P) - \frac{(p-P)^2}{1+k^2}\right] : \end{aligned}$$

恰好是数理统计学中的二维正态分布形式, 并计算其平均值和方差.

第 6 章

对Ket-Bra的 $\mathfrak{X}$-排序、$\mathfrak{P}$-排序积分方法

在第 2 章我们介绍了算符的 $\mathfrak{X}$-排序和 $\mathfrak{P}$-排序的概念. 鉴于在 $\mathfrak{X}$-排序、$\mathfrak{P}$-排序算符内 X, P 可交换, 本章我们提出用 $\mathfrak{X}$-排序、$\mathfrak{P}$-排序算符内的积分技术对 Ket-Bra 算符积分, 指出此积分技术的优点, 以及多模指数算符 $\mathrm{e}^{-\mathrm{i}P_l\Lambda_{lk}X_k}$ 的 $\mathfrak{X}$-排序、$\mathfrak{P}$-排序展开式.

6.1 多模指数算符 $\mathrm{e}^{-\mathrm{i}P_l\Lambda_{lk}X_k}$ 的 $\mathfrak{X}$-排序和 $\mathfrak{P}$-排序展开公式

对于 n-模的 $\boldsymbol{P}=(P_1,P_2,\cdots,P_n)$ 和 $\boldsymbol{X}=(X_1,X_2,\cdots,X_n)$ 以及一个实 $n\times n$ 矩阵 $\boldsymbol{\Lambda}$,

有以下 $\mathfrak{P}$-排序展开式成立:

$$e^{-\mathrm{i}\boldsymbol{P}\boldsymbol{\Lambda}\boldsymbol{X}} = e^{(-\mathrm{i}P)_l \Lambda_{lk} X_k} = \mathfrak{P}\left\{\exp[(-\mathrm{i}P)_l \left(e^{\boldsymbol{\Lambda}} - 1\right)_{lk} X_k\right] = \mathfrak{P}e^{-\mathrm{i}\boldsymbol{P}\left(e^{\boldsymbol{\Lambda}}-1\right)\boldsymbol{X}} \tag{6.1}$$

而其 $\mathfrak{X}$-排序展开式是

$$e^{-\mathrm{i}\boldsymbol{P}\boldsymbol{\Lambda}\boldsymbol{X}} \equiv e^{(-\mathrm{i}P)_l \boldsymbol{\Lambda}_{lk} X_k} = \mathfrak{X}e^{\mathrm{i}\boldsymbol{P}\left(e^{-\boldsymbol{\Lambda}}-1\right)\boldsymbol{X}} \tag{6.2}$$

证明 用 Baker-Hausdorff 公式有

$$\begin{aligned} e^{-\mathrm{i}P_i\Lambda_{ij}X_j} X_k e^{\mathrm{i}P_i\Lambda_{ij}X_j} &= X_k + (-\mathrm{i}P_i\Lambda_{ij}X_j, X_k) + \frac{1}{2}(-\mathrm{i}P_i\Lambda_{ij}X_j, -\Lambda_{kl}X_l) \\ &= X_k - \Lambda_{kj}X_j + \frac{1}{2}\Lambda_{ki}\Lambda_{ij}X_j \\ &= \left(e^{-\boldsymbol{\Lambda}}\right)_{kj} X_j \end{aligned} \tag{6.3}$$

式中, $i=1,2,3,\cdots,n, j=1,2,3,\cdots,n, k=1,2,3,\cdots,n$. 可见在 $e^{-\mathrm{i}P_i\Lambda_{ij}X_j}$ 的作用下, n-模的坐标本征矢量 $|x\rangle$ 应该变为

$$e^{-\mathrm{i}P_i\Lambda_{ij}X_j}|x\rangle = \left|e^{\boldsymbol{\Lambda}}x\right\rangle \quad [\boldsymbol{x}^{\mathrm{T}} = (x_1, x_2, \cdots, x_n)] \tag{6.4}$$

此式可做如下检验:

$$\begin{aligned} X_k|x\rangle &= X_k e^{\mathrm{i}P_i\Lambda_{ij}X_j}\left|e^{\boldsymbol{\Lambda}}x\right\rangle \\ &= e^{\mathrm{i}P_i\Lambda_{ij}X_j} e^{-\mathrm{i}P_i\Lambda_{ij}X_j} X_k e^{\mathrm{i}P_i\Lambda_{ij}X_j}\left|e^{\boldsymbol{\Lambda}}x\right\rangle \\ &= e^{\mathrm{i}P_i\Lambda_{ij}X_j}\left(e^{-\boldsymbol{\Lambda}}\right)_{kj} X_j\left|e^{\boldsymbol{\Lambda}}x\right\rangle \\ &= e^{\mathrm{i}P_i\Lambda_{ij}X_j}\left(e^{-\boldsymbol{\Lambda}}\right)_{kj}\left(e^{\boldsymbol{\Lambda}}x\right)_j\left|e^{\boldsymbol{\Lambda}}x\right\rangle \\ &= x_k|x\rangle \end{aligned} \tag{6.5}$$

可见确实有

$$\left|e^{\boldsymbol{\Lambda}}x\right\rangle = e^{-\mathrm{i}P_i\Lambda_{ij}X_j}|x\rangle \tag{6.6}$$

再用 $\int_{-\infty}^{\infty} \mathrm{d}^n\boldsymbol{x}\,|\boldsymbol{x}\rangle\langle\boldsymbol{x}| = 1, \int_{-\infty}^{\infty} \mathrm{d}^n\boldsymbol{p}\,|\boldsymbol{p}\rangle\langle\boldsymbol{p}| = 1$ 以及

$$\langle\boldsymbol{x}|\,\boldsymbol{p}\rangle = \frac{1}{\sqrt{(2\pi)^n}}e^{\mathrm{i}px} \quad (px \equiv \boldsymbol{p}\cdot\boldsymbol{x}) \tag{6.7}$$

我们得到

$$\begin{aligned} e^{(-\mathrm{i}P)_l\Lambda_{lk}X_k} &= \int_{-\infty}^{\infty} \mathrm{d}^n\boldsymbol{x}\, e^{(-\mathrm{i}P)_l\boldsymbol{\Lambda}_{lk}X_k}|\boldsymbol{x}\rangle\langle\boldsymbol{x}| \\ &= \int_{-\infty}^{\infty} \mathrm{d}^n x\left(\int_{-\infty}^{\infty} \mathrm{d}^n\boldsymbol{p}\,|\boldsymbol{p}\rangle\langle\boldsymbol{p}|\right)\left|e^{\boldsymbol{\Lambda}}x\right\rangle\langle\boldsymbol{x}| \end{aligned}$$

$$
\begin{aligned}
&= \frac{1}{\sqrt{(2\pi)^n}} \int_{-\infty}^{\infty} \mathrm{d}^n x \int_{-\infty}^{\infty} \mathrm{d}^n \boldsymbol{p} \mathrm{e}^{-\mathrm{i}p\mathrm{e}^{\boldsymbol{\Lambda}}x} |\boldsymbol{p}\rangle \langle \boldsymbol{x}| \\
&= \frac{1}{\sqrt{(2\pi)^n}} \int_{-\infty}^{\infty} \mathrm{d}^n \boldsymbol{x} \int_{-\infty}^{\infty} \mathrm{d}^n \boldsymbol{p} \mathrm{e}^{\mathrm{i}p\left(1-\mathrm{e}^{\boldsymbol{\Lambda}}\right)x} |\boldsymbol{p}\rangle \langle \boldsymbol{x}| \mathrm{e}^{-\mathrm{i}px} \\
&= \int_{-\infty}^{\infty} \mathrm{d}^n \boldsymbol{p} \int_{-\infty}^{\infty} \mathrm{d}^n \boldsymbol{x} \mathrm{e}^{\mathrm{i}p\left(1-\mathrm{e}^{\boldsymbol{\Lambda}}\right)x} \delta(\boldsymbol{p}-\boldsymbol{P}) \delta(\boldsymbol{x}-\boldsymbol{X}) \\
&= \mathfrak{P}\left[\mathrm{e}^{\mathrm{i}\boldsymbol{P}\left(1-\mathrm{e}^{\boldsymbol{\Lambda}}\right)\boldsymbol{X}}\right]
\end{aligned} \tag{6.8}
$$

于是方程 (6.1) 得以证明.

下面证明式 (6.2).

类似地, 用

$$
\begin{aligned}
\mathrm{e}^{-\mathrm{i}P_i \Lambda_{ij} X_j} P_k \mathrm{e}^{\mathrm{i}P_i \Lambda_{ij} X_j} &= P_k + [-\mathrm{i}P_i \Lambda_{ij} X_j, P_k] + \frac{1}{2}[-\mathrm{i}P_i \Lambda_{ij} X_j, P_l \Lambda_{lk}] \\
&= P_k + P_i \Lambda_{ik} + \frac{1}{2} P_i \Lambda_{ij} \Lambda_{jk} \\
&= P_i \left(\mathrm{e}^{\boldsymbol{\Lambda}}\right)_{ik} = \left(\mathrm{e}^{\tilde{\boldsymbol{\Lambda}}}\right)_{ki} P_i
\end{aligned} \tag{6.9}
$$

可得

$$
\mathrm{e}^{(-\mathrm{i}P)_l \Lambda_{lk} X_k} |\boldsymbol{p}\rangle = \left|\mathrm{e}^{-\tilde{\boldsymbol{\Lambda}}} \boldsymbol{p}\right\rangle \tag{6.10}
$$

于是

$$
\begin{aligned}
\mathrm{e}^{(-\mathrm{i}P)_l \Lambda_{lk} X_k} &= \int_{-\infty}^{\infty} \mathrm{d}^n \boldsymbol{p} \mathrm{e}^{(-\mathrm{i}P)_l \Lambda_{lk} X_k} |\boldsymbol{p}\rangle \langle \boldsymbol{p}| \\
&= \int_{-\infty}^{\infty} \mathrm{d}^n \boldsymbol{p} \int_{-\infty}^{\infty} \mathrm{d}^n \boldsymbol{x} |\boldsymbol{x}\rangle \left\langle \boldsymbol{x} \middle| \mathrm{e}^{-\tilde{\boldsymbol{\Lambda}}} \boldsymbol{p} \right\rangle \langle \boldsymbol{p}| \\
&= \frac{1}{\sqrt{(2\pi)^n}} \int_{-\infty}^{\infty} \mathrm{d}^n \boldsymbol{x} \int_{-\infty}^{\infty} \mathrm{d}^n \boldsymbol{p} \mathrm{e}^{\mathrm{i}x\left(\mathrm{e}^{-\tilde{\boldsymbol{\Lambda}}}-1\right)p} |\boldsymbol{x}\rangle \langle \boldsymbol{p}| \mathrm{e}^{\mathrm{i}px} \\
&= \int_{-\infty}^{\infty} \mathrm{d}^n \boldsymbol{x} \int_{-\infty}^{\infty} \mathrm{d}^n \boldsymbol{p} \mathrm{e}^{\mathrm{i}x\left(\mathrm{e}^{-\tilde{\boldsymbol{\Lambda}}}-1\right)p} \delta(\boldsymbol{x}-\boldsymbol{X}) \delta(\boldsymbol{p}-\boldsymbol{P}) \\
&= \mathfrak{X} \mathrm{e}^{\mathrm{i}\boldsymbol{X}\left(\mathrm{e}^{-\tilde{\boldsymbol{\Lambda}}}-1\right)\boldsymbol{P}} \\
&= \mathfrak{X} \mathrm{e}^{\mathrm{i}\boldsymbol{P}\left(\mathrm{e}^{-\boldsymbol{\Lambda}}-1\right)\boldsymbol{X}}
\end{aligned} \tag{6.11}
$$

式 (6.2) 得证.

本节最后指出, 当 $\boldsymbol{\Lambda}$ 为实矩阵时, 有

$$
\left[\mathrm{e}^{(-\mathrm{i}P)_l \Lambda_{lk} X_k}\right]^{\dagger} = \mathrm{e}^{\mathrm{i}X_k \Lambda_{lk} P_l} = \mathrm{e}^{\mathrm{i}(P_l X_k + \mathrm{i}\delta_{lk}) \Lambda_{lk}} = \mathrm{e}^{\mathrm{i}P_l \Lambda_{lk} X_k - \mathrm{Tr}\boldsymbol{\Lambda}} \tag{6.12}
$$

故可将 $\mathrm{e}^{(-\mathrm{i}P)_l \Lambda_{lk} X_k}$ 幺正化为

$$
\mathrm{e}^{(-\mathrm{i}P)_l \Lambda_{lk} X_k + \frac{1}{2}\mathrm{Tr}\boldsymbol{\Lambda}} \equiv U \tag{6.13}
$$

即 $U^\dagger = U^{-1}$. 再据方程 (6.12) 和公式 $\det \boldsymbol{\Lambda} = \exp(\mathrm{Tr}\ln \boldsymbol{\Lambda})$, 看出有如下的幺正变换:

$$\mathrm{e}^{(-\mathrm{i}P)_l \boldsymbol{\Lambda}_{lk} X_k + \frac{1}{2}\mathrm{Tr}\boldsymbol{\Lambda}} |x\rangle = \sqrt{\det \mathrm{e}^{\boldsymbol{\Lambda}}} \left|\mathrm{e}^{\boldsymbol{\Lambda}} x\right\rangle \tag{6.14}$$

进一步按照 $\mathfrak{X}$-排序和 $\mathfrak{P}$-排序算符内的积分理论有

$$\mathrm{e}^{(-\mathrm{i}P)_l \Lambda_{lk} X_k + \frac{1}{2}\mathrm{Tr}\boldsymbol{\Lambda}} = \sqrt{\det \mathrm{e}^{\boldsymbol{\Lambda}}} \int_{-\infty}^{\infty} \mathrm{d}^n \boldsymbol{x} \left|\mathrm{e}^{\boldsymbol{\Lambda}} \boldsymbol{x}\right\rangle \langle \boldsymbol{x}| \tag{6.15}$$

当 $\boldsymbol{\Lambda}$ 是一个实对称矩阵时, 用 IWOP 方法对上式积分得到

$$\begin{aligned}\mathrm{e}^{(-\mathrm{i}P)_l \Lambda_{lk} X_k + \frac{1}{2}\mathrm{Tr}\boldsymbol{\Lambda}} &= \sqrt{\det \mathrm{sech} \boldsymbol{\Lambda}} \exp\left(a^\dagger \tanh \boldsymbol{\Lambda} \frac{a^{\dagger \mathrm{T}}}{2}\right) \exp\left[a^\dagger \ln \mathrm{sech} \boldsymbol{\Lambda} a^{\mathrm{T}}\right] \\ &\quad \times \exp\left(-a \tanh \frac{\Lambda a^{\mathrm{T}}}{2}\right)\end{aligned} \tag{6.16}$$

这里 $a = \dfrac{\boldsymbol{X} + \mathrm{i}\boldsymbol{P}}{\sqrt{2}}$.

6.2 单-双模组合压缩算符的简洁形式

以下的积分称为是单-双模组合压缩算符的坐标表象.

$$U = \iint_{-\infty}^{\infty} \mathrm{d}x_1 \mathrm{d}x_2 \left|x_1 \cosh\lambda + x_2 \mathrm{e}^{-r} \sinh\lambda, x_2 \cosh\lambda + x_1 \mathrm{e}^{r} \sinh\lambda\right\rangle \langle x_1, x_2| \tag{6.17}$$

现在我们用算符 $\mathfrak{P}$-排序内的积分方法可以得到

$$\begin{aligned}U &= \iint_{-\infty}^{\infty} \mathrm{d}x_1 \mathrm{d}x_2 \left(\iint_{-\infty}^{\infty} \mathrm{d}p_1 \mathrm{d}p_2 |p_1, p_2\rangle \langle p_1, p_2|\right) |x_1 \cosh\lambda \\ &\quad + x_2 \mathrm{e}^{-r} \sinh\lambda, x_2 \cosh\lambda + x_1 \mathrm{e}^{r} \sinh\lambda\rangle \langle x_1, x_2| \\ &= \frac{1}{2\pi} \iint_{-\infty}^{\infty} \mathrm{d}x_1 \mathrm{d}x_2 \iint_{-\infty}^{\infty} \mathrm{d}p_1 \mathrm{d}p_2 \mathrm{e}^{-\mathrm{i}p_1\left(x_1 \cosh\lambda + x_2 \mathrm{e}^{-r} \sinh\lambda\right) - \mathrm{i}p_2 (x_2 \cosh\lambda + x_1 \mathrm{e}^{r} \sinh\lambda)} |p_1, p_2\rangle \langle x_1, x_2| \\ &= \frac{1}{2\pi} \iint_{-\infty}^{\infty} \mathrm{d}x_1 \mathrm{d}x_2 \iint_{-\infty}^{\infty} \mathrm{d}p_1 \mathrm{d}p_2 \mathrm{e}^{-\mathrm{i}(p_1 x_1 + p_2 x_2)(\cosh\lambda - 1) - \mathrm{i}\left(p_2 x_1 \mathrm{e}^{r} + p_1 x_2 \mathrm{e}^{-r}\right) \sinh\lambda} \\ &\quad \times |p_1, p_2\rangle \langle x_1, x_2| \mathrm{e}^{-\mathrm{i}p_1 x_1 - \mathrm{i}p_2 x_2} \\ &= \iint \mathrm{d}x_1 \mathrm{d}x_2 \iint \mathrm{d}p_1 \mathrm{d}p_2 \mathrm{e}^{-\mathrm{i}(p_1 x_1 + p_2 x_2)(\cosh\lambda - 1) - \mathrm{i}\left(p_2 x_1 \mathrm{e}^{r} + p_1 x_2 \mathrm{e}^{-r}\right) \sinh\lambda} \\ &\quad \times \delta(p - P_1) \delta(p_2 - P_2) \delta(x_1 - X_1) \delta(x_2 - X_2)\end{aligned}$$

$$= \mathfrak{P}\exp[-\mathrm{i}(P_1X_1+P_2X_2)(\cosh\lambda-1)-\mathrm{i}\left(P_2X_1\mathrm{e}^r+P_1X_2\mathrm{e}^{-r}\right)\sinh\lambda]$$

$$= \mathfrak{P}\exp\left[-\mathrm{i}(P_1\ P_2)\begin{pmatrix}\cosh\lambda-1 & \mathrm{e}^{-r}\sinh\lambda\\ \mathrm{e}^r\sinh\lambda & \cosh\lambda-1\end{pmatrix}\begin{pmatrix}X_1\\ X_2\end{pmatrix}\right] \tag{6.18}$$

再用

$$\ln\begin{pmatrix}\cosh\lambda & \mathrm{e}^{-r}\sinh\lambda\\ \mathrm{e}^r\sinh\lambda & \cosh\lambda\end{pmatrix}=\begin{pmatrix}0 & \lambda\mathrm{e}^{-r}\\ \mathrm{e}^r\lambda & 0\end{pmatrix} \tag{6.19}$$

和式 (6.17) 就得到

$$U=\exp\left[-\mathrm{i}(P_1\ P_2)\begin{pmatrix}0 & \lambda\mathrm{e}^{-r}\\ \mathrm{e}^r\lambda & 0\end{pmatrix}\begin{pmatrix}X_1\\ X_2\end{pmatrix}\right]=\exp\left[-\mathrm{i}\lambda\left(\mathrm{e}^{-r}P_1X_2+\mathrm{e}^rP_2X_1\right)\right] \tag{6.20}$$

也就是说

$$U=\iint_{-\infty}^{\infty}\mathrm{d}x_1\mathrm{d}x_2\left|x_1\cosh\lambda+x_2\mathrm{e}^{-r}\sinh\lambda,x_2\cosh\lambda+x_1\mathrm{e}^r\sinh\lambda\right\rangle\langle x_1,x_2| \tag{6.21}$$

$$=\exp\left[-\mathrm{i}\lambda\left(\mathrm{e}^{-r}P_1X_2+\mathrm{e}^rP_2X_1\right)\right]$$

这就显示了用 $\mathfrak{X}$-排序、$\mathfrak{P}$-排序算符内的积分方法对 Ket-Bra 算符积分的优点.

作为其应用, 求单模压缩算符

$$S_1=\frac{1}{\sqrt{\mu}}\int_{-\infty}^{\infty}\mathrm{d}x\left|\frac{x}{\mu}\right\rangle\langle x| \tag{6.22}$$

的 $\mathfrak{P}$-排序. 用 $\mathfrak{P}$-排序内的积分方法得到

$$\begin{aligned}S_1&=\frac{1}{\sqrt{\mu}}\int_{-\infty}^{\infty}\mathrm{d}x\left(\int_{-\infty}^{\infty}\mathrm{d}p\,|p\rangle\langle p|\right)\left|\frac{x}{\mu}\right\rangle\langle x|\\&=\frac{1}{\sqrt{2\pi\mu}}\iint_{-\infty}^{\infty}\mathrm{d}x\mathrm{d}p\mathrm{e}^{-\mathrm{i}px/\mu}|p\rangle\langle x|\\&=\frac{1}{\sqrt{2\pi\mu}}\iint_{-\infty}^{\infty}\mathrm{d}x\mathrm{d}p\mathrm{e}^{\mathrm{i}px(1-1/\mu)}|p\rangle\langle x|\mathrm{e}^{-\mathrm{i}px}\\&=\frac{1}{\sqrt{\mu}}\iint_{-\infty}^{\infty}\mathrm{d}x\mathrm{d}p\mathrm{e}^{\mathrm{i}px(1-1/\mu)}\delta(p-P)\delta(x-X)\\&=\frac{1}{\sqrt{\mu}}\iint_{-\infty}^{\infty}\mathrm{d}x\mathrm{d}p\mathrm{e}^{\mathrm{i}px(1-1/\mu)}\mathfrak{P}[\delta(p-P)\delta(x-X)]\\&=\frac{1}{\sqrt{\mu}}\mathfrak{P}\left[\mathrm{e}^{-\mathrm{i}PX(1/\mu-1)}\right]\end{aligned} \tag{6.23}$$

这就是单模压缩算符的 $\mathfrak{P}$-排序形式. 再用式 (6.18) 就知道

$$S_1=\frac{1}{\sqrt{\mu}}\mathfrak{P}\left\{\exp\left[\left(\mathrm{e}^{-\lambda}-1\right)(-\mathrm{i}P)X\right]\right\}=\frac{1}{\sqrt{\mu}}\mathrm{e}^{-\mathrm{i}PX\ln(1/\mu)}=\mathrm{e}^{\mathrm{i}\lambda(PX+XP)/2}\quad(\mu=\mathrm{e}^\lambda) \tag{6.24}$$

于是用 $\mathfrak{P}$-排序内的积分技术最终得到

$$\frac{1}{\sqrt{\mu}}\int_{-\infty}^{\infty}\mathrm{d}x\left|\frac{x}{\mu}\right\rangle\langle x| = \mathrm{e}^{\mathrm{i}\lambda(PX+XP)/2} \quad (\mu=\mathrm{e}^{\lambda}) \tag{6.25}$$

6.3 积分广义压缩算符

设有变换

$$\left|\begin{pmatrix} x_1 \\ x_2 \end{pmatrix}\right\rangle \to \left|\begin{pmatrix} A & B \\ C & D \end{pmatrix}\begin{pmatrix} x_1 \\ x_2 \end{pmatrix}\right\rangle \tag{6.26}$$

其中 A,B,C,D 都是实数. 我们构建相应的 Ket-Bra 积分, 再用 $\mathfrak{P}$-排序算符内的积分方法得到

$$\begin{aligned}
W &\equiv \iint_{-\infty}^{\infty}\mathrm{d}x_1\mathrm{d}x_2\left|\begin{pmatrix} A & B \\ C & D \end{pmatrix}\begin{pmatrix} x_1 \\ x_2 \end{pmatrix}\right\rangle\langle x_1,x_2| \\
&= \iint_{-\infty}^{\infty}\mathrm{d}x_1\mathrm{d}x_2\left(\iint\mathrm{d}p_1\mathrm{d}p_2\left|p_1,p_2\right\rangle\left\langle p_1,p_2\right|\right)\left|Ax_1+Bx_2,Dx_2+Cx_1\right\rangle\langle x_1,x_2| \\
&= \frac{1}{2\pi}\iint_{-\infty}^{\infty}\mathrm{d}x_1\mathrm{d}x_2\iint\mathrm{d}p_1\mathrm{d}p_2\mathrm{e}^{-\mathrm{i}p_1(Ax_1+Bx_2)-\mathrm{i}p_2(Dx_2+Cx_1)}\left|p_1,p_2\right\rangle\langle x_1,x_2| \\
&= \frac{1}{2\pi}\iint_{-\infty}^{\infty}\mathrm{d}x_1\mathrm{d}x_2\iint\mathrm{d}p_1\mathrm{d}p_2\mathrm{e}^{\mathrm{i}p_1x_1+\mathrm{i}p_2x_2}\mathrm{e}^{-\mathrm{i}(Ap_1x_1+Dp_2x_2)-\mathrm{i}(Cp_2x_1+Bp_1x_2)}\left|p_1,p_2\right\rangle \\
&\quad \langle x_1,x_2|\,\mathrm{e}^{-\mathrm{i}p_1x_1-\mathrm{i}p_2x_2} \\
&= \iint_{-\infty}^{\infty}\mathrm{d}x_1\mathrm{d}x_2\iint_{-\infty}^{\infty}\mathrm{d}p_1\mathrm{d}p_2\mathrm{e}^{\mathrm{i}p_1x_1+\mathrm{i}p_2x_2}\mathrm{e}^{-\mathrm{i}(Ap_1x_1+Dp_2x_2)-\mathrm{i}(Cp_2x_1+Bp_1x_2)} \\
&\quad \times\delta(p_1-P_1)\,\delta(p_2-P_2)\,\delta(x_1-X_1)\,\delta(x_2-X_2) \\
&= \mathfrak{P}\{\mathrm{e}^{-\mathrm{i}[(A-1)P_1X_1+(D-1)P_2X_2]-\mathrm{i}(P_2X_1C+P_1X_2B)}\} \\
&= \mathfrak{P}\exp\left[-\mathrm{i}\,(P_1\ P_2)\begin{pmatrix} A-1 & B \\ C & D-1 \end{pmatrix}\begin{pmatrix} X_1 \\ X_2 \end{pmatrix}\right]
\end{aligned} \tag{6.27}$$

运用式 (6.8) 我们发现

$$\iint\mathrm{d}x_1\mathrm{d}x_2\left|\begin{pmatrix} A & B \\ C & D \end{pmatrix}\begin{pmatrix} x_1 \\ x_2 \end{pmatrix}\right\rangle\langle x_1,x_2|$$

$$= \exp\left[-\mathrm{i}(P_1\ P_2)\ln\begin{pmatrix} A & B \\ C & D \end{pmatrix}\begin{pmatrix} X_1 \\ X_2 \end{pmatrix}\right] \tag{6.28}$$

算得

$$\ln\begin{pmatrix} A & B \\ C & D \end{pmatrix}$$
$$= \begin{pmatrix} \dfrac{(\Delta-t)\ln\dfrac{s-\Delta}{2}+(\Delta+t)\ln\dfrac{s+\Delta}{2}}{2\Delta} & \frac{b}{\Delta}\ln\dfrac{s+\Delta}{s-\Delta} \\ \dfrac{c}{\Delta}\ln\dfrac{s+\Delta}{s-\Delta} & \dfrac{(\Delta+t)\ln\dfrac{s-\Delta}{2}+(\Delta-t)\ln\dfrac{s+\Delta}{2}}{2\Delta} \end{pmatrix} \tag{6.29}$$

其中

$$\Delta = \sqrt{4BC+(A-D)^2}, \quad s = A+D\ t = A-D$$

方程 (6.29) 是 Ket-Bra 积分的新结果.

$\mathfrak{X}$-排序或者 $\mathfrak{P}$-排序方法充分使用了坐标–动量表象的完备性、狄拉克 δ-函数以及它们之间的相互转化, 揭示了许多经典坐标变换和它们的量子图像 (算符) 之间的对应关系, 这丰富了狄拉克符号法, 这类永久性成就中所蕴含的宽广、睿智和美感使人想起贝多芬的永恒乐曲.

第 7 章

范氏变换在算符排序中的应用

在第 2 章中我们已经指出经典函数 $\mathrm{e}^{\lambda x+\sigma p}$ 的 3 种常用的量子对应 (Weyl-排序对应、$\mathfrak{P}$-排序对应和 $\mathfrak{X}$-排序对应) 分别是

$$\mathrm{e}^{\lambda X+\sigma P},\quad \mathrm{e}^{\sigma P}\mathrm{e}^{\lambda X},\quad \mathrm{e}^{\lambda X}\mathrm{e}^{\sigma P}$$

相应的积分变换是

$$\iint_{-\infty}^{\infty}\mathrm{d}p\mathrm{d}x\mathrm{e}^{\lambda x+\sigma p}\delta(x-X)\delta(p-P)=\mathrm{e}^{\lambda X}\mathrm{e}^{\sigma P}=\mathfrak{X}\mathrm{e}^{\lambda X+\sigma P} \tag{7.1}$$

$$\iint_{-\infty}^{\infty}\mathrm{d}p\mathrm{d}x\mathrm{e}^{\lambda x+\sigma p}\delta(p-P)\delta(x-X)=\mathrm{e}^{\sigma P}\mathrm{e}^{\lambda X}=\mathfrak{P}\mathrm{e}^{\lambda X+\sigma P} \tag{7.2}$$

$$\iint_{-\infty}^{\infty}\mathrm{d}p\mathrm{d}x\mathrm{e}^{\lambda x+\sigma p}\Delta(x,p)=\mathrm{e}^{\lambda X+\sigma P} \tag{7.3}$$

把 $\mathrm{e}^{\lambda x+\sigma p}$ 直接量子化为 $\mathrm{e}^{\lambda X+\sigma P}$ 的方案称为 Weyl-Wigner 量子化, $\mathrm{e}^{\lambda X+\sigma P}$ 是 Weyl-排序好了的算符:

$$\mathrm{e}^{\lambda X+\sigma P}=\vdots\,\mathrm{e}^{\lambda X+\sigma P}\,\vdots$$

这里, $\vdots\ \vdots$ 表示 Weyl-排序, 这些就启发我们寻找对应量子力学基本对易关系的积分变换.

7.1 对应量子力学基本对易关系的积分变换

对应量子力学基本对易关系的积分变换是一种有别于傅里叶变换的新的积分变换.

量子力学基本对易关系明显地反映在 Baker-Hausdorff 公式上, 观察 $\mathrm{e}^{\lambda X+\sigma P}$ 分解为 $\mathfrak{P}$-排序的公式 (以下令 $\hbar=1$):

$$\mathrm{e}^{\lambda X+\sigma P}=\mathrm{e}^{\sigma P}\mathrm{e}^{\lambda X}\mathrm{e}^{\frac{1}{2}[\lambda X,\sigma P]}=\mathrm{e}^{\sigma P}\mathrm{e}^{\lambda X}\mathrm{e}^{\frac{1}{2}i\lambda\sigma} \tag{7.4}$$

我们发现, 存在积分核是 $\dfrac{1}{\pi}\mathrm{e}^{2\mathrm{i}\left(p-p'\right)\left(x-x'\right)}$ 的一类积分变换

$$\mathrm{e}^{\lambda x+\sigma p}\to\frac{1}{\pi}\iint_{-\infty}^{\infty}\mathrm{d}x'\mathrm{d}p'\mathrm{e}^{\lambda x'+\sigma p'}\mathrm{e}^{2\mathrm{i}\left(p-p'\right)\left(x-x'\right)}=\mathrm{e}^{\lambda x+\sigma p+\mathrm{i}\lambda\sigma/2} \tag{7.5}$$

此变换将 $\mathrm{e}^{\lambda x+\sigma p}$ 变为 $\mathrm{e}^{\lambda x+\sigma p+\mathrm{i}\lambda\sigma/2}$. 另一方面, 观察 $\mathrm{e}^{\lambda X+\sigma P}$ 的分解为 $\mathfrak{X}$- 排序的公式:

$$\mathrm{e}^{\lambda X+\sigma P}=\mathrm{e}^{\lambda X}\mathrm{e}^{\sigma P}\mathrm{e}^{-\frac{1}{2}[\lambda X,\sigma P]}=\mathrm{e}^{\lambda X}\mathrm{e}^{\sigma P}\mathrm{e}^{-\frac{1}{2}\mathrm{i}\lambda\sigma} \tag{7.6}$$

我们发现, 存在另一积分变换, 积分核是 $\dfrac{1}{\pi}\mathrm{e}^{-2\mathrm{i}\left(p-p'\right)\left(x-x'\right)}$:

$$\mathrm{e}^{\lambda x+\sigma p}\to\frac{1}{\pi}\iint_{-\infty}^{\infty}\mathrm{d}x'\mathrm{d}p'\mathrm{e}^{\lambda x'+\sigma p'}\mathrm{e}^{-2\mathrm{i}\left(p-p'\right)\left(x-x'\right)}=\mathrm{e}^{\lambda x+\sigma p-\mathrm{i}\lambda\sigma/2} \tag{7.7}$$

它将 $\mathrm{e}^{\lambda x+\sigma p}$ 变为 $\mathrm{e}^{\lambda x+\sigma p+\mathrm{i}\lambda\sigma/2}$. 式 (7.7) 可以看作式 (7.5) 的共轭变换.

推广以上例子, 我们定义经典函数 $h\left(p',x'\right)$ 如下形式的积分变换:

$$G\left(p,x\right)\equiv\frac{1}{\pi}\iint_{-\infty}^{\infty}\mathrm{d}x'\mathrm{d}p'h\left(p',x'\right)\mathrm{e}^{2\mathrm{i}\left(p-p'\right)\left(x-x'\right)} \tag{7.8}$$

(它不同于通常意义下的傅里叶变换, 称为范氏变换.) 当 $h\left(p',x'\right)=1$ 时, 上式变为

$$\frac{1}{\pi}\iint_{-\infty}^{\infty}\mathrm{d}x'\mathrm{d}p'\mathrm{e}^{2\mathrm{i}\left(p-p'\right)\left(x-x'\right)}=\int_{-\infty}^{\infty}\mathrm{d}x'\delta\left(x-x'\right)\mathrm{e}^{2\mathrm{i}p\left(x-x'\right)}=1$$

式 (7.8) 存在逆变换:

$$\iint\frac{\mathrm{d}x\mathrm{d}p}{\pi}\mathrm{e}^{-2\mathrm{i}\left(p-p'\right)\left(x-x'\right)}G\left(p,x\right)=h\left(p',x'\right) \tag{7.9}$$

事实上, 将式 (7.8) 代入式 (7.9) 的左边得

$$\iint_{-\infty}^{\infty}\frac{\mathrm{d}x\mathrm{d}p}{\pi}\iint\frac{\mathrm{d}x''\mathrm{d}p''}{\pi}h(p'',x'')\mathrm{e}^{2\mathrm{i}\left[\left(p-p''\right)\left(x-x''\right)-\left(p-p'\right)\left(x-x'\right)\right]}$$

$$= \iint_{-\infty}^{\infty} \mathrm{d}x''\mathrm{d}p'' h(p'',x'') \mathrm{e}^{2\mathrm{i}\left(p''x''-p'x'\right)} \delta\left(p''-p'\right)\delta\left(x''-x'\right) = h(p',x')$$

此变换具有保模的性质

$$\begin{aligned}
&\iint_{-\infty}^{\infty} \frac{\mathrm{d}x\mathrm{d}p}{\pi}|h(p,x)|^2 \\
&= \iint \frac{\mathrm{d}x'\mathrm{d}p'}{\pi}|G(p',x')|^2 \iint \frac{\mathrm{d}p''\mathrm{d}x''}{\pi}\mathrm{e}^{2\mathrm{i}\left(p''x''-p'x'\right)} \iint_{-\infty}^{\infty} \frac{\mathrm{d}x\mathrm{d}p}{\pi}\mathrm{e}^{2\mathrm{i}\left[\left(-p''p-x''x\right)+\left(pp'+x'x\right)\right]} \\
&= \iint \frac{\mathrm{d}x'\mathrm{d}p'}{\pi}|G(p',x')|^2 \iint \mathrm{d}p''\mathrm{d}x''\mathrm{e}^{2\mathrm{i}\left(p''x''-p'x'\right)}\delta\left(x'-x''\right)\delta\left(p'-p''\right) \\
&= \iint \frac{\mathrm{d}x'\mathrm{d}p'}{\pi}|G(p',x')|^2
\end{aligned} \tag{7.10}$$

尽管傅里叶变换也具有保模的性质, 但与范氏变换的本质不同, 后者是一种带纠缠性的变换.

7.2 $\delta(x-X)\delta(p-P)$ 和 $\delta(p-P)\delta(x-X)$ 的 Weyl-排序

推广到量子力学, 即将函数 $\frac{1}{\pi}\mathrm{e}^{2\mathrm{i}\left(p-p'\right)\left(x-x'\right)}$ 代之以 Weyl-排序的算符积分核:

$$\frac{1}{\pi}\,\vdots\,\exp[2\mathrm{i}\left(x-X\right)\left(p-P\right)]\,\vdots$$

并做新的积分变换, 由于在 $\vdots\ \vdots$ 内部 X 与 P 可交换, 所以可用 Weyl-排序算符内的积分方法, 得到

$$\begin{aligned}
\frac{1}{\pi}\iint_{-\infty}^{\infty}\mathrm{d}p\mathrm{d}x\mathrm{e}^{\lambda x+\sigma p}\,\vdots\,\exp[2\mathrm{i}\left(x-X\right)\left(p-P\right)]\,\vdots &= \,\vdots\,\mathrm{e}^{\lambda X+\sigma P+\mathrm{i}\lambda\sigma/2}\,\vdots \\
&= \mathrm{e}^{\lambda X+\sigma P}\mathrm{e}^{\mathrm{i}\lambda\sigma/2} = \mathrm{e}^{\lambda X}\mathrm{e}^{\sigma P}
\end{aligned} \tag{7.11}$$

这就直接把 $\mathrm{e}^{\lambda x+\sigma p}$ 量子化为算符 $\mathrm{e}^{\lambda X}\mathrm{e}^{\sigma P}$, 这是 $\mathfrak{X}$-排序的, 因此与下式:

$$\iint_{-\infty}^{\infty}\mathrm{d}p\mathrm{d}x\mathrm{e}^{\lambda x+\sigma p}\delta\left(x-X\right)\delta\left(p-P\right) = \mathrm{e}^{\lambda X}\mathrm{e}^{\sigma P} \tag{7.12}$$

比较可知 $\delta(x-X)\delta(p-P)$ 的 Weyl-排序形式是

$$\frac{1}{\pi}\,\vdots\,\exp[2\mathrm{i}\left(x-X\right)\left(p-P\right)]\,\vdots = \delta\left(x-X\right)\delta\left(p-P\right) \tag{7.13}$$

类似地, 以 $\frac{1}{\pi}\vdots\exp[-2\mathrm{i}(x-X)(p-P)]\vdots$ 为积分核做如式 (7.11) 那样的变换, 得到

$$\frac{1}{\pi}\iint_{-\infty}^{\infty}\mathrm{d}p\mathrm{d}x\mathrm{e}^{\lambda x+\sigma p}\vdots\exp[-2\mathrm{i}(x-X)(p-P)]\vdots=\vdots\mathrm{e}^{\lambda X+\sigma P-\mathrm{i}\lambda\sigma/2}\vdots=\mathrm{e}^{\sigma P}\mathrm{e}^{\lambda X} \tag{7.14}$$

这就直接把 $\mathrm{e}^{\lambda x+\sigma p}$ 量子化为算符 $\mathrm{e}^{\sigma P}\mathrm{e}^{\lambda X}$, 这是 $\mathfrak{P}$- 排序的, 比较

$$\iint_{-\infty}^{\infty}\mathrm{d}p\mathrm{d}x\mathrm{e}^{\lambda x+\sigma p}\delta(p-P)\delta(x-X)=\mathrm{e}^{\sigma P}\mathrm{e}^{\lambda X} \tag{7.15}$$

可知 $\delta(p-P)\delta(x-X)$ 的 Weyl-排序形式

$$\frac{1}{\pi}\vdots\exp[-2\mathrm{i}(x-X)(p-P)]\vdots=\delta(p-P)\delta(x-X) \tag{7.16}$$

所以, 以 $\frac{1}{\pi}\vdots\exp[\pm 2\mathrm{i}(x-X)(p-P)]\vdots$ 为积分核的变换分别对应算符的 $\mathfrak{X}$-排序和 $\mathfrak{P}$-排序. 关于这点, 另一种证明方式是

$$\begin{aligned}\delta(x-X)\delta(p-P)&=\frac{1}{4\pi^2}\iint_{-\infty}^{\infty}\mathrm{d}\lambda\mathrm{d}\sigma\mathrm{e}^{\mathrm{i}\lambda(x-X)}\mathrm{e}^{\mathrm{i}\sigma(p-P)}\\&=\frac{1}{4\pi^2}\iint_{-\infty}^{\infty}\mathrm{d}\lambda\mathrm{d}\sigma\vdots\mathrm{e}^{\mathrm{i}\lambda(x-X)+\mathrm{i}\sigma(p-P)-\mathrm{i}\lambda\sigma/2}\vdots\\&=\frac{1}{2\pi}\int_{-\infty}^{\infty}\mathrm{d}\sigma\vdots\delta\left(x-X-\frac{\sigma}{2}\right)\mathrm{e}^{\mathrm{i}\sigma(p-P)}\vdots\\&=\frac{1}{\pi}\vdots\exp[2\mathrm{i}(x-X)(p-P)]\vdots\end{aligned} \tag{7.17}$$

故有

$$\begin{aligned}|x\rangle\langle x|p\rangle\langle p|&=\frac{1}{\pi}\iint_{-\infty}^{\infty}\mathrm{d}p'\mathrm{d}x'\vdots\delta(p-P)\delta(x-X)\vdots\mathrm{e}^{2\mathrm{i}(p-p')(x-x')}\\&=\frac{1}{\pi}\iint_{-\infty}^{\infty}\mathrm{d}p'\mathrm{d}x'\varDelta(x',p')\mathrm{e}^{2\mathrm{i}(p-p')(x-x')}\end{aligned} \tag{7.18}$$

类似地

$$\begin{aligned}|p\rangle\langle p|x\rangle\langle x|=\delta(p-P)\delta(x-X)&=\frac{1}{\pi}\vdots\mathrm{e}^{-2\mathrm{i}(x-X)(p-P)}\vdots\\&=\frac{1}{\pi}\iint_{-\infty}^{\infty}\mathrm{d}p'\mathrm{d}x'\varDelta(x',p')\mathrm{e}^{-2\mathrm{i}(p-p')(x-x')}\end{aligned} \tag{7.19}$$

7.3 积分核 $\frac{1}{\pi}\vdots\exp[\pm 2\mathrm{i}(x-X)(p-P)]\vdots$ 与维格纳算符的关系

把经典量 $\mathrm{e}^{\lambda x+\sigma p}$ 直接量子化为 $\mathrm{e}^{\lambda X+\sigma P}$ 的方案称为 Weyl-Wigner 量子化, 它们通过以下积分变换相联系:

$$\mathrm{e}^{\lambda X+\sigma P}=\iint_{-\infty}^{\infty}\mathrm{d}p\mathrm{d}x\mathrm{e}^{\lambda x+\sigma p}\Delta(x,p) \tag{7.20}$$

$\Delta(x,p)$ 是维格纳算符, 其原始定义为

$$\Delta(x,p)=\iint_{-\infty}^{\infty}\frac{\mathrm{d}u\mathrm{d}v}{4\pi^2}\mathrm{e}^{\mathrm{i}(x-X)u+\mathrm{i}(p-P)v} \tag{7.21}$$

用 Weyl-排序算符内的积分技术得到 (注意 P 与 X 在 $\vdots\ \vdots$ 内部对易)

$$\Delta(x,p)=\iint_{-\infty}^{\infty}\frac{\mathrm{d}u\mathrm{d}v}{4\pi^2}\vdots\mathrm{e}^{\mathrm{i}(x-X)u+\mathrm{i}(p-P)v}\vdots=\vdots\delta(p-P)\delta(x-X)\vdots=\vdots\delta(x-X)\delta(p-P)\vdots \tag{7.22}$$

所以

$$\begin{aligned}\frac{1}{\pi}\vdots\exp[-2\mathrm{i}(x-X)(p-P)]\vdots&=\frac{1}{\pi}\iint\mathrm{d}p'\mathrm{d}x'\vdots\delta(p'-P)\delta(x'-X)\vdots\mathrm{e}^{-2\mathrm{i}(p-p')(x-x')}\\&=\frac{1}{\pi}\iint\mathrm{d}p'\mathrm{d}x'\Delta(x',p')\mathrm{e}^{-2\mathrm{i}(p-p')(x-x')}\end{aligned} \tag{7.23}$$

所以 $\frac{1}{\pi}\vdots\exp[-2\mathrm{i}(x-X)(p-P)]\vdots$ 与维格纳算符互为范氏积分变换.

比较式 (7.19) 和式 (7.23) 又得到

$$\delta(p-P)\delta(x-X)=\frac{1}{\pi}\iint_{-\infty}^{\infty}\mathrm{d}p'\mathrm{d}x'\Delta(x',p')\mathrm{e}^{-2\mathrm{i}(p-p')(x-x')}$$

取其厄密共轭得

$$\delta(x-X)\delta(p-P)=\frac{1}{\pi}\iint_{-\infty}^{\infty}\mathrm{d}p'\mathrm{d}x'\Delta(x',p')\mathrm{e}^{2\mathrm{i}(p-p')(x-x')} \tag{7.24}$$

明确地显示了算符排序规则之间的转化可以用范氏变换实现. 根据式 (7.18) 和式 (7.19) 的互逆关系, 我们又得到

$$\frac{1}{\pi}\iint_{-\infty}^{\infty}\mathrm{d}x\mathrm{d}p\delta\left(p-P\right)\delta\left(x-X\right)\mathrm{e}^{2\mathrm{i}\left(p-p'\right)\left(x-x'\right)}=\Delta\left(x',p'\right) \tag{7.25}$$

和

$$\frac{1}{\pi}\iint_{-\infty}^{\infty}\mathrm{d}x\mathrm{d}p\delta\left(x-X\right)\delta\left(p-P\right)\mathrm{e}^{-2\mathrm{i}\left(p-p'\right)\left(x-x'\right)}=\Delta\left(x',p'\right) \tag{7.26}$$

以上公式有助于讨论算符排序的相互转换.

7.4 维格纳函数的新积分变换及用途

鉴于坐标和动量不能同时精确地被测量, 所以在量子力学的相空间中引入一个量子态 ρ 的准概率分布函数 $W\left(x,p\right)$(维格纳函数), $\frac{1}{2\pi}W\left(x,p\right)=\mathrm{Tr}\left[\rho\Delta\left(x,p\right)\right]$, 用以上的积分变换可以给出一个求维格纳函数的新途径. 下面来证明

$$W\left(x',p'\right)=\frac{1}{\pi}\iint_{-\infty}^{\infty}\mathrm{d}p\mathrm{d}x\mathrm{e}^{-2\mathrm{i}\left(x-x'\right)\left(p-p'\right)}\frac{\mathrm{Tr}\left[\rho|x\rangle\langle p|\right]}{\mathrm{Tr}\left[|x\rangle\langle p|\right]} \tag{7.27}$$

证明 事实上, 用

$$\delta\left(x-X\right)=\left|x\right\rangle\left\langle x\right|,\qquad\delta\left(p-P\right)=\left|p\right\rangle\left\langle p\right|$$
$$\left\langle x\right|\left.p\right\rangle=\frac{1}{\sqrt{2\pi}}\mathrm{e}^{\mathrm{i}px}$$

和式 (7.24) 就有

$$\begin{aligned}\frac{\mathrm{Tr}\left[\rho|x\rangle\langle p|\right]}{\mathrm{Tr}\left[|x\rangle\langle p|\right]}&=\sqrt{2\pi}\langle p|\rho|x\rangle\mathrm{e}^{\mathrm{i}px}\\&=2\pi\mathrm{Tr}\left[|x\rangle\langle x|\left.p\right\rangle\langle p|\rho\right]\\&=2\mathrm{Tr}\left[\vdots\,\mathrm{e}^{2\mathrm{i}(x-X)(p-P)}\,\vdots\,\rho\right]\\&=2\mathrm{Tr}\left[\iint_{-\infty}^{\infty}\mathrm{d}p'\mathrm{d}x'\mathrm{e}^{2\mathrm{i}\left(x-x'\right)\left(p-p'\right)}\,\vdots\,\delta\left(x'-X\right)\delta\left(p'-P\right)\,\vdots\,\rho\right]\end{aligned} \tag{7.28}$$

这里

$$\mathrm{Tr}\left[\vdots\,\delta\left(x'-X\right)\delta\left(p'-P\right)\,\vdots\,\rho\right]=\mathrm{Tr}\left[\Delta\left(x',p'\right)\rho\right]=\frac{1}{2\pi}W\left(x',p'\right) \tag{7.29}$$

恰是 ρ 的维格纳函数，故

$$\frac{\mathrm{Tr}\left[\rho|x\rangle\langle p|\right]}{\mathrm{Tr}\left[|x\rangle\langle p|\right]}=\frac{1}{\pi}\iint_{-\infty}^{\infty}\mathrm{d}p'\mathrm{d}x'\mathrm{e}^{2\mathrm{i}\left(x-x'\right)\left(p-p'\right)}W\left(x',p'\right) \tag{7.30}$$

右边是维格纳函数的范氏变换. 其逆变换是

$$W\left(x',p'\right)=\frac{1}{\pi}\iint_{-\infty}^{\infty}\mathrm{d}p\mathrm{d}x\mathrm{e}^{-2\mathrm{i}\left(x-x'\right)\left(p-p'\right)}\frac{\mathrm{Tr}\left[\rho|x\rangle\langle p|\right]}{\mathrm{Tr}\left[|x\rangle\langle p|\right]} \tag{7.31}$$

此式提供了一个求维格纳函数的新方法, 并有利于分析维格纳函数的结构. 特别地, 当 ρ 是纯态时, $\rho=|\psi\rangle\langle\psi|$, 上式变为

$$\frac{1}{\pi}\iint_{-\infty}^{\infty}\mathrm{d}p'\mathrm{d}x'\mathrm{e}^{2\mathrm{i}\left(p-p'\right)\left(x-x'\right)}W\left(x',p'\right)=\frac{\mathrm{e}^{\mathrm{i}px}}{\sqrt{2\pi}}\psi\left(p\right)\psi^{*}\left(x\right) \tag{7.32}$$

以及

$$\frac{1}{\pi}\iint_{-\infty}^{\infty}\mathrm{d}p\mathrm{d}x\mathrm{e}^{-2\mathrm{i}\left(p-p'\right)\left(x-x'\right)}\frac{\mathrm{e}^{\mathrm{i}px}}{\sqrt{2\pi}}\psi\left(p\right)\psi^{*}\left(x\right)=W\left(x',p'\right) \tag{7.33}$$

表明维格纳函数 $W\left(x',p'\right)$ 是波函数 $\frac{\mathrm{e}^{\mathrm{i}px}}{\sqrt{2\pi}}\psi\left(p\right)\psi^{*}\left(x\right)$ 的积分变换, 积分核是 $\mathrm{e}^{-2\mathrm{i}\left(p-p'\right)\left(x-x'\right)}$. 式 (7.31) 实际上也指出了求维格纳函数的一个新方法.

例如当 $\rho=|n\rangle\langle n|$, 是一个纯粒子数态时, 其中 $|n\rangle=\frac{a^{\dagger n}|0\rangle}{\sqrt{n!}}$, 已知

$$\langle p|\,n\rangle=\frac{(-\mathrm{i})^{n}}{\sqrt{2^{n}n!\sqrt{\pi}}}\mathrm{H}_{n}\left(p\right)\mathrm{e}^{-p^{2}/2} \tag{7.34}$$

$$\langle n|\,x\rangle=\frac{1}{\sqrt{2^{n}n!\sqrt{\pi}}}\mathrm{H}_{n}\left(x\right)\mathrm{e}^{-x^{2}/2} \tag{7.35}$$

把式 (7.34)、式 (7.35) 代入式 (7.33) 积分就得到粒子态 $|n\rangle$ 的维格纳函数:

$$\begin{aligned}&\frac{(-\mathrm{i})^{n}}{\sqrt{2\pi}2^{n}n!\pi}\iint_{-\infty}^{\infty}\mathrm{d}p\mathrm{d}x\mathrm{H}_{n}\left(p\right)\mathrm{H}_{n}\left(x\right)\mathrm{e}^{\mathrm{i}px-\frac{p^{2}}{2}-\frac{x^{2}}{2}}\mathrm{e}^{-2\mathrm{i}\left(p-p'\right)\left(x-x'\right)}\\&=\frac{(-1)^{n}}{\pi}\mathrm{e}^{-p'^{2}-x'^{2}}\mathrm{L}_{n}\left[2\left(p'^{2}+x'^{2}\right)\right]\end{aligned} \tag{7.36}$$

这里 L_n 是 n 阶拉盖尔多项式, 即

$$W_{|n\rangle\langle n|}\left(x,p\right)=\frac{(-1)^{n}}{\pi}\mathrm{e}^{-p^{2}-x^{2}}\mathrm{L}_{n}\left[2\left(p^{2}+x^{2}\right)\right] \tag{7.37}$$

由于 $(-1)^n$ 的存在, 该维格纳函数非正定, 所以 $|n\rangle\langle n|$ 是一个非经典态. 式 (7.31) 的反变换直接给出

$$\frac{(-1)^{n}}{\pi}\iint\mathrm{d}p'\mathrm{d}x'\mathrm{e}^{2\mathrm{i}\left(p-p'\right)\left(x-x'\right)}\mathrm{e}^{-p'^{2}-x'^{2}}\mathrm{L}_{n}\left[2\left(p'^{2}+x'^{2}\right)\right] \tag{7.38}$$

$$= \frac{(-\mathrm{i})^n}{\sqrt{2\pi}2^n n!}\mathrm{H}_n(x)\,\mathrm{H}_n(p)\,\mathrm{e}^{\mathrm{i}px-\frac{x^2}{2}-\frac{p^2}{2}}$$

这是一个新的积分公式. 又如混沌光场 (混合态) 的密度算符为

$$\rho_\mathrm{c} = \left(1-\mathrm{e}^\lambda\right)\mathrm{e}^{\lambda a^\dagger a}$$

用 $\sum_{n=0}^{\infty}|n\rangle\langle n|=1$ 和厄密多项式的母函数公式

$$\sum_{n=0}^{\infty}\frac{t^n}{2^n n!}\mathrm{H}_n(x)\,\mathrm{H}_n(y) = \frac{1}{\sqrt{1-t^2}}\exp\left[\frac{2txy-t^2\left(x^2+y^2\right)}{1-t^2}\right]$$

得到

$$\begin{aligned}\langle p'|\,\rho_\mathrm{c}\,|x'\rangle\,\mathrm{e}^{\mathrm{i}p'x'} &= \langle p'|\,\rho_\mathrm{c}\sum_{n=0}^{\infty}|n\rangle\langle n\,|x'\rangle\,\mathrm{e}^{\mathrm{i}p'x'}\\ &= \left(1-\mathrm{e}^\lambda\right)\sum_{n=0}^{\infty}\mathrm{e}^{\lambda n}\langle p'|\,n\rangle\langle n\,|x'\rangle\,\mathrm{e}^{\mathrm{i}p'x'}\\ &= \left(1-\mathrm{e}^\lambda\right)\sum_{n=0}^{\infty}\mathrm{e}^{\lambda n}\frac{(-\mathrm{i})^n}{2^n n!\sqrt{\pi}}\mathrm{H}_n(p')\,\mathrm{H}_n(x')\,\mathrm{e}^{\mathrm{i}p'x'-\frac{p'^2}{2}-\frac{x'^2}{2}}\\ &= \frac{1-\mathrm{e}^\lambda}{\sqrt{\pi}\sqrt{1+\mathrm{e}^{2\lambda}}}\exp\left[\frac{\mathrm{i}x'p'\left(\mathrm{e}^\lambda-1\right)^2+\left(\mathrm{e}^{2\lambda}-1\right)\left(x'^2+p'^2\right)/2}{1+\mathrm{e}^{2\lambda}}\right]\end{aligned}$$

代入式 (7.25) 积分得到混沌光场的维格纳函数

$$W_{\rho_\mathrm{c}} = \frac{1-\mathrm{e}^\lambda}{\pi\left(1+\mathrm{e}^\lambda\right)}\exp\left[\frac{\mathrm{e}^\lambda-1}{1+\mathrm{e}^\lambda}\left(x^2+p^2\right)\right] \tag{7.39}$$

再如, 对于一个单模压缩算符

$$\rho = \mathrm{e}^{\left(a^{\dagger 2}-a^2\right)\lambda/2} \tag{7.40}$$

其坐标表象是

$$\rho_1 = \int_{-\infty}^{\infty}\frac{\mathrm{d}x'}{\sqrt{\mu}}|\frac{x'}{\mu}\rangle\langle x'| \quad \left(\mu = \mathrm{e}^\lambda\right) \tag{7.41}$$

可以直接导出

$$\begin{aligned}\frac{\mathrm{Tr}\left[\rho_1|x\rangle\langle p|\right]}{\mathrm{Tr}\left[|x\rangle\langle p|\right]} &= \sqrt{2\pi}\mathrm{e}^{\mathrm{i}px}\int_{-\infty}^{\infty}\frac{\mathrm{d}x'}{\sqrt{\mu}}\langle p\,|\frac{x'}{\mu}\rangle\langle x'|\,x\rangle\\ &= \int_{-\infty}^{\infty}\frac{\mathrm{d}x'}{\sqrt{\mu}}\mathrm{e}^{\mathrm{i}px-\mathrm{i}p\frac{x'}{\mu}}\delta\left(x'-x\right) = \frac{1}{\sqrt{\mu}}\mathrm{e}^{\mathrm{i}px\left(1-\frac{1}{\mu}\right)}\end{aligned} \tag{7.42}$$

将它代入式 (7.31) 得到压缩算符的维格纳函数

$$W(x',p') = \frac{1}{\pi\sqrt{\mu}}\iint_{-\infty}^{\infty} \mathrm{d}p\mathrm{d}x \mathrm{e}^{-2\mathrm{i}(x-x')(p-p')}\mathrm{e}^{\mathrm{i}px\left(1-\frac{1}{\mu}\right)} \tag{7.43}$$
$$= \frac{2\sqrt{\mu}}{1+\mu}\mathrm{e}^{-2\mathrm{i}p'x'\frac{1-\mu}{1+\mu}} = \mathrm{e}^{2\mathrm{i}p'x'\tanh\lambda}\operatorname{sech}\frac{\lambda}{2}$$

作为其伴随成果, 我们就得到 $\mathrm{e}^{\left(a^{\dagger 2}-a^2\right)\lambda/2}$ 的 Weyl-排序形式

$$\mathrm{e}^{\left(a^{\dagger 2}-a^2\right)\lambda/2} = \operatorname{sech}\frac{\lambda}{2}\iint_{-\infty}^{\infty}\mathrm{d}p\mathrm{d}x\mathrm{e}^{2\mathrm{i}px\tanh\lambda} \vdots\, \delta(p-P)\,\delta(x-X)\, \vdots \tag{7.44}$$
$$= \operatorname{sech}\frac{\lambda}{2} \vdots\, \mathrm{e}^{2\mathrm{i}PX\tanh\lambda}\, \vdots$$

又例如, 求菲涅耳 (Fresnel) 算符的维格纳函数.

相应于经典光学的菲涅耳变换, 量子力学算符为

$$F = \exp\left(\frac{\mathrm{i}B}{2A}P^2\right)\exp\left[\frac{\mathrm{i}}{2}(XP+PX)\ln A\right]\exp\left(-\frac{\mathrm{i}C}{2A}X^2\right) \tag{7.45}$$

其实参数满足 $AD-BC=1$, 用算符恒等式

$$\mathrm{e}^{-\lambda(-\mathrm{i}P)X} = \mathfrak{P}\left\{\exp[(\mathrm{e}^{-\lambda}-1)(-\mathrm{i}P)X]\right\} \tag{7.46}$$

可得

$$\exp\left[\frac{\mathrm{i}}{2}(XP+PX)\ln A\right] = \frac{1}{\sqrt{A}}\mathrm{e}^{\mathrm{i}PX\ln A} = \frac{1}{\sqrt{A}}\mathfrak{P}\exp\left[\mathrm{i}PX\left(1-\frac{1}{A}\right)\right] \tag{7.47}$$

所以

$$\mathrm{Tr}[F|x\rangle\langle p|] = \langle p|\exp\left(\frac{\mathrm{i}B}{2A}P^2\right)\left\{\mathfrak{P}\exp\left[\mathrm{i}PX\left(1-\frac{1}{A}\right)\right]\right\}\exp\left(-\frac{\mathrm{i}C}{2A}X^2\right)|x\rangle$$
$$= \frac{1}{\sqrt{2\pi A}}\mathrm{e}^{\frac{\mathrm{i}B}{2A}p^2}\mathrm{e}^{-\mathrm{i}xp\frac{1}{A}}\mathrm{e}^{\frac{-\mathrm{i}C}{2A}x^2} \tag{7.48}$$

将它代入式 (7.31) 就得菲涅耳算符的维格纳函数

$$W_F(x',p') = \frac{1}{\pi}\iint_{-\infty}^{\infty}\mathrm{d}p\mathrm{d}x\mathrm{e}^{-2\mathrm{i}(x-x')(p-p')}\frac{\mathrm{Tr}[F|x\rangle\langle p|]}{\mathrm{Tr}[|x\rangle\langle p|]}$$
$$= \frac{1}{\pi\sqrt{A}}\iint_{-\infty}^{\infty}\mathrm{d}p\mathrm{d}x\mathrm{e}^{-2\mathrm{i}(x-x')(p-p')}\mathrm{e}^{\frac{\mathrm{i}B}{2A}p^2}\mathrm{e}^{-\mathrm{i}xp\frac{1}{A}}\mathrm{e}^{\frac{-\mathrm{i}C}{2A}x^2}\mathrm{e}^{\mathrm{i}xp}$$
$$= \frac{2}{\sqrt{A+D+2}}\exp\left[\frac{2\mathrm{i}Bx'^2-2\mathrm{i}Cp'^2+2\mathrm{i}(A-D)p'x'}{A+D+2}\right] \tag{7.49}$$

特别地, 取

$$A = \sinh\theta \tag{7.50}$$

$$B = \cosh\theta \tag{7.51}$$

$$C = -\cosh\theta \tag{7.52}$$

$$D = -\sinh\theta \tag{7.53}$$

则有

$$\mathrm{Tr}\left[F|x\rangle\langle p|\right] \to \frac{1}{\sqrt{2\pi \mathrm{i}\sinh\theta}} \mathrm{e}^{\frac{\mathrm{i}\left(x'^2+p'^2\right)}{2\tanh\theta} - \frac{\mathrm{i}x'p'}{\sinh\theta}} \tag{7.54}$$

这里的因子 $\dfrac{1}{\sqrt{\mathrm{i}}}$ 是手动加入的, 是为了今后的方便. 相应地,

$$\begin{aligned} W_F\left(x',p'\right) &\to \sqrt{\frac{2}{\mathrm{i}}}\exp\left[\mathrm{i}\left(x^2+p^2\right)\cosh\theta + 2\mathrm{i}xp\sinh\theta\right] \\ &= \sqrt{\frac{2}{\mathrm{i}}}\exp\left[2\mathrm{i}|\alpha|^2\cosh\theta + \left(\alpha^2-\alpha^{*2}\right)\sinh\theta\right] \end{aligned} \tag{7.55}$$

由于一个算符的维格纳函数与它的经典 Weyl-对应只是差 2π 倍, 根据

$$F = 2\int \mathrm{d}^2\alpha \Delta\left(\alpha,\alpha^*\right) W_F\left(x',p'\right) \tag{7.56}$$

和

$$\Delta\left(\alpha,\alpha^*\right) = \frac{1}{\pi} : \mathrm{e}^{-2\left(a^\dagger-\alpha^*\right)(a-\alpha)} :$$

我们得到

$$\begin{aligned} & 2\int \mathrm{d}^2\alpha \sqrt{\frac{2}{\mathrm{i}}}\mathrm{e}^{2\mathrm{i}|\alpha|^2\cosh\theta + \left(\alpha^2-\alpha^{*2}\right)\sinh\theta} \Delta\left(\alpha,\alpha^*\right) \\ &= \frac{2}{\pi}\int \mathrm{d}^2\alpha \sqrt{\frac{2}{\mathrm{i}}}\mathrm{e}^{2\mathrm{i}|\alpha|^2\cosh\theta + \left(\alpha^2-\alpha^{*2}\right)\sinh\theta} : \mathrm{e}^{-2\left(a^\dagger-\alpha^*\right)(a-\alpha)} : \\ &= \frac{2\sqrt{2}}{\pi\sqrt{\mathrm{i}}} : \int \mathrm{d}^2\alpha \mathrm{e}^{-2|\alpha|^2(1-\mathrm{i}\cosh\theta) + \left(\alpha^2-\alpha^{*2}\right)\sinh\theta + 2a^\dagger\alpha + 2\alpha^* a - 2a^\dagger a} : \\ &= \sqrt{\mathrm{sech}\theta}\,\mathrm{e}^{-\mathrm{i}\frac{\tanh\theta}{2}a^{\dagger 2}} : \mathrm{e}^{(\mathrm{i}\,\mathrm{sech}\theta-1)a^\dagger\alpha} : \mathrm{e}^{\mathrm{i}\frac{\tanh\theta}{2}a^2} \end{aligned} \tag{7.57}$$

其中

$$: \mathrm{e}^{(\mathrm{i}\,\mathrm{sech}\theta-1)a^\dagger\alpha} := \mathrm{e}^{a^\dagger\alpha\ln(\mathrm{i}\,\mathrm{sech}\theta)} = \mathrm{e}^{a^\dagger\alpha\ln\mathrm{sec}h\theta}\mathrm{e}^{\mathrm{i}\frac{\pi}{2}a^\dagger\alpha} \tag{7.58}$$

再用

$$\mathrm{e}^{\mathrm{i}\frac{\pi}{2}a^\dagger\alpha}a^2\mathrm{e}^{\mathrm{i}\frac{\pi}{2}a^\dagger\alpha} = -a^2 \tag{7.59}$$

发现

$$\mathrm{e}^{-\mathrm{i}\frac{\tanh\theta}{2}a^{\dagger 2}}\mathrm{e}^{\ln\mathrm{sech}\theta\left(a^\dagger\alpha+\frac{1}{2}\right)}\mathrm{e}^{-\mathrm{i}\frac{\tanh\theta}{2}a^2}\mathrm{e}^{\mathrm{i}\frac{\pi}{2}a^\dagger\alpha} = \mathrm{e}^{-\mathrm{i}\frac{\theta}{2}\left(a^{\dagger 2}+a^2\right)}\mathrm{e}^{\mathrm{i}\frac{\pi}{2}a^\dagger\alpha} \tag{7.60}$$

称为分数压缩算符，它会导致分数压缩变换.

小结 我们指出了对应量子力学基本对易关系存在积分变换，当取积分核是

$$\frac{1}{\pi}\vdots \exp[\pm 2\mathrm{i}(x-X)(p-P)]\vdots \tag{7.61}$$

时，用这类积分变换就可实现算符的三种常用排序规则的相互转化. 我们还导出了此积分核与维格纳算符之间的关系，以及密度算符 ρ 的维格纳函数与 $\langle p|\rho|x\rangle$ 的关系，相信维格纳函数的这类积分变换对于发展相空间量子力学理论会有更多的用处.

7.5 从 $\mathfrak{P}$- 排序、$\mathfrak{X}$- 排序到 Weyl-排序

我们现在使用范氏变换来讨论一些算符排序的问题. 比如说，如下的积分公式:

$$\iint_{-\infty}^{\infty}\frac{\mathrm{d}x\mathrm{d}y}{\pi}x^m y^r\exp[2\mathrm{i}(y-s)(x-t)]=\left(\frac{1}{\sqrt{2}}\right)^{m+r}(-\mathrm{i})^r\mathrm{H}_{m,r}\left(\sqrt{2}t,\mathrm{i}\sqrt{2}s\right) \tag{7.62}$$

这里，$\mathrm{H}_{m,r}$ 是双变量厄密多项式:

$$\mathrm{H}_{m,r}(t,s)=\sum_{l=0}^{\min(m,r)}\frac{m!r!(-1)^l}{l!(m-l)!(r-l)!}t^{m-l}s^{r-l} \tag{7.63}$$

式 (7.62) 的证明如下:

$$\begin{aligned}
&\mathrm{e}^{2\mathrm{i}st}\left(\frac{\partial}{\partial t}\right)^r\left(\frac{\partial}{\partial s}\right)^m\iint_{-\infty}^{\infty}\frac{\mathrm{d}x\mathrm{d}y}{\pi}\mathrm{e}^{2\mathrm{i}xy}\exp(-2\mathrm{i}yt-2\mathrm{i}sx)\\
&=\mathrm{e}^{2\mathrm{i}st}\left(\frac{\partial}{\partial t}\right)^r\left(\frac{\partial}{\partial s}\right)^m\int_{-\infty}^{\infty}\mathrm{d}x\mathrm{e}^{-2\mathrm{i}sx}\delta(x-t)\\
&=\mathrm{e}^{2\mathrm{i}st}\left(\frac{\partial}{\partial t}\right)^r\left(\frac{\partial}{\partial s}\right)^m\mathrm{e}^{-2\mathrm{i}st}
\end{aligned} \tag{7.64}$$

我们知道

$$\begin{aligned}
X^mP^r&=\iint_{-\infty}^{\infty}\mathrm{d}p\mathrm{d}x x^m p^r\delta(x-X)\delta(p-P)\\
&=\iint_{-\infty}^{\infty}\frac{\mathrm{d}p\mathrm{d}x}{\pi}x^m p^r\vdots\exp[2\mathrm{i}(p-P)(x-X)]\vdots\\
&=\left(\frac{1}{\sqrt{2}}\right)^{m+r}(-\mathrm{i})^r\vdots\mathrm{H}_{m,r}\left(\sqrt{2}X,\mathrm{i}\sqrt{2}P\right)\vdots
\end{aligned} \tag{7.65}$$

这是一个把 $X^m P^r$变成 Weyl-排序的更加简单的方法. 同样地, 我们可以发现 $P^r X^m$ 的 Weyl 形式是

$$\begin{aligned}P^r X^m &= \iint_{-\infty}^{\infty} \mathrm{d}p\mathrm{d}x p^r x^m \delta(p-P)\delta(x-X) \\ &= \iint_{-\infty}^{\infty} \frac{\mathrm{d}p\mathrm{d}x}{\pi} \vdots \exp[-2\mathrm{i}(x-X)(p-P)] \vdots x^m p^r \\ &= \left(\frac{1}{\sqrt{2}}\right)^{m+r} (\mathrm{i})^r \vdots \mathrm{H}_{m,r}\left(\sqrt{2}X, -\mathrm{i}\sqrt{2}P\right) \vdots \end{aligned} \tag{7.66}$$

7.6 从 Weyl-排序到 $\mathfrak{P}$-排序和 $\mathfrak{X}$-排序

我们知道式 (7.62) 的反变换是

$$\iint \frac{\mathrm{d}s\mathrm{d}t}{\pi}\left(\frac{1}{\sqrt{2}}\right)^{m+r} (-\mathrm{i})^r \mathrm{H}_{m,r}\left(\sqrt{2}t, \mathrm{i}\sqrt{2}s\right) \mathrm{e}^{-2\mathrm{i}(y-s)(x-t)} = x^m y^r \tag{7.67}$$

这也是一个新的积分公式. 然后我们有

$$\begin{aligned}&\left(\frac{1}{\sqrt{2}}\right)^{m+r} (-\mathrm{i})^r \mathrm{H}_{m,r}\left(\sqrt{2}X, \mathrm{i}\sqrt{2}P\right)|_{P \text{ before } X} \\ &= \left(\frac{1}{\sqrt{2}}\right)^{m+r} (-\mathrm{i})^r \iint \mathrm{d}p\mathrm{d}x \delta(p-P)\delta(x-X) \mathrm{H}_{m,r}\left(\sqrt{2}x, \mathrm{i}\sqrt{2}p\right) \\ &= \left(\frac{1}{\sqrt{2}}\right)^{m+r} (-\mathrm{i})^r \iint \frac{\mathrm{d}p\mathrm{d}x}{\pi} \mathrm{H}_{m,r}\left(\sqrt{2}x, i\sqrt{2}p\right) \vdots \mathrm{e}^{-2\mathrm{i}(x-X)(p-P)} \vdots = \vdots X^m P^r \vdots \end{aligned} \tag{7.68}$$

通过式 (7.66) 我们发现

$$\left(\frac{1}{\sqrt{2}}\right)^{m+r} (-\mathrm{i})^r \mathrm{H}_{m,r}\left(\sqrt{2}X, \mathrm{i}\sqrt{2}P\right)|_{P\text{在左}} = \sum_{l=0}^{\min(m,r)} \left(\frac{\mathrm{i}}{2}\right)^l l! \binom{r}{l}\binom{m}{l} P^{r-l} X^{m-l} \tag{7.69}$$

于是从式 (7.67) 和式 (7.68) 可以导出

$$\vdots X^m P^r \vdots = \sum_{l=0}^{\min(m,r)} \left(\frac{\mathrm{i}}{2}\right)^l l! \binom{r}{l}\binom{m}{l} P^{r-l} X^{m-l} \tag{7.70}$$

这是把 Weyl-排序转变到 $\mathfrak{P}$-$\mathfrak{X}$ 排序的基本公式.

同样地, 我们有

$$
\begin{aligned}
&\left(\frac{1}{\sqrt{2}}\right)^{m+r}(\mathrm{i})^r \mathrm{H}_{m,r}\left(\sqrt{2}X,-\mathrm{i}\sqrt{2}P\right)|_{X \text{ before } P} \\
&= \iint \mathrm{d}p\mathrm{d}x\delta(x-X)\delta(p-P)\left(\frac{1}{\sqrt{2}}\right)^{m+r}(\mathrm{i})^r \mathrm{H}_{m,r}\left(\sqrt{2}x,-\mathrm{i}\sqrt{2}p\right) \\
&= \iint \frac{\mathrm{d}p\mathrm{d}x}{\pi}\left(\frac{1}{\sqrt{2}}\right)^{m+r}(\mathrm{i})^r \mathrm{H}_{m,r}\left(\sqrt{2}x,-\mathrm{i}\sqrt{2}p\right) \vdots \mathrm{e}^{2\mathrm{i}(x-X)(p-P)} \vdots \\
&= \vdots X^m P^r \vdots = \vdots P^r X^m \vdots
\end{aligned}
\tag{7.71}
$$

所以

$$
\vdots X^m P^r \vdots = \sum_{l=0}^{\min(m,r)} \left(\frac{-\mathrm{i}}{2}\right)^l l! \binom{r}{l}\binom{m}{l} X^{m-l}P^{r-l} \tag{7.72}
$$

这是把 Weyl-排序转变到 $\mathfrak{X}$-$\mathfrak{P}$ 排序的基本公式, 同式 (7.69) 相呼应.

第 8 章

用量子力学表象和IWOP方法研究分数变换

把傅里叶变换的参数分数化是数理方法的一个重要内容, 在信号分析中有广泛的应用. 本章基于适当的量子力学表象提出分数压缩变换和广义傅里叶变换.

8.1 分数傅里叶变换的量子力学观

在光通信、图像处理以及信号分析领域, 分数傅里叶变换 (Fractional Fourier Transform, FrFT) 是非常实用的工具. 分数傅里叶变换的概念最初是在 1980 年由 Namias 提出的. 然而 FrFT 并没有在光学领域大显身手, 直到发现它可以被用于研究光在二次梯度折射率介质 (GRIN media) 中的传播上. Mendlovic 和 Ozaktas 定义了以下形式的 α 阶 FrFT: 令初始函数从二次梯度折射率介质一端 $z=0$ 的地方输入, 而

后在 $z=z_0$ 的平面观察光的分布，这样的分布就对应于 $\left(\frac{z_0}{L}\right)$ 阶的初始函数的分数傅里叶变换. 这里的 $L\equiv\left(\frac{\pi}{2}\right)\left(\frac{n_1}{n_2}\right)^{\frac{1}{2}}$ 表示特征距离, n_1,n_2 是关于介质折射率的物理参数 $n(r)=n_1-\frac{n_2r^2}{2}$, r 表示从光学 z 轴的径向距离. 对于实参数 α 而言, f 的一维 α 阶的 FrFT 变换定义为

$$F_\alpha[f](p)=\frac{\mathrm{e}^{\mathrm{i}\left(\frac{\alpha}{2}-\frac{\pi}{4}\right)}}{\sqrt{2\pi\sin\alpha}}\int_{-\infty}^{\infty}\exp\left[\frac{\mathrm{i}}{2}\left(\frac{p^2+x^2}{\tan\alpha}-\frac{2px}{\sin\alpha}\right)\right]f(x)\mathrm{d}x \tag{8.1}$$

传统的傅里叶变换是简单的 $F_{\pi/2}$. 各为 α 阶和 β 阶的连续两次 FrFT 变换定义如下:

$$(F_\alpha\circ F_\beta)[f]\equiv F_\alpha[F_\beta[f]] \tag{8.2}$$

F_α 的显著的特征是它满足可加性, 也就是说:

$$F_\alpha\circ F_\beta=F_{\alpha+\beta} \tag{8.3}$$

在量子力学的语境中, $f(x)$ 写成了 $\langle x|f\rangle$, $|f\rangle$ 是个量子态, 通常的傅里叶变换可以简单地理解为从坐标表象 $|x\rangle$ 到动量表象 $|p\rangle$ 的表象变换, 即用坐标表象的完备性有

$$\langle p|f\rangle=\int_{-\infty}^{\infty}\langle p|x\rangle\langle x|f\rangle\mathrm{d}x=\int_{-\infty}^{\infty}\frac{\mathrm{e}^{-\mathrm{i}px}}{\sqrt{2\pi}}f(x)\mathrm{d}x \tag{8.4}$$

那么分数傅里叶变换如何用量子力学的观点来描述呢? 用狄拉克记号可将式 (8.4) 写为

$$\langle p|F\rangle=\int_{-\infty}^{\infty}\langle p|K(\alpha)|x\rangle\langle x|f\rangle=\langle p|K(\alpha)|f\rangle$$

其中

$$\langle p|K(\alpha)|x\rangle=\frac{\mathrm{e}^{\mathrm{i}\left(\frac{\alpha}{2}-\frac{\pi}{4}\right)}}{\sqrt{2\pi\sin\alpha}}\exp\left[\frac{\mathrm{i}}{2}\left(\frac{p^2+x^2}{\tan\alpha}-\frac{2px}{\sin\alpha}\right)\right]$$

算符 $K(\alpha)$ 待求.

我们用 IWOP 方法求之. 对上式左边乘上 $\int_{-\infty}^{\infty}\mathrm{d}p|p\rangle$, 右边乘上 $\int_{-\infty}^{\infty}\mathrm{d}x\langle x|$, 这里的

$$|x\rangle=\frac{1}{\pi^{1/4}}\exp\left(-\frac{1}{2}x^2+\sqrt{2}xa^\dagger-\frac{a^{\dagger2}}{2}\right)|0\rangle \tag{8.5}$$

$$|p\rangle=\frac{1}{\pi^{1/4}}\exp\left(-\frac{1}{2}p^2+\mathrm{i}\sqrt{2}pa^\dagger+\frac{a^{\dagger2}}{2}\right)|0\rangle \tag{8.6}$$

$a^\dagger$ 和 a 分别表示玻色产生算符和消灭算符, 满足 $[a,a^\dagger]=1$, $|0\rangle$ 表示真空态, 则直接进行 Ket-Bra 算符的积分, 有

$$\frac{\mathrm{e}^{\mathrm{i}\left(\frac{\alpha}{2}-\frac{\pi}{4}\right)}}{\sqrt{2\pi\sin\alpha}}\iint_{-\infty}^{\infty}\mathrm{d}p\mathrm{d}x|p\rangle\exp\left[\frac{\mathrm{i}}{2}\left(\frac{p^2+x^2}{\tan\alpha}-\frac{2px}{\sin\alpha}\right)\right]\langle x|$$

$$
\begin{aligned}
&= \frac{\mathrm{e}^{\mathrm{i}(\alpha/2-\pi/4)}}{\sqrt{2\pi\sin\alpha}}\left(\sqrt{\pi}\right)^{-1}\iint_{-\infty}^{\infty}\mathrm{d}p\mathrm{d}x : \exp\left[-\frac{1}{2}p^2+\mathrm{i}\sqrt{2}pa^\dagger+\frac{a^{\dagger 2}}{2}\right.\\
&\quad\left.+\frac{\mathrm{i}}{2}\left(\frac{p^2+x^2}{\tan\alpha}-\frac{2px}{\sin\alpha}\right)-\frac{1}{2}x^2+\sqrt{2}xa-\frac{a^2}{2}-a^\dagger a\right]:\\
&= \sqrt{\frac{2}{1-\mathrm{i}\cot\alpha}} : \exp\left[\left(\mathrm{i}\mathrm{e}^{-\mathrm{i}\alpha}-1\right)a^\dagger a\right]:\\
&= \sqrt{2\pi\mathrm{i}\sin\alpha\mathrm{e}^{-\mathrm{i}\alpha}}\exp\left[\mathrm{i}\left(\frac{\pi}{2}-\alpha\right)a^\dagger a\right]
\end{aligned}
$$

另一方面从表象完备性得到

$$
\iint_{-\infty}^{\infty}\mathrm{d}p\mathrm{d}x\left|p\right\rangle\left\langle p\right|K(\alpha)\left|x\right\rangle\left\langle x\right| = K(\alpha)
$$

所以

$$
K(\alpha) = \exp\left[\mathrm{i}\left(\frac{\pi}{2}-\alpha\right)a^\dagger a\right]
$$

因此 α 阶的分数傅里叶变换可以表示如下:

$$
F_\alpha[f](p) = \left\langle p\right|\mathrm{e}^{\mathrm{i}\left(\frac{\pi}{2}-\alpha\right)a^\dagger a}\left|f\right\rangle = \int_{-\infty}^{\infty}K_\alpha(p,x)f(x)\mathrm{d}x \tag{8.7}
$$

这里的积分核 $K_\alpha(p,x)$ 是 $\langle p|K_\alpha|x\rangle$. 换言之, 从量子力学的角度, α 阶的分数傅里叶变换表示一种同时包含表象变换和由算符 $K_\alpha = \mathrm{e}^{\mathrm{i}\left(\frac{\pi}{2}-\alpha\right)a^\dagger a}$ 定义的酉变换的复合变换, 算符 $\mathrm{e}^{\mathrm{i}\pi a^\dagger a/2}$ 是实现其可加性的核心算符.

8.2 分数压缩变换

一个有趣的问题是, 如果我们把正弦函数改写成双曲函数:

$$
\sin\alpha \to \sinh\alpha, \quad \tan\alpha \to \tanh\alpha \tag{8.8}
$$

那么如下的积分核:

$$
\mathfrak{K}_\alpha(p,x) = \frac{1}{\sqrt{2\pi\mathrm{i}\sinh\alpha}}\mathrm{e}^{\frac{\mathrm{i}(x^2+p^2)}{2\tanh\alpha}-\frac{\mathrm{i}xp}{\sinh\alpha}}
$$

属于哪种变换呢?

接下来我们将会说明 $\mathfrak{K}(\alpha)$ 恰好是一个新的量子力学分数压缩变换 (FrST) 的积分核, 用有序算符内积分技术可导出造成 FrST 的酉算符, 它也满足可加性.

对 $\mathfrak{K}(\alpha)$ 左乘 $|x'|_{x'=p}\rangle$, 右乘 $\langle x|$, 再用 $|0\rangle\langle 0| =: \mathrm{e}^{-a^\dagger a}:$ 和 IWOP 方法做如下积分:

$$\begin{aligned}S_\alpha &\equiv \iint_{-\infty}^{\infty} \mathrm{d}x\mathrm{d}p |x'|_{x'=p}\rangle \mathfrak{K}_\alpha(p,x)\langle x| \\ &= \frac{1}{\sqrt{2\pi\mathrm{i}\sinh\alpha}} \iint_{-\infty}^{\infty} \mathrm{d}x\mathrm{d}p |x'|_{x'=p}\rangle \mathrm{e}^{\frac{\mathrm{i}(x^2+p^2)}{2\tanh\alpha} - \frac{\mathrm{i}xp}{\sinh\alpha}} \langle x| \\ &\frac{1}{\sqrt{2\pi\mathrm{i}\sinh\alpha}} \iint \frac{\mathrm{d}x\mathrm{d}p}{\pi^{1/2}} \mathrm{e}^{\frac{\mathrm{i}(x^2+p^2)}{2\tanh\alpha} - \frac{\mathrm{i}xp}{\sinh\alpha}} \\ &\times : \exp\left[-\frac{p^2}{2} + \sqrt{2}pa^\dagger - \frac{a^{\dagger 2}}{2} - \frac{x^2}{2} + \sqrt{2}xa - \frac{a^2}{2} - a^\dagger a\right]:\end{aligned} \tag{8.9}$$

对 $\mathrm{d}x$ 进行积分得

$$\begin{aligned}&\int_{-\infty}^{\infty} \frac{\mathrm{d}x}{\sqrt{\pi}} \exp\left(\frac{\mathrm{i}x^2}{2\tanh\alpha} - \frac{\mathrm{i}xp}{\sinh\alpha} - \frac{x^2}{2} + \sqrt{2}xa\right) \\ &= \int_{-\infty}^{\infty} \frac{\mathrm{d}x}{\sqrt{\pi}} \exp\left[-\frac{x^2}{2}(1-\mathrm{i}\coth\alpha) + x\left(\sqrt{2}a - \frac{\mathrm{i}p}{\sinh\alpha}\right)\right] \\ &= \sqrt{\frac{2}{1-\mathrm{i}\coth\alpha}} \exp\left[\frac{\left(\sqrt{2}a - \frac{\mathrm{i}p}{\sinh\alpha}\right)^2}{2(1-\mathrm{i}\coth\alpha)}\right]\end{aligned} \tag{8.10}$$

接着对 $\mathrm{d}p$ 进行积分得

$$\begin{aligned}&\int_{-\infty}^{\infty} \mathrm{d}p \exp\left\{-\frac{p^2}{2}\left[1-\mathrm{i}\coth\alpha + \frac{1}{\sinh^2\alpha(1-\mathrm{i}\coth\alpha)}\right] + \sqrt{2}p\left[a^\dagger - \frac{\mathrm{i}a}{\sinh\alpha(1-\mathrm{i}\coth\alpha)}\right]\right\} \\ &= \int_{-\infty}^{\infty} \mathrm{d}p \exp\left[\frac{\mathrm{i}p^2}{\tanh\alpha - \mathrm{i}} + \sqrt{2}p\left(a^\dagger - \frac{\mathrm{i}a}{\sinh\alpha(1-\mathrm{i}\coth\alpha)}\right)\right] \\ &= \sqrt{\frac{\pi(\tanh\alpha - \mathrm{i})}{-\mathrm{i}}} \exp\left[-\frac{\tanh\alpha - \mathrm{i}}{2\mathrm{i}}\left(a^\dagger - \frac{\mathrm{i}a}{\sinh\alpha(1-i\coth\alpha)}\right)^2\right]\end{aligned} \tag{8.11}$$

于是

$$\begin{aligned}S_\alpha &= \frac{1}{\sqrt{2\pi\mathrm{i}\sinh\alpha}} \sqrt{\frac{2}{1-\mathrm{i}\coth\alpha}} \sqrt{\frac{\pi(\tanh\alpha - \mathrm{i})}{-\mathrm{i}}} \\ &\times : \exp\left[i\frac{a^{\dagger 2}}{2}\tanh\alpha + a^\dagger a(\mathrm{sech}\alpha - 1) + \mathrm{i}\frac{a^2}{2}\tanh\alpha\right]: \\ &= \sqrt{\mathrm{sech}\alpha} : \exp\left[i\frac{a^{\dagger 2}}{2}\tanh\alpha + a^\dagger a(\mathrm{sech}\alpha - 1) + \mathrm{i}\frac{a^2}{2}\tanh\alpha\right]:\end{aligned} \tag{8.12}$$

再用

$$: \mathrm{e}^{a^\dagger a(\mathrm{sech}\alpha - 1)} := \mathrm{e}^{a^\dagger a \ln \mathrm{sech}\alpha} \tag{8.13}$$

得到

$$S_\alpha=\mathrm{e}^{\mathrm{i}\frac{a^{\dagger 2}}{2}\tanh\alpha}\mathrm{e}^{\left(a^\dagger a+\frac{1}{2}\right)\ln\operatorname{sech}\alpha}\mathrm{e}^{\mathrm{i}\frac{a^2}{2}\tanh\alpha}$$
$$=\exp\left[\frac{\mathrm{i}\alpha}{2}\left(a^2+a^{\dagger 2}\right)\right]\tag{8.14}$$

S_α 是一个压缩算符. 考虑到

$$\int_{-\infty}^{\infty}\mathrm{d}x\,|x\rangle\,\langle p'|_{p'=x}=\int\frac{\mathrm{d}x}{\pi^{1/2}}\exp\left(-\frac{x^2}{2}+\sqrt{2}xa^\dagger-\frac{a^{\dagger 2}}{2}\right)|0\rangle\,\langle 0|\exp\left(-\frac{x^2}{2}-\sqrt{2}ixa+\frac{a^2}{2}\right)$$
$$=\int\frac{\mathrm{d}x}{\sqrt{\pi}}:\exp\left[-x^2+\sqrt{2}x\left(a^\dagger-\mathrm{i}a\right)-\frac{a^{\dagger 2}-a^2}{2}-a^\dagger a\right]:$$
$$=:\exp\left[-(\mathrm{i}+1)\,a^\dagger a\right]:=\exp\left(-\frac{\mathrm{i}\pi}{2}a^\dagger a\right)\tag{8.15}$$

或

$$|x'|_{x'=p}\rangle=\mathrm{e}^{-\mathrm{i}\pi a^\dagger a/2}\,|p\rangle,\ \ \langle p|\,\mathrm{e}^{\mathrm{i}\pi a^\dagger a/2}=\langle x'|_{x'=p}|\tag{8.16}$$

所以 S_α 可化为

$$S_\alpha=\frac{1}{\sqrt{2\pi\mathrm{i}\sinh\alpha}}\mathrm{e}^{-\mathrm{i}\pi a^\dagger a/2}\iint_{-\infty}^{\infty}\mathrm{d}x\mathrm{d}p\,|p\rangle\,\mathrm{e}^{\frac{\mathrm{i}(x^2+p^2)}{2\tanh\alpha}-\frac{\mathrm{i}xp}{\sinh\alpha}}\,\langle x|\tag{8.17}$$

于是

$$\frac{1}{\sqrt{2\pi\mathrm{i}\sinh\alpha}}\iint\mathrm{d}x\mathrm{d}p\,|p\rangle\,\mathrm{e}^{\frac{\mathrm{i}(x^2+p^2)}{2\tanh\alpha}-\frac{\mathrm{i}xp}{\sinh\alpha}}\,\langle x|=\mathrm{e}^{\mathrm{i}\pi a^\dagger a/2}S_\alpha=\mathrm{e}^{\mathrm{i}\pi a^\dagger a/2}\exp\left[\frac{\mathrm{i}\alpha}{2}\left(a^2+a^{\dagger 2}\right)\right]\tag{8.18}$$

鉴于

$$\mathrm{e}^{\mathrm{i}\pi a^\dagger a/2}a\mathrm{e}^{-\mathrm{i}\pi a^\dagger a/2}=a\mathrm{e}^{-\mathrm{i}\pi/2}=-\mathrm{i}a,\quad \mathrm{e}^{\mathrm{i}\pi a^\dagger a/2}a^\dagger\mathrm{e}^{-\mathrm{i}\pi a^\dagger a/2}=a^\dagger\mathrm{e}^{\mathrm{i}\pi/2}=\mathrm{i}a^\dagger\tag{8.19}$$

故

$$\mathrm{e}^{\mathrm{i}\pi a^\dagger a/2}\exp\left[\frac{\mathrm{i}\alpha}{2}\left(a^2+a^{\dagger 2}\right)\right]=\exp\left[-\frac{\mathrm{i}\alpha}{2}\left(a^2+a^{\dagger 2}\right)\right]\mathrm{e}^{\mathrm{i}\pi a^\dagger a/2}\tag{8.20}$$

综合以上讨论可以认定, $\exp\left[-\frac{\mathrm{i}\alpha}{2}\left(a^2+a^{\dagger 2}\right)\right]\mathrm{e}^{\mathrm{i}\pi a^\dagger a/2}$ 是分数压缩算符, 其矩阵元

$$\langle p|\exp\left[-\frac{\mathrm{i}\alpha}{2}\left(a^2+a^{\dagger 2}\right)\right]\mathrm{e}^{\mathrm{i}\pi a^\dagger a/2}\,|x\rangle=\frac{1}{\sqrt{2\pi\mathrm{i}\sinh\alpha}}\mathrm{e}^{\frac{\mathrm{i}(x^2+p^2)}{2\tanh\alpha}-\frac{\mathrm{i}xp}{\sinh\alpha}}=\mathfrak{K}_\alpha(p,x)\tag{8.21}$$

对于量子态 $|f\rangle$ 做分数压缩变换, 用完备性得到

$$\mathfrak{F}_\alpha[f](p)=\langle p|\exp\left[-\frac{\mathrm{i}\alpha}{2}\left(a^2+a^{\dagger 2}\right)\right]\mathrm{e}^{\mathrm{i}\pi a^\dagger a/2}\,|f\rangle$$

$$
\begin{aligned}
&= \iint_{-\infty}^{\infty} \mathrm{d}p' \mathrm{d}x \langle p | p' \rangle \langle p' | \mathrm{e}^{\mathrm{i}\pi a^\dagger a/2} \exp\left[\frac{\mathrm{i}\alpha}{2}\left(a^2 + a^{\dagger 2}\right)\right] | x \rangle \langle x | f \rangle \\
&= \int_{-\infty}^{\infty} \mathrm{d}p' \int \mathrm{d}x \delta(p - p') \langle x' |_{x'=p'} | \exp\left[\frac{\mathrm{i}\alpha}{2}\left(a^2 + a^{\dagger 2}\right)\right] | x \rangle \langle x | f \rangle \\
&= \int_{-\infty}^{\infty} \mathrm{d}x \langle x' |_{x'=p} | \exp\left[\frac{\mathrm{i}\alpha}{2}\left(a^2 + a^{\dagger 2}\right)\right] | x \rangle \langle x | f \rangle \\
&= \int_{-\infty}^{\infty} \mathfrak{K}_\alpha(p, x) f(x) \mathrm{d}x
\end{aligned} \tag{8.22}
$$

以下是可加性的证明.

对于连续两次的分数压缩变换, 用上式以及双曲函数的性质

$$
\tanh(\alpha + \beta) = \frac{\tanh\alpha + \tanh\beta}{1 + \tanh\alpha \tanh\beta} \tag{8.23}
$$

$$
\sinh(\alpha + \beta) = \sinh\alpha \cosh\beta + \sinh\beta \cosh\alpha \tag{8.24}
$$

得到

$$
\begin{aligned}
(\mathfrak{F}_\alpha \circ \mathfrak{F}_\beta)[f](p) &= \int_{-\infty}^{\infty} \mathfrak{K}_\alpha(p, p') \mathrm{d}p' \int_{-\infty}^{\infty} \mathfrak{K}_\beta(p', x) f(x) \mathrm{d}x \\
&= \frac{1}{\sqrt{2\pi\mathrm{i}\sinh\alpha}\sqrt{2\pi\mathrm{i}\sinh\beta}} \int \mathrm{d}p' \exp\left[\frac{\mathrm{i}}{2}\left(\frac{p'^2 + p^2}{\tanh\alpha} - \frac{2p'p}{\sinh\alpha}\right)\right] \\
&\quad \times \int \mathrm{d}x \exp\left[\frac{\mathrm{i}}{2}\left(\frac{x^2 + p'^2}{\tanh\beta} - \frac{2xp'}{\sinh\beta}\right)\right] f(x) \\
&= \frac{1}{\sqrt{2\pi\mathrm{i}\sinh(\alpha + \beta)}} \int \mathrm{d}x \exp\left[\frac{\mathrm{i}}{2}\left(\frac{x^2 + p^2}{\tanh(\alpha + \beta)} - \frac{2xp}{\sinh(\alpha + \beta)}\right)\right] f(x) \\
&= \mathfrak{F}_{\alpha + \beta}[f](p)
\end{aligned} \tag{8.25}
$$

我们也可以用狄拉克符号表示之:

$$
\begin{aligned}
&\int \mathrm{d}x \int \mathrm{d}x' \langle p | \mathrm{e}^{\mathrm{i}\pi a^\dagger a/2} \exp\left[\frac{\mathrm{i}\alpha}{2}\left(a^2 + a^{\dagger 2}\right)\right] | x' \rangle \;_{p'=x'} \langle p' | \mathrm{e}^{\mathrm{i}\pi a^\dagger a/2} \exp\left[\frac{i\beta}{2}\left(a^2 + a^{\dagger 2}\right)\right] | x \rangle \langle x | f \rangle \\
&= \int \mathrm{d}x \int \mathrm{d}x' \langle p | \mathrm{e}^{\mathrm{i}\pi a^\dagger a/2} \exp\left[\frac{\mathrm{i}\alpha}{2}\left(a^2 + a^{\dagger 2}\right)\right] | x' \rangle \langle x' | \exp\left[\frac{\mathrm{i}\beta}{2}\left(a^2 + a^{\dagger 2}\right)\right] | x \rangle \langle x | f \rangle \\
&= \langle p | \mathrm{e}^{\mathrm{i}\pi a^\dagger a/2} \exp\left[\frac{\mathrm{i}(\beta + \alpha)}{2}\left(a^2 + a^{\dagger 2}\right)\right] | f \rangle
\end{aligned} \tag{8.26}
$$

可见, 算符 $\mathrm{e}^{\mathrm{i}\pi a^\dagger a/2}$ 是可加性的关键算符.

压缩态的一个正交分量上表现出来的量子涨落小于相干态, 其代价是在另一个正交分量上的涨落大于相干态. 鉴于不同相位错配的二次非线性晶体的组合可以用二次谐波产生中的振幅压缩机制来数值研究, 我们预期适当的相位错配选择可以在谐波场中实现稳定的分数压缩变换.

8.3 在纠缠态表象中的分数傅里叶变换

两个相互共轭的纠缠态

$$|\eta\rangle=\exp\left(-\frac{1}{2}|\eta|^2+\eta a_1^\dagger-\eta^* a_2^\dagger+a_2^\dagger a_1^\dagger\right)|00\rangle\qquad(\eta=\eta_1+\mathrm{i}\eta_2)\tag{8.27}$$

和

$$|\xi\rangle=\exp\left(-\frac{1}{2}|\xi|^2+a_1^\dagger\xi+\xi^* a_2^\dagger-a_2^\dagger a_1^\dagger\right)|00\rangle\tag{8.28}$$

的内积是

$$\langle\eta|\,\xi\rangle=\frac{1}{2}\exp[(\eta^*\xi-\eta\xi^*)]=\frac{1}{2}\exp[\mathrm{i}\,(\eta_1\xi_2-\eta_2\xi_1)]\tag{8.29}$$

$(\eta^*\xi-\eta\xi^*)$ 是一个纯虚数, 所以是二维傅里叶变换, 但它是 η_1 变量与 ξ_2 变量的互换, 不是 η_1 与 ξ_1 的互换, 具有纠缠性. 在此基础上, 我们可以构造纠缠分数傅里叶变换, 其变换的积分核是

$$K_\alpha(\eta,\xi)\equiv\langle\eta|\,K_\alpha\,|\xi\rangle=\frac{\mathrm{e}^{\mathrm{i}\left(\alpha-\frac{\pi}{2}\right)}}{2\sin\alpha}\exp\left(\frac{\mathrm{i}\left(|\eta|^2+|\xi|^2\right)}{2\tan\alpha}-\mathrm{i}\frac{\xi\eta^*+\xi^*\eta}{2\sin\alpha}\right)\tag{8.30}$$

K_α 叫作复域的分数傅里叶变换 (Complex Fractional Fourier Transform, CFrFT) 算子, 它可以从对上式左乘 $|\eta\rangle$, 右乘 $\langle\xi|$, 再用 IWOP 方法施行积分得到,

$$\int\frac{\mathrm{d}^2\xi}{\pi}\int\frac{\mathrm{d}^2\eta}{\pi}|\eta\rangle\langle\eta|\,K_\alpha\,|\xi\rangle\langle\xi|=K_\alpha$$

结果是

$$K_\alpha=\mathrm{e}^{-\mathrm{i}\alpha\left(a_1^\dagger a_1+a_2^\dagger a_2\right)}\mathrm{e}^{\mathrm{i}\pi a_2^\dagger a_2}\tag{8.31}$$

$$K_\alpha^\dagger=\mathrm{e}^{-\mathrm{i}\pi a_2^\dagger a_2}\mathrm{e}^{\mathrm{i}\alpha\left(a_1^\dagger a_1+a_2^\dagger a_2\right)}=\mathrm{e}^{\mathrm{i}\alpha\left(a_1^\dagger a_1+a_2^\dagger a_2\right)}\mathrm{e}^{\mathrm{i}\pi a_2^\dagger a_2}=\mathrm{K}_{-\alpha}\tag{8.32}$$

$\mathrm{e}^{\mathrm{i}\pi a_2^\dagger a_2}$ 叫作纠缠分数傅里叶变换的核心算子. 值得强调的是, 这可以作为 CFrFT 算子的可加性规则 $K_\alpha\circ K_\beta[f]=K_{\alpha+\beta}[f]$ 的本质来源.

通过"分数化"我们得到可加性规则 (或者组合规则) $K_\alpha\circ K_\beta[f]=K_{\alpha+\beta}[f]$, 即两个连续的携带参数 α 和 β 的 CFrFTs 恒等于

$$K_\alpha\circ K_\beta[f]=\int\frac{\mathrm{d}^2\xi}{\pi}\int\frac{\mathrm{d}^2\xi'}{\pi}\mathrm{K}_\alpha(\eta,\xi')\left[\mathrm{K}_\beta(\eta',\xi)\left|_{\eta'=\xi'}\right.\right]f(\xi)$$

$$
\begin{aligned}
&= \int \frac{d^2\xi}{\pi} \mathrm{K}_{\alpha+\beta}(\eta,\xi) f(\xi) \\
&= \frac{e^{i\left(\alpha+\beta-\frac{\pi}{2}\right)}}{2\sin(\alpha+\beta)} \int \frac{d^2\xi}{\pi} \exp\left[\frac{i\left(|\eta|^2+|\xi|^2\right)}{2\tan(\alpha+\beta)} - i\frac{\xi\eta^*+\xi^*\eta}{2\sin(\alpha+\beta)}\right] f(\xi) \\
&= K_{\alpha+\beta}[f]
\end{aligned} \tag{8.33}
$$

注意到, $K_\alpha(\eta,\xi) \equiv \langle\eta| K_\alpha |\xi\rangle$ 是一个矩阵元素的变换形式 $|\xi\rangle$ 到 $\langle\eta|$. 在狄拉克符号下, 式 (8.33) 可以表达为

$$
\begin{aligned}
&\int \frac{d^2\xi}{\pi} \int \frac{d^2\xi'}{\pi} \langle\eta| K_\alpha |\xi'\rangle \ {}_{\eta'=\xi'}\langle\eta'| K_\beta |\xi\rangle \langle\xi| f\rangle \\
&= \int \frac{d^2\xi}{\pi} \langle\eta| K_\alpha W K_\beta |\xi\rangle \langle\xi| f\rangle \\
&= \int \frac{d^2\xi}{\pi} \langle\eta| K_{\alpha+\beta} |\xi\rangle \langle\xi| f\rangle
\end{aligned} \tag{8.34}
$$

这里的核心算子扮演了 $|\eta\rangle$ 到 $|\xi\rangle_{\xi=\eta}$ 的变换:

$$
W|\eta\rangle = \exp\left(-\frac{1}{2}|\eta|^2 + \eta a_1^\dagger - \eta^* a_2^\dagger e^{-i\pi} + e^{-i\pi} a_1^\dagger a_2^\dagger\right)|00\rangle = |\xi\rangle_{\xi=\eta} \tag{8.35}
$$

用

$$
|00\rangle\langle 00| =: e^{-a_1^\dagger a_1 - a_2^\dagger a_2} : \tag{8.36}
$$

可得

$$
\begin{aligned}
W &\equiv \int \frac{d^2\xi'}{\pi} |\xi'\rangle \ {}_{\eta'=\xi'}\langle\eta'| \\
&= \int \frac{d^2\xi'}{\pi} \exp\left(-\frac{|\xi'|^2}{2} + a_1^\dagger\xi' + \xi'^* a_2^\dagger - a_2^\dagger a_1^\dagger\right)|00\rangle\langle 00| \\
&\quad \times \exp\left(-\frac{1}{2}|\eta'|^2 + \eta'^* a_1 - \eta' a_2 + a_2 a_1]_{\eta'=\xi'}\right) \\
&= \int \frac{d^2\xi'}{\pi} : \exp\left[-|\xi'|^2 + \left(a_1^\dagger - a_2\right)\xi' + \xi'^*\left(a_2^\dagger + a_1\right) - a_2^\dagger a_1^\dagger + a_2 a_1 - a_1^\dagger a_1 - a_2^\dagger a_2\right] : \\
&=: \exp\left[\left(a_1^\dagger - a_2\right)\left(a_2^\dagger + a_1\right) - a_2^\dagger a_1^\dagger + a_2 a_1 - a_1^\dagger a_1 - a_2^\dagger a_2\right] :=: \exp\left(-2a_2^\dagger a_2\right) : \\
&= \exp\left(-i\pi a_2^\dagger a_2\right)
\end{aligned} \tag{8.37}
$$

然后从式 (8.34) 和式 (8.37) 我们知道

$$
K_{\alpha+\beta} = K_\alpha W K_\beta = \exp\left[-i(\alpha+\beta)\left(a_1^\dagger a_1 + a_2^\dagger a_2\right)\right]\exp\left(i\pi a_2^\dagger a_2\right) \tag{8.38}
$$

8.4 汉克尔变换的量子力学观

在数学物理中, 汉克尔变换 (HT) 对解有明显物理背景的、带有合适的初始-边界值的线性偏微分方程的问题非常有效. 比如, 膜的自由振动, 有稳定热源的半无穷大的固体的温度分布, 轴对称的扩散方程, 声学辐射方程, 轴对称 Cauchy-Poisson 水波方程等. 一个函数 $f(r)$ 的汉克尔变换定义为

$$\mathcal{H}_n\{f(r)\}=\int_0^{\infty} rJ_n(kr)f(r)\mathrm{d}r=\tilde{f}_n(k) \tag{8.39}$$

这里的 $J_n(kr)$ 就是 n 阶拉普拉斯函数.

逆汉克尔变换是

$$\mathcal{H}_n^{-1}[\tilde{f}_n(k)]=\int_0^{\infty} kJ_n(kr)\tilde{f}_n(k)\mathrm{d}k \tag{8.40}$$

诚如傅里叶变换的量子力学观是坐标-动量表象的互换, 物理上反应德布罗意波粒二象性. 那么汉克尔变换对应量子力学的什么表象变换呢? 此问题首先由中国学者提出并解决. 为此, 我们引入诱导纠缠态表象, 具体做法如下介绍.

在纠缠态 $|\eta\rangle$ 及其共轭态 $|\xi\rangle$ 中取 $\eta=r\mathrm{e}^{\mathrm{i}\varphi},\xi=r'\mathrm{e}^{\mathrm{i}\theta}$, 以如下积分引入两个新态矢量:

$$|q,r\rangle\equiv\frac{1}{2\pi}\int_0^{2\pi}\mathrm{d}\varphi\left|\eta=r\mathrm{e}^{\mathrm{i}\varphi}\right\rangle\mathrm{e}^{-\mathrm{i}q\varphi} \tag{8.41}$$

和

$$|s,r')=\frac{1}{2\pi}\int_0^{2\pi}\mathrm{d}\theta\left|\xi'=r'\mathrm{e}^{\mathrm{i}\theta}\right\rangle\mathrm{e}^{-\mathrm{i}s\theta} \tag{8.42}$$

注意记号 $|\ \rangle$ 与 $|\ )$ 的区别. 鉴于 $\left[a_1^\dagger a_1-a_2^\dagger a_2,(a_1-a_2^\dagger)(a_1^\dagger-a_2)\right]=0$, 它们有共同的本征态, 正是 $|q,r\rangle$, 有

$$\left(a_1^\dagger a_1-a_2^\dagger a_2\right)|q,r\rangle=q\,|q,r\rangle \tag{8.43}$$

$$(a_1-a_2^\dagger)(a_1^\dagger-a_2)\,|q,r\rangle=r^2\,|q,r\rangle \tag{8.44}$$

读者可以自行证明之. 还可以证明 $|q,r\rangle$ 有正交完备性:

$$\sum_{q=-\infty}^{\infty}\int_0^{\infty}\mathrm{d}r^2\,|q,r\rangle\,\langle q,r|=1 \tag{8.45}$$

$$\langle q,r|\, q',r'\rangle = \delta_{q,q'}\frac{1}{2r}\delta(r-r') \tag{8.46}$$

故有资格形成一个表象. 类似地,

$$\left(a_1^\dagger a_1 - a_2^\dagger a_2\right)|s,r') = s\,|s,r'),\quad (a_1^\dagger + a_2)(a_1 + a_2^\dagger)\,|s,r') = r'^2\,|s,r') \tag{8.47}$$

故 $\xi\,|s,r')$ 也有正交完备性

$$\sum_{s=-\infty}^{\infty}\int_0^\infty \mathrm{d}r'^2\,|s,r')\,(s,r'| = 1,\quad (s,r'|\, s,r'') = \delta_{s,s'}\frac{1}{2r'}\delta(r'-r'') \tag{8.48}$$

$|q,r\rangle$ 和 $|s,r')$ 称为诱导纠缠态表象.

计算

$$\begin{aligned}(s,r'|\, q,r\rangle &= \frac{1}{4\pi^2}\int_0^{2\pi}\mathrm{d}\varphi\mathrm{e}^{\mathrm{i}s\varphi}\left\langle \xi = r'\mathrm{e}^{\mathrm{i}\varphi}\right|\int_0^{2\pi}\mathrm{d}\theta\left|\eta = r\mathrm{e}^{\mathrm{i}\theta}\right\rangle\mathrm{e}^{-\mathrm{i}q\theta}\\ &= \frac{1}{8\pi^2}\int_0^{2\pi}\int_0^{2\pi}\mathrm{e}^{-\mathrm{i}q\theta}\mathrm{e}^{\mathrm{i}s\varphi}\exp\left[\mathrm{i}rr'\sin(\theta-\varphi)\right]\mathrm{d}\theta\mathrm{d}\varphi\\ &= \frac{1}{8\pi^2}\int_0^{2\pi}\int_0^{2\pi}\mathrm{e}^{\mathrm{i}s\varphi}\mathrm{e}^{-\mathrm{i}q\theta}\sum_{m=-\infty}^{\infty}J_m(rr')\exp\left[\mathrm{i}m(\theta-\varphi)\right]\\ &= \frac{1}{2}\delta_{s,q}J_s(rr')\end{aligned} \tag{8.49}$$

这里 J_s 是贝塞尔函数

$$J_s(x) = \sum_{k=0}^{\infty}\frac{(-1)^s}{k!\,(s+k)!}\left(\frac{x}{2}\right)^{s+2k} \tag{8.50}$$

其生成函数是

$$\mathrm{e}^{\mathrm{i}x\sin t} = \sum_{s=-\infty}^{\infty}J_s(x)\,\mathrm{e}^{\mathrm{i}st} \tag{8.51}$$

定义

$$\langle q,r|\, g\rangle = g(q,r),\quad (s,r'|\, g\rangle = \mathcal{G}(s,r') \tag{8.52}$$

得到

$$\begin{aligned}\mathcal{G}(s,r') &= \sum_{q=-\infty}^{\infty}\int_0^\infty \mathrm{d}r^2\,(s,r'|\, q,r\rangle\,\langle q,r|\, g\rangle\\ &= \int_0^\infty r\mathrm{d}rJ_s(rr')\,g(s,r)\\ &\equiv \mathcal{H}\left[g(s,r)\right]\end{aligned} \tag{8.53}$$

这就是 $g(q,r)$ 的汉克尔变换, 这是值得注意的, 因为现在我们知道汉克尔变换的核的量子力学“版本”正好是 $|q,r\rangle$ 和 $(s,r'|$ 之间的变换, 或者我们说汉克尔变换有其量子力

学表象实现—— $\langle s,r'|\,q,r\rangle$. 其逆变换是诱导纠缠态表象

$$\begin{aligned}\langle q,r|\,g\rangle &= \sum_{s=-\infty}^{\infty}\int_0^{\infty}\mathrm{d}r'^2\,\langle q,r|\,s,r'\rangle\,(s,r'|\,g\rangle \\ &= \int_0^{\infty} r'\mathrm{d}r' J_s\left(rr'\right)g\left(q,r'\right) \\ &= \mathcal{H}^{-1}\left[g\left(q,r'\right)\right] \end{aligned} \tag{8.54}$$

8.5 分数汉克尔变换

在纠缠傅里叶变换的基础上, 我们考虑以下积分:

$$\begin{aligned}K_{\alpha;q,s}\left(r,r'\right) &\equiv \frac{1}{4\pi^2}\int_0^{2\pi}\mathrm{d}\varphi\int_0^{2\pi}\mathrm{d}\theta\mathrm{e}^{\mathrm{i}q\theta}\mathrm{e}^{-\mathrm{i}s\varphi}\left\langle \eta=r\mathrm{e}^{\mathrm{i}\theta}\right|K_\alpha\left|\xi=r'\mathrm{e}^{\mathrm{i}\varphi}\right\rangle \\ &= \frac{1}{4\pi^2}\int_0^{2\pi}\mathrm{d}\varphi\int_0^{2\pi}\mathrm{d}\theta\mathrm{e}^{-\mathrm{i}s\varphi}\mathrm{e}^{\mathrm{i}q\theta}\frac{\mathrm{e}^{\mathrm{i}\left(\alpha-\frac{\pi}{2}\right)}}{2\sin\alpha}\exp\left[\frac{\mathrm{i}\left(|\eta|^2+|\xi|^2\right)}{2\tan\alpha}-\mathrm{i}\frac{\xi\eta^*+\xi^*\eta}{2\sin\alpha}\right]\end{aligned} \tag{8.55}$$

其本质是在诱导纠缠态表象中的分数汉克尔变换

$$K_{\alpha;q,s}\left(r,r'\right)=\frac{1}{4\pi^2}\int_0^{2\pi}\mathrm{d}\varphi\int_0^{2\pi}\mathrm{d}\theta\mathrm{e}^{\mathrm{i}q\theta}\left\langle\eta=r\mathrm{e}^{\mathrm{i}\theta}\right|K_\alpha\left|\xi=r'\mathrm{e}^{\mathrm{i}\varphi}\right\rangle\mathrm{e}^{-\mathrm{i}s\varphi}=\langle q,r|\,\mathrm{K}_\alpha\,|s,r'\rangle \tag{8.56}$$

鉴于

$$\begin{aligned}&\left\langle\eta=r\mathrm{e}^{\mathrm{i}\theta}\right|K_\alpha\left|\xi=r'\mathrm{e}^{\mathrm{i}\varphi}\right\rangle \\ &\quad=\frac{\mathrm{e}^{\mathrm{i}\left(\alpha-\frac{\pi}{2}\right)}}{2\sin\alpha}\exp\left\{\frac{\mathrm{i}\left(r^2+r'^2\right)}{2\tan\alpha}-\mathrm{i}\frac{rr'\left[\mathrm{e}^{-\mathrm{i}(\theta-\varphi)}+\mathrm{e}^{\mathrm{i}(\theta-\varphi)}\right]}{2\sin\alpha}\right\} \\ &\quad=\frac{\mathrm{e}^{\mathrm{i}\left(\alpha-\frac{\pi}{2}\right)}}{2\sin\alpha}\exp\left[\frac{\mathrm{i}\left(r^2+r'^2\right)}{2\tan\alpha}-\mathrm{i}\frac{rr'}{\sin\alpha}\sin\left(\frac{\pi}{2}-\theta+\varphi\right)\right]\end{aligned} \tag{8.57}$$

而且

$$\exp\left[-\mathrm{i}\frac{rr'}{\sin\alpha}\sin\left(\frac{\pi}{2}-\theta+\varphi\right)\right]=\sum_{m=-\infty}^{\infty}J_m\left(-\frac{rr'}{\sin\alpha}\right)\mathrm{e}^{\mathrm{i}m\left(\frac{\pi}{2}-\theta+\varphi\right)} \tag{8.58}$$

所以

$$\begin{aligned}
&\frac{1}{4\pi^2}\int_0^{2\pi}\mathrm{d}\theta\int_0^{2\pi}\mathrm{d}\varphi \mathrm{e}^{\mathrm{i}q\theta}\mathrm{e}^{-\mathrm{i}s\varphi}\sum_{m=-\infty}^{\infty}J_m\left(-\frac{rr'}{\sin\alpha}\right)\mathrm{e}^{\mathrm{i}m\left(\frac{\pi}{2}-\theta+\varphi\right)}\\
&=\sum_{m=-\infty}^{\infty}J_m\left(-\frac{rr'}{\sin\alpha}\right)\mathrm{i}^m\delta_{q,m}\delta_{s,m}\\
&=J_q\left(-\frac{rr'}{\sin\alpha}\right)\delta_{s,q}\mathrm{i}^q
\end{aligned}\tag{8.59}$$

将它代入式 (8.57) 得到

$$\langle q,r|K_\alpha|s,r'\rangle=\frac{\mathrm{e}^{\mathrm{i}\left(\alpha-\frac{\pi}{2}\right)}}{2\sin\alpha}\exp\left[\frac{\mathrm{i}\left(r^2+r'^2\right)}{2\tan\alpha}\right]J_q\left(-\frac{rr'}{\sin\alpha}\right)\delta_{s,q}\mathrm{i}^q\tag{8.60}$$

其复共轭是

$$\begin{aligned}
\langle q,r|K_\alpha|s,r'\rangle^*&=(s,r'|K_\alpha^\dagger|q,r\rangle\\
&=(s,r'|K_{-\alpha}|q,r\rangle\\
&=\frac{\mathrm{e}^{-\mathrm{i}(\alpha-\pi/2)}}{2\sin\alpha}\exp\left[\frac{-\mathrm{i}\left(r^2+r'^2\right)}{2\tan\alpha}\right]J_q\left(-\frac{rr'}{\sin\alpha}\right)\delta_{s,q}(-\mathrm{i})^q
\end{aligned}\tag{8.61}$$

故

$$\begin{aligned}
(s,r'|K_\alpha|q,r\rangle&=-\frac{\mathrm{e}^{\mathrm{i}(\alpha+\pi/2)}}{2\sin\alpha}\exp\left[\frac{\mathrm{i}\left(r^2+r'^2\right)}{2\tan\alpha}\right]J_q\left(\frac{rr'}{\sin\alpha}\right)\delta_{s,q}(-\mathrm{i})^q\\
&=\frac{\mathrm{e}^{\mathrm{i}\alpha}}{2\sin\alpha}\exp\left[\frac{\mathrm{i}\left(r^2+r'^2\right)}{2\tan\alpha}\right]J_q\left(\frac{rr'}{\sin\alpha}\right)\delta_{s,q}(-\mathrm{i})^{q+1}\\
&=(s,r|K_\alpha|q,r'\rangle\equiv\mathfrak{K}_{\alpha;s,q}(r,r')
\end{aligned}\tag{8.62}$$

令

$$\langle q,r|f\rangle=f(q,r),\quad |F\rangle=\mathrm{K}_\alpha|f\rangle\tag{8.63}$$

则用完备性关系和式 (8.63) 就有

$$\begin{aligned}
(s,r|F\rangle=(s,r|K_\alpha|f\rangle&=\sum_{q=-\infty}^{\infty}\int_0^\infty\mathrm{d}r'^2(s,r|K_\alpha|q,r'\rangle\langle q,r'|f\rangle\\
&=\frac{\mathrm{e}^{\mathrm{i}\alpha}}{2\sin\alpha}\sum_{q=-\infty}^{\infty}\int_0^\infty\mathrm{d}r'^2\delta_{s,q}(-\mathrm{i})^{q+1}\exp\left[\frac{\mathrm{i}\left(r^2+r'^2\right)}{2\tan\alpha}\right]J_q\left(\frac{rr'}{\sin\alpha}\right)f(q,r')\\
&=\mathrm{e}^{\mathrm{i}\alpha}\int_0^\infty\mathrm{d}r'^2\frac{(-\mathrm{i})^{s+1}}{2\sin\alpha}\exp\left[\frac{\mathrm{i}\left(r^2+r'^2\right)}{2\tan\alpha}\right]J_s\left(\frac{rr'}{\sin\alpha}\right)f(s,r')
\end{aligned}\tag{8.64}$$

这就是 $f(s,r')$ 的分数汉克尔变换.

8.6 分数汉克尔变换的可加性

现在证明分数汉克尔变换的可加性. 先将它表达为

$$\sum_{q'=-\infty}^{\infty}\int_0^{\infty}\mathrm{d}r''^2\mathfrak{K}_{\beta;q,q'}(r',r'')f(q',r'')=\sum_{q'=-\infty}^{\infty}\int_0^{\infty}\mathrm{d}r''^2(q,r'|\mathrm{K}_\beta|q',r''\rangle\langle q',r''|f\rangle \tag{8.65}$$

于是接连两次汉克尔变换的结果是

$$\begin{aligned}
&K_\alpha\circ K_\beta[f](s,r)\\
&=\sum_{q=-\infty}^{\infty}\int_0^{\infty}\mathrm{d}r'^2\mathfrak{K}_{\alpha;s,q}(r,r')\sum_{q'=-\infty}^{\infty}\int_0^{\infty}\mathrm{d}r''^2\mathfrak{K}_{\beta;q,q'}(r',r'')f(q',r'')\\
&=\mathrm{e}^{\mathrm{i}\alpha}\sum_{q=-\infty}^{\infty}\int_0^{\infty}\mathrm{d}r'^2\delta_{s,q}\frac{(-\mathrm{i})^{q+1}}{2\sin\alpha}\exp\left[\frac{\mathrm{i}(r^2+r'^2)}{2\tan\alpha}\right]J_q\left(\frac{rr'}{\sin\alpha}\right)\\
&\quad\times\mathrm{e}^{\mathrm{i}\beta}\sum_{q'=-\infty}^{\infty}\int_0^{\infty}\mathrm{d}r''^2\delta_{q,q'}\frac{(-\mathrm{i})^{q'+1}}{2\sin\beta}\exp\left[\frac{\mathrm{i}(r'^2+r''^2)}{2\tan\beta}\right]J_{q'}\left(\frac{r'r''}{\sin\beta}\right)f(q',r'')\\
&=\mathrm{e}^{\mathrm{i}\alpha}\mathrm{e}^{\mathrm{i}\beta}(-1)^{s+1}\int_0^{\infty}\mathrm{d}r'^2\frac{1}{2\sin\alpha}\exp\left[\frac{\mathrm{i}(r^2+r'^2)}{2\tan\alpha}\right]J_s\left(\frac{rr'}{\sin\alpha}\right)\\
&\quad\times\int_0^{\infty}\mathrm{d}r''^2\frac{1}{2\sin\beta}\exp\left[\frac{\mathrm{i}(r'^2+r''^2)}{2\tan\beta}\right]J_s\left(\frac{r'r''}{\sin\beta}\right)f(s,r'')\\
&=\frac{\mathrm{e}^{\mathrm{i}\alpha}\mathrm{e}^{\mathrm{i}\beta}(-1)^{s+1}}{4\sin\alpha\sin\beta}\exp\left(\frac{\mathrm{i}r^2}{2\tan\alpha}\right)\int_0^{\infty}\mathrm{d}r''^2\exp\left(\frac{\mathrm{i}r''^2}{2\tan\beta}\right)f(s,r'')\\
&\quad\times\int_0^{\infty}\mathrm{d}r'^2\exp\left(-\frac{r'^2}{2\mathrm{i}}\frac{\tan\alpha+\tan\beta}{\tan\alpha\tan\beta}\right)J_s\left(\frac{rr'}{\sin\alpha}\right)J_s\left(\frac{r'r''}{\sin\beta}\right)\\
&=\frac{\mathrm{e}^{\mathrm{i}\alpha}\mathrm{e}^{\mathrm{i}\beta}(-1)^{s+1}}{4\sin\alpha\sin\beta}\frac{2\mathrm{i}\tan\alpha\tan\beta}{\tan\alpha+\tan\beta}\exp\left(\frac{\mathrm{i}r^2}{2\tan\alpha}\right)\int_0^{\infty}\mathrm{d}r''^2\exp\left(\frac{\mathrm{i}r''^2}{2\tan\beta}\right)f(s,r'')\\
&\quad\times\exp\left[-\frac{\mathrm{i}\tan\alpha\tan\beta}{2(\tan\alpha+\tan\beta)}\left(\frac{r^2}{\sin^2\alpha}+\frac{r''^2}{\sin^2\beta}\right)+\mathrm{i}s\frac{\pi}{2}\right]\\
&\quad\times J_s\left(-\frac{\mathrm{i}\tanh\alpha\tanh\beta}{\tanh\alpha+\tanh\beta}\frac{\mathrm{i}rr''}{\sin\alpha\sin\beta}\right)
\end{aligned}\tag{8.66}$$

其中用了积分公式

$$\int_0^{\infty} \mathrm{d}r^2 \mathrm{e}^{-\lambda r^2} J_s(vr) J_s(ur) = \frac{1}{\lambda} \exp\left[-\frac{1}{4\lambda}\left(v^2+u^2\right)+\mathrm{i}s\frac{\pi}{2}\right] J_s\left(-\frac{ivu}{2\lambda}\right) \tag{8.67}$$

进一步, 用

$$\begin{cases} \dfrac{1}{\sin\alpha\sin\beta}\dfrac{\tan\alpha\tan\beta}{(\tan\alpha+\tan\beta)} = \dfrac{1}{\sin(\alpha+\beta)} \\ \dfrac{1}{\tan\alpha} - \dfrac{\tan\beta\tan\alpha}{(\tan\alpha+\tan\beta)}\dfrac{1}{\sin^2\alpha} = \dfrac{1-\tan\beta\tan\alpha}{\tan\alpha+\tan\beta} = \dfrac{1}{\tan(\alpha+\beta)} \end{cases} \tag{8.68}$$

式 (8.66) 变为

$$\begin{aligned} K_\alpha \circ K_\beta[f](s,r) &= (-\mathrm{i})^{s+1}\frac{\mathrm{e}^{\mathrm{i}(\alpha+\beta)}}{2\sin(\alpha+\beta)}\int_0^{\infty}\mathrm{d}r''^2 \\ &\quad \exp\left[\frac{\mathrm{i}(r^2+r''^2)}{2\tan(\alpha+\beta)}\right] J_s\left(\frac{rr''}{\sin(\alpha+\beta)}\right) f(s,r'') \\ &= K_{\alpha+\beta}[f](s,r) \end{aligned} \tag{8.69}$$

显示了分数汉克尔变换的可加性

小结 分数汉克尔变换是 $K_\alpha = \mathrm{e}^{-\mathrm{i}\alpha\left(a_1^\dagger a_1 + a_2^\dagger a_2\right)}\mathrm{e}^{\mathrm{i}\pi a_2^\dagger a_2}$ 在两个互为共轭的诱导纠缠态表象中的矩阵元, $(s,r'|\,q,r\rangle = \frac{1}{2}\delta_{s,q}J_s(rr')$ 是贝塞尔函数.

第 9 章

广义小波变换的量子力学观

由于傅里叶变换不是局域的, 其变换核 $\exp(\mathrm{i}xp)$ 是平面波 (长波), 于是人们提出小波 (局域波) 变换, 可广泛地应用于暂态、非稳定信号分析. 数学上, 需定义一个母小波函数 $\psi(x)$, 它在 $|x|$ 趋于无穷时急速衰减为 0, 即有性质

$$\begin{cases} \int_{-\infty}^{\infty}\psi(x)\,\mathrm{d}x=0 \\ \int_{-\infty}^{\infty}x^{l}\psi(x)\,\mathrm{d}x=0 \qquad (l=0,1,2,\cdots,L) \end{cases} \tag{9.1}$$

母小波函数$\psi(x)$ 生成一个函数家族 $\psi_{(\mu,s)}$, 其中 μ 是压缩参数, $\mu>0$, s 是平移参数, $s\in\mathrm{R}$, 有

$$\psi_{(\mu,s)}(x)=\frac{1}{\sqrt{\mu}}\psi\left(\frac{x-s}{\mu}\right) \tag{9.2}$$

信号 $f(x)\in L^{2}(\mathrm{R})$ 借助于 ψ 的小波变换定义为

$$W_{\psi}f(\mu,s)=\frac{1}{\sqrt{\mu}}\int_{-\infty}^{\infty}f(x)\psi^{*}\left(\frac{x-s}{\mu}\right)\mathrm{d}x \tag{9.3}$$

9.1 小波变换的量子力学观

用狄拉克记号, 我们将上式化为

$$W_\psi f(\mu,s)=\langle\psi|U(\mu,s)|f\rangle \tag{9.4}$$

其中, $\langle\psi|$ 是对应母小波函数的态矢量, $|f\rangle$ 是待变换的态,

$$U(\mu,s)\equiv\frac{1}{\sqrt{\mu}}\int_{-\infty}^{\infty}\left|\frac{x-s}{\mu}\right\rangle\langle x|\mathrm{d}x \tag{9.5}$$

是压缩平移算符, $|x\rangle$ 是坐标本征态:

$$|x\rangle=\pi^{-\frac{1}{4}}\exp\left(-\frac{1}{2}x^2+\sqrt{2}xa^\dagger-\frac{a^{\dagger2}}{2}\right)|0\rangle \tag{9.6}$$

这里, $X|x\rangle=x|x\rangle$, $X=\dfrac{a^\dagger+a}{\sqrt{2}}$, $|0\rangle$ 是真空态, $\left[a,a^\dagger\right]=1$, 例如, 当 $|f\rangle=|p\rangle$ 时, $|p\rangle$ 为动量本征态, 就得

$$\begin{aligned}U(\mu,s)|p\rangle&=\frac{1}{\sqrt{2\pi\mu}}\int_{-\infty}^{\infty}\mathrm{d}x\left|\frac{x-s}{\mu}\right\rangle\mathrm{e}^{\mathrm{i}px}\\&=\frac{1}{\sqrt{2\pi}}\sqrt{\mu}\mathrm{e}^{\mathrm{i}ps}\int_{-\infty}^{\infty}\mathrm{d}x|x\rangle\mathrm{e}^{\mathrm{i}p\mu x}\\&=\sqrt{\mu}\mathrm{e}^{\mathrm{i}ps}|\mu p\rangle\end{aligned} \tag{9.7}$$

$$\langle\psi|U(\mu,s)|p\rangle=\sqrt{\mu}\mathrm{e}^{\mathrm{i}ps}\langle\psi|\mu p\rangle=\sqrt{\mu}\mathrm{e}^{\mathrm{i}ps}\psi^*(\mu p) \tag{9.8}$$

用 IWOP 方法对式 (9.7) 进行积分得到

$$\begin{aligned}U(\mu,s)=&\exp\left[\frac{-s^2}{2(1+\mu^2)}-\frac{a^{\dagger2}}{2}\tanh\lambda-\frac{a^\dagger s}{\sqrt{2}}\mathrm{sech}\lambda\right]\exp\left[\left(a^\dagger a+\frac{1}{2}\right)\ln\mathrm{sech}\lambda\right]\\&\times\exp\left(\frac{a^2}{2}\tanh\lambda+\frac{sa}{\sqrt{2}}\mathrm{sech}\lambda\right)\end{aligned} \tag{9.9}$$

其中, $\mu=\mathrm{e}^\lambda$, $\mathrm{sech}\lambda=\dfrac{2\mu}{1+\mu^2}$, $\tanh\lambda=\dfrac{\mu^2-1}{\mu^2+1}$.

9.2　用量子力学方法找母小波函数

我们注意到

$$\frac{1}{\sqrt{2\pi}}\int_{-\infty}^{\infty}|x\rangle\,\mathrm{d}x=|p=0\rangle \tag{9.10}$$

故成为母小波函数的条件可写为

$$\int_{-\infty}^{\infty}\psi(x)\,\mathrm{d}x=0\rightarrow\langle p=0|\,\psi\rangle=0 \tag{9.11}$$

设

$$|\psi\rangle_M=G\left(a^{\dagger}\right)|0\rangle=\sum_{n=0}^{\infty}g_n a^{\dagger n}|0\rangle \tag{9.12}$$

g_n 的选择是要让 $|\psi\rangle_M$ 遵守母小波函数的条件. 用相干态完备性

$$\int\frac{\mathrm{d}^2 z}{\pi}|z\rangle\langle z|=1 \tag{9.13}$$

式中

$$|z\rangle=\exp\left(-\frac{1}{2}|z|^2+za^{\dagger}\right)|0\rangle,\quad a|z\rangle=z|z\rangle \tag{9.14}$$

以及

$$\langle p=0\,|z\rangle=\pi^{-\frac{1}{4}}\exp\left(-\frac{1}{2}|z|^2+\frac{1}{2}z^2\right) \tag{9.15}$$

$$\int\frac{\mathrm{d}^2 z}{\pi}\mathrm{e}^{\lambda|z|^2}z^{*n}z^k=\delta_{n,k}(-1)^{k+1}\lambda^{-(k+1)}k! \tag{9.16}$$

我们有

$$\begin{aligned}\langle p=0|\,\psi\rangle_M&=\langle p=0|\int\frac{\mathrm{d}^2 z}{\pi}|z\rangle\langle z|\sum_{n}^{\infty}g_n a^{\dagger n}|0\rangle\\&=\pi^{-\frac{1}{4}}\sum_{n}^{\infty}g_n\int\frac{\mathrm{d}^2 z}{\pi}\mathrm{e}^{-|z|^2}z^{*n}\sum_{m}^{\infty}\frac{\left(\frac{z^2}{2}\right)^m}{m!}\\&=\pi^{-\frac{1}{4}}\sum_{m}^{\infty}\sum_{n}^{\infty}\frac{1}{m!2^m}g_n\delta_{n,2m}n!\\&=\pi^{-\frac{1}{4}}\sum_{n}^{\infty}g_{2n}=0\end{aligned} \tag{9.17}$$

这就是判别一个函数是否是母小波函数的标准. 例如, 取 $g_0=\frac{1}{2}$, $g_2=-\frac{1}{2}$, 其他 $g_{2n}=0$, 就有

$$\left|\psi\right\rangle_M=\frac{1}{2}\left(1-a^{\dagger 2}\right)\left|0\right\rangle \tag{9.18}$$

所以注意到

$$\left\langle x\right|\left.n\right\rangle=\frac{1}{\sqrt{2^n n!\sqrt{\pi}}}\mathrm{e}^{-\frac{x^2}{2}}H_n\left(x\right) \tag{9.19}$$

可见

$$\psi_M\left(x\right)\equiv\frac{1}{2}\left\langle x\right|\left(1-a^{\dagger 2}\right)\left|0\right\rangle=\frac{1}{2}\left\langle x\right|\left(\left|0\right\rangle-\sqrt{2}\left|2\right\rangle\right)=\pi^{-\frac{1}{4}}\mathrm{e}^{-\frac{x^2}{2}}\left(1-x^2\right) \tag{9.20}$$

这正是墨西哥帽小波函数, 满足条件

$$\int_{-\infty}^{\infty}\mathrm{e}^{-x^2/2}\left(1-x^2\right)\mathrm{d}x=0 \tag{9.21}$$

9.3 小波-分数联合变换

从量子力学表象我们可以建立小波-分数联合变换. 为此, 先把 $U\left(\mu,s\right)$ 表达在动量表象中:

$$U\left(\mu,s\right)=\sqrt{\mu}\int_{-\infty}^{\infty}\mathrm{e}^{\mathrm{i}sp}\left|\mu p\right\rangle\left\langle p\right|\mathrm{d}p \tag{9.22}$$

这里, $\left|p\right\rangle$ 是动量本征态:

$$\left|p\right\rangle=\pi^{-\frac{1}{4}}\exp\left(-\frac{1}{2}p^2+\mathrm{i}\sqrt{2}pa^{\dagger}+\frac{1}{2}a^{\dagger 2}\right)\left|0\right\rangle,\quad\left(P\left|p\right\rangle=p\left|p\right\rangle,\quad P=\frac{a-a^{\dagger}}{\mathrm{i}\sqrt{2}}\right) \tag{9.23}$$

故小波变换是

$$W_{\psi}f\left(\mu,s\right)=\sqrt{\mu}\int_{-\infty}^{\infty}\mathrm{e}^{\mathrm{i}sp}\psi^*\left(\mu p\right)f\left(p\right)\mathrm{d}p \tag{9.24}$$

其中

$$\psi^*\left(\mu p\right)=\left\langle\psi\right|\left.\mu p\right\rangle,\quad f\left(p\right)=\left\langle p\right|\left.f\right\rangle \tag{9.25}$$

所以

$$U\left(\mu,s\right)=\sqrt{\mu}\int_{-\infty}^{\infty}\left|\mu p\right\rangle\left\langle p\right|\mathrm{d}p\mathrm{e}^{\mathrm{i}sP}=\mathrm{e}^{\frac{\lambda}{2}\left(a^2-a^{\dagger 2}\right)}\mathrm{e}^{\mathrm{i}sP} \tag{9.26}$$

这里 $\mathrm{e}^{\frac{\lambda}{2}\left(a^2-a^{\dagger 2}\right)}$ 是压缩算符, $\mathrm{e}^{\mathrm{i}sP}$ 是平移算符. 回忆分数傅里叶变换算符的积分核

$$K_\alpha(p,x)=\langle p|\,\mathrm{e}^{\mathrm{i}\left(\frac{\pi}{2}-\alpha\right)a^\dagger a}\,|x\rangle \tag{9.27}$$

并注意到

$$\begin{aligned}\langle p|\,\mathrm{e}^{\mathrm{i}\frac{\pi}{2}a^\dagger a}&=\pi^{-\frac14}\langle 0|\exp\left(-\frac12p^2-\mathrm{i}\sqrt2pa+\frac12a^2\right)\mathrm{e}^{\mathrm{i}\frac{\pi}{2}a^\dagger a}\\&=\pi^{-\frac14}\langle 0|\exp\left(-\frac12p^2+\sqrt2pa-\frac12a^2\right)=\langle x|_{x=p}\end{aligned} \tag{9.28}$$

我们可以提出小波-分数联合变换

$$\begin{aligned}W_\psi G(\mu,s)&=\sqrt\mu\int_{-\infty}^{\infty}\mathrm{e}^{\mathrm{i}sp}\psi^*(\mu p)\,G(p)\,\mathrm{d}p\\&=\sqrt\mu\int_{-\infty}^{\infty}\mathrm{e}^{\mathrm{i}sp}\psi^*(\mu p)\int\mathrm{d}x\,K_\alpha(p,x)\,g(x)\mathrm{d}p\\&=\sqrt\mu\int_{-\infty}^{\infty}\mathrm{e}^{\mathrm{i}sp}\langle\psi|\,\mu p\rangle\int\mathrm{d}x\,\langle p|\,\mathrm{e}^{\mathrm{i}\left(\frac{\pi}{2}-\alpha\right)a^\dagger a}\,|x\rangle\langle x|\,g\rangle\,\mathrm{d}p\\&=\sqrt\mu\int_{-\infty}^{\infty}\mathrm{e}^{\mathrm{i}sp}\langle\psi|\,\mu p\rangle\langle p|\,\mathrm{e}^{\mathrm{i}\left(\frac{\pi}{2}-\alpha\right)a^\dagger a}\,|g\rangle\,\mathrm{d}p\\&=\langle\psi|\,U(\mu,s)\,\mathrm{e}^{\mathrm{i}\left(\frac{\pi}{2}-\alpha\right)a^\dagger a}\,|g\rangle\end{aligned} \tag{9.29}$$

而且

$$\begin{aligned}&U(\mu,s)\,\mathrm{e}^{\mathrm{i}\left(\frac{\pi}{2}-\alpha\right)a^\dagger a}\\&=\sqrt\mu\int_{-\infty}^{\infty}\mathrm{e}^{\mathrm{i}sp}\,|\mu p\rangle\langle p|\,\mathrm{e}^{\mathrm{i}\left(\frac{\pi}{2}-\alpha\right)a^\dagger a}\mathrm{d}p\\&=\mathrm{sech}\lambda\exp\left(\frac{-a^{\dagger 2}\mathrm{e}^{-2\mathrm{i}\alpha}}{2}\tanh\lambda-sa^\dagger\frac{\mathrm{sech}\lambda}{\sqrt2}\right)\exp\left[\mathrm{i}\left(\frac{\pi}{2}-\alpha\right)+\mathrm{sech}\lambda\right]a^\dagger a\\&\quad\times\exp\left(\frac{-a^2\mathrm{e}^{-2\mathrm{i}\alpha}}{2}\tanh\lambda+sa\frac{\mathrm{sech}\lambda}{\sqrt2\mu}-\frac{s^2}{2(1+\mu^2)}\right)\end{aligned} \tag{9.30}$$

其中用了

$$:\exp\left[\left(\frac{2\mu}{\mu^2+1}\mathrm{i}\mathrm{e}^{-\mathrm{i}\alpha}-1\right)a^\dagger a\right]:=\exp\left[\mathrm{i}\left(\frac{\pi}{2}-\alpha\right)+\mathrm{sech}\lambda\right]a^\dagger a \tag{9.31}$$

$|0\rangle$ 的小波-分数联合变换是

$$\begin{aligned}&\langle\psi|\,U(\mu,s)\,\mathrm{e}^{\mathrm{i}\left(\frac{\pi}{2}-\alpha\right)a^\dagger a}\,|0\rangle\\&=\frac{\pi^{1/4}}{2}\mathrm{sech}\lambda\mathrm{e}^{-\frac{s^2}{2(1+\mu^2)}}\langle 0|\left(1-a^2\right)\exp\left(\frac{-a^{\dagger 2}\mathrm{e}^{-2\mathrm{i}\alpha}}{2}\tanh\lambda-sa^\dagger\frac{\mathrm{sech}\lambda}{\sqrt2}\right)|0\rangle\\&=\frac{\pi^{1/4}}{2}\mathrm{sech}\lambda\mathrm{e}^{-\frac{s^2}{2(1+\mu^2)}}\langle 0|\left[1-\left(a-\mathrm{e}^{-2\mathrm{i}\alpha}\tanh\lambda a^\dagger-s\frac{\mathrm{sech}\lambda}{\sqrt2}\right)^2\right]|0\rangle\end{aligned}$$

$$=\frac{\pi^{1/4}}{2}\operatorname{sech}\lambda \mathrm{e}^{-\frac{s^2}{2(1+\mu^2)}}\left[1+\mathrm{e}^{-2\mathrm{i}\alpha}\tanh\lambda - s^2\frac{\operatorname{sech}^2\lambda}{2}\right] \tag{9.32}$$

其中用了

$$a^2\mathrm{e}^{-ra^{\dagger 2}-ta^{\dagger}}=\mathrm{e}^{-ra^{\dagger 2}-ta^{\dagger}}\left(a-2ra^{\dagger}-t\right)^2 \tag{9.33}$$

9.4 复小波变换

一个二维信号 $F(\eta)$ 的由 Ψ 生成的复小波变换定义为

$$W_{\psi}F(\mu,\sigma)=\frac{1}{\sqrt{\mu}}\int\frac{\mathrm{d}^2\eta}{\pi}F(\eta)\psi^*\left(\frac{\eta-\sigma}{\mu}\right) \tag{9.34}$$

我们用纠缠态表象 $\langle\eta|$ 代以量子变换观

$$W_{\Psi}F(\mu,\sigma)=\frac{1}{\mu}\int\frac{\mathrm{d}^2\eta}{\pi}\langle\Psi|\left.\frac{\eta-\sigma}{\mu}\right\rangle\langle\eta|F\rangle=\langle\Psi|U_2(\mu,\sigma)|F\rangle \tag{9.35}$$

其中

$$U_2(\mu,\sigma)\equiv\frac{1}{\mu}\int\frac{\mathrm{d}^2\eta}{\pi}\left|\frac{\eta-\sigma}{\mu}\right\rangle\langle\eta|\quad(\mu=\mathrm{e}^{\lambda}) \tag{9.36}$$

是双模压缩-平移算符:

$$|\eta\rangle=\exp\left\{-\frac{1}{2}|\eta|^2+\eta a_1^{\dagger}-\eta^* a_2^{\dagger}+a_1^{\dagger}a_2^{\dagger}\right\}|00\rangle\quad(\eta=\eta_1+\mathrm{i}\eta_2) \tag{9.37}$$

特别地

$$U_2(\mu)=\frac{1}{\mu}\int_{-\infty}^{\infty}\left|\frac{\eta}{\mu}\right\rangle\langle\eta|\frac{\mathrm{d}^2\eta}{\pi}=\exp\left[\lambda\left(a_1^{\dagger}a_2^{\dagger}-a_1a_2\right)\right]\quad(\mu=\mathrm{e}^{\lambda}) \tag{9.38}$$

用 IWOP 方法积分 $U_2(\mu,\sigma)$, 得到

$$\begin{aligned}U_2(\mu,\sigma)=&\frac{1}{\mu}\int\frac{\mathrm{d}^2\eta}{\pi}:\exp\left[-\frac{|\eta|^2}{2}\left(1+\frac{1}{\mu^2}\right)+\frac{1}{2\mu^2}(\eta\sigma^*+\sigma\eta^*)\right.\\&\left.+\frac{\eta-\sigma}{\mu}a_1^{\dagger}-\frac{\eta^*-\sigma^*}{\mu}a_2^{\dagger}+a_1^{\dagger}a_2^{\dagger}+\eta^*a_1-\eta a_2+a_1a_2-a_1^{\dagger}a_1-a_2^{\dagger}a_2-\frac{1}{2\mu^2}|\sigma|^2\right]:\\=&\frac{2\mu}{1+\mu^2}:\exp\left\{\frac{2\mu^2}{1+\mu^2}\left[\left(\frac{1}{2\mu^2}\sigma^*+\frac{a_1^{\dagger}}{\mu}-a_2\right)\left(\frac{1}{2\mu^2}\sigma-\frac{a_2^{\dagger}}{\mu}+a_1\right)\right]\right.\end{aligned}$$

$$-\frac{\sigma}{\mu}a_1^\dagger+\frac{\sigma^*}{\mu}a_2^\dagger+a_1^\dagger a_2^\dagger+a_1a_2-a_1^\dagger a_1-a_2^\dagger a_2-\frac{1}{2\mu^2}|\sigma|^2\bigg\}:$$

$$=\frac{2\mu}{1+\mu^2}:\exp\left\{\frac{1}{1+\mu^2}\left[\sigma^*\left(a_1-\frac{a_2^\dagger}{\mu}\right)+\sigma\left(\frac{a_1^\dagger}{\mu}-a_2\right)\right]+\frac{2\mu^2}{1+\mu^2}\left(\frac{a_1^\dagger}{\mu}-a_2\right)\left(a_1-\frac{a_2^\dagger}{\mu}\right)\right.$$

$$\left.-\frac{\sigma}{\mu}a_1^\dagger+\frac{\sigma^*}{\mu}a_2^\dagger+a_1^\dagger a_2^\dagger+a_1a_2-a_1^\dagger a_1-a_2^\dagger a_2-\frac{|\sigma|^2}{2(1+\mu^2)}\right\}:$$

$$=\mathrm{sech}\lambda:\exp\left[\left(a_1^\dagger a_2^\dagger-a_1a_2\right)\tanh\lambda+(\mathrm{sech}\lambda-1)\left(a_1^\dagger a_1+a_2^\dagger a_2\right)\right.$$

$$\left.-\frac{1}{2}\sigma a_1^\dagger\mathrm{sech}\lambda+\frac{1}{2}\sigma^* a_2^\dagger\mathrm{sech}\lambda+\frac{1}{1+\mu^2}(\sigma^*a_1-\sigma a_2)-\frac{|\sigma|^2}{2(1+\mu^2)}\right]: \tag{9.39}$$

9.5 $|\eta\rangle$ 表象中的母小波函数

在 $|\eta\rangle$ 表象中, 成为母小波函数的条件是

$$\int\frac{\mathrm{d}^2\eta}{\pi}\Psi_M(\eta)=0 \tag{9.40}$$

这里, $\Psi(\eta)=\langle\eta|\,\Psi\rangle_M$. 引入与 $|\eta\rangle$ 共轭的纠缠态

$$|\xi\rangle=\exp\left(-\frac{1}{2}|\xi|^2+\xi a_1^\dagger+\xi^* a_2^\dagger-a_1^\dagger a_2^\dagger\right)|00\rangle\quad(\xi=\xi_1+\mathrm{i}\xi_2) \tag{9.41}$$

及

$$\langle\xi|\,\eta\rangle=\frac{1}{2}\exp\left[\frac{1}{2}(\xi^*\eta-\xi\eta^*)\right] \tag{9.42}$$

可见

$$\int\frac{\mathrm{d}^2\eta}{\pi}|\eta\rangle=\exp(-a_1^\dagger a_2^\dagger)|00\rangle=|\xi=0\rangle \tag{9.43}$$

所以式 (9.42) 变成

$$\langle\xi=0|\,\Psi\rangle_M=0 \tag{9.44}$$

设

$$|\Psi\rangle_M=\sum_{n,m=0}^{\infty}K_{n,m}a_1^{\dagger n}a_2^{\dagger m}|00\rangle \tag{9.45}$$

用双模相干态 $|z_1z_2\rangle$ 得到

$$\begin{aligned}
\langle\xi=0|\Psi\rangle_M &= \langle\xi=0|\int\int\frac{\mathrm{d}^2z_1\mathrm{d}^2z_2}{\pi^2}|z_1z_2\rangle\langle z_1z_2|\sum_{n,m=0}^{\infty}K_{n,m}a_1^{\dagger n}a_2^{\dagger m}|00\rangle \\
&= \sum_{n,m=0}^{\infty}K_{n,m}\int\int\frac{\mathrm{d}^2z_1\mathrm{d}^2z_2}{\pi^2}z_1^{*n}z_2^{*m}\exp\left(-|z_1|^2-|z_2|^2-z_1z_2\right) \\
&= \sum_{n,m=0}^{\infty}K_{n,m}\int\frac{\mathrm{d}^2z_2}{\pi}\exp\left(-|z_2|^2\right)z_2^nz_2^{*m}(-1)^n \\
&= \sum_{n=0}^{\infty}n!K_{n,n}(-1)^n=0,
\end{aligned} \tag{9.46}$$

这是对 $K_{n,n}$ 的约束条件. 例如, 当 $K_{0,0}=\dfrac{1}{2}$, $K_{1,1}=\dfrac{1}{2}$ 时, 就得一个母小波函数:

$$|\Psi\rangle_M=\frac{1}{2}\left(1+a_1^{\dagger}a_2^{\dagger}\right)|00\rangle \tag{9.47}$$

进一步, 用双变量厄密多项式

$$\begin{aligned}
\mathrm{H}_{m,n}(\eta,\eta^*) &= \sum_{l=0}^{\min(m,n)}\frac{m!n!}{l!(m-l)!(n-l)!}(-1)^l\eta^{m-l}\eta^{*n-l} \\
&= \frac{\partial^{n+m}}{\partial t^m\partial t'^n}\exp\left(-tt'+t\eta+t'\eta^*\right)|_{t,t'=0}
\end{aligned} \tag{9.48}$$

的母函数

$$\sum_{m,n=0}^{\infty}\frac{t^mt'^n}{m!n!}H_{m,n}(\eta,\eta^*)=\exp\left(-tt'+t\eta+t'\eta^*\right) \tag{9.49}$$

可知 $|\eta\rangle$ 展开为

$$|\eta\rangle=\mathrm{e}^{-\frac{1}{2}|\eta|^2}\sum_{m,n=0}^{\infty}H_{m,n}(\eta,\eta^*)\frac{(-1)^n}{\sqrt{m!n!}}|mn\rangle \tag{9.50}$$

例如

$$\langle\eta|11\rangle=-\mathrm{e}^{-\frac{1}{2}|\eta|^2}H_{1,1}^*(\eta,\eta^*)=-\mathrm{e}^{-\frac{1}{2}|\eta|^2}(\eta\eta^*-1) \tag{9.51}$$

于是

$$\Psi_M(\eta)\to\frac{1}{2}\langle\eta|\left(1+a_1^{\dagger}a_2^{\dagger}\right)|00\rangle=\frac{1}{2}\langle\eta|(|00\rangle+|11\rangle)=\mathrm{e}^{-\frac{1}{2}|\eta|^2}\left(1-\frac{1}{2}|\eta|^2\right) \tag{9.52}$$

确实满足 $\displaystyle\int_{-\infty}^{\infty}\frac{\mathrm{d}^2\eta}{\pi}\Psi_M(\eta)=0$.

第10章

勒让德函数的新形式与母函数以及泊松积分的量子力学观

传统形式的勒让德函数出现在氢原子角向波函数中，一般教科书给出的勒让德函数的母函数是

$$\sum_{m}^{\infty} t^m P_m(x) = \frac{1}{\sqrt{1-2tx+t^2}}$$

在本章，我们先说明减光子压缩态的矩生成函数正好是勒让德函数的母函数形式. 然后用 IWOP 方法发现了勒让德函数的新形式与新母函数，将会非常有用. 最后还以量子力学观点讨论圆的 Dirichlet 问题，引出量子态矢量的泊松积分公式.

10.1 勒让德函数的母函数与减光子压缩态的矩生成函数的关系

我们发现减光子压缩态的矩生成函数正好是勒让德函数的母函数形式. 证明如下: 已经指出 $\operatorname{sech}^{\frac{1}{2}}\lambda e^{\frac{1}{2}a^{\dagger 2}\tanh\lambda}|0\rangle$ 是压缩态, 它可以写作 $S(\lambda)|0\rangle$, 其中

$$S(\lambda)=e^{\lambda\left(a^{\dagger 2}-a^{2}\right)/2}$$

$S(\lambda)$ 是压缩算符, $|0\rangle$ 是真空态, 所以

$$S(\lambda)|0\rangle=\operatorname{sech}^{\frac{1}{2}}\lambda e^{(\tanh\lambda)a^{\dagger 2}/2}|0\rangle\equiv|\lambda\rangle \tag{10.1}$$

用 IWOP 方法, 可证

$$\begin{aligned}S(\lambda)&=e^{\lambda\left(a^{\dagger 2}-a^{2}\right)/2}\\&=\operatorname{sech}^{\frac{1}{2}}\lambda:\exp\left[\frac{\tanh\lambda}{2}a^{\dagger 2}+(\operatorname{sech}\lambda-1)a^{\dagger}a-\frac{\tanh\lambda}{2}a^{2}\right]:\end{aligned} \tag{10.2}$$

或

$$S(\lambda)=\sqrt{\cosh\lambda}\int\frac{d^{2}z}{\pi}|z\cosh\lambda+z^{*}\sinh\lambda\rangle\langle z| \tag{10.3}$$

这里相干态

$$|z\cosh\lambda+z^{*}\sinh\lambda\rangle=\exp\left[-\frac{1}{2}|z\cosh\lambda+z^{*}\sinh\lambda|^{2}+(z\cosh\lambda+z^{*}\sinh\lambda)a^{\dagger}\right]|0\rangle$$

记减光子压缩态为

$$a^{m}S(\lambda)|0\rangle=a^{m}|\lambda\rangle\equiv|\lambda\rangle_{m}$$

构造其矩生成函数

$$G\equiv\sum_{m}\frac{t^{m}}{m!}{}_{m}\left(\langle\lambda|\lambda\rangle_{m}\right)$$

由 $\langle z|z'\rangle=\exp[-\frac{1}{2}\left(|z|^{2}+|z'|^{2}\right)+z^{*}z']$ 以及 IWOP 方法导出

$$G=\sum_{m}\frac{t^{m}}{m!}\langle 0|S(-\lambda)a^{\dagger m}a^{m}S^{\dagger}(-\lambda)|0\rangle$$

$$= \sum_m \frac{t^m}{m!} \cosh\lambda \langle 0| \int \frac{d^2 z'}{\pi} |z' \cosh\lambda - z'^* \sinh\lambda\rangle \langle z'| \int \frac{d^2 z}{\pi} a^{\dagger m} a^m |z\rangle \langle z\cosh\lambda - z^* \sinh\lambda| |0\rangle$$

$$= \cosh\lambda \int \frac{d^2 z'}{\pi} \int \frac{d^2 z}{\pi} \exp\left(-\frac{1}{2} |z' \cosh\lambda - z'^* \sinh\lambda|^2 - \frac{1}{2} |z\cosh\lambda - z^* \sinh\lambda|^2 \right.$$
$$\left. + z'^* z - \frac{1}{2}|z|^2 - \frac{1}{2}|z'|^2 + t z'^* z \right) \tag{10.4}$$

其中对 $d^2 z$ 进行积分得

$$\int \frac{d^2 z}{\pi} \exp\left[-|z|^2 \cosh^2\lambda - \frac{\sinh 2\lambda}{4} (z^2 + z^{*2}) + (1+t) z'^* z \right]$$
$$= \frac{1}{\sqrt{\cosh^4\lambda - \frac{1}{4}\sinh^2 2\lambda}} \exp\left[\frac{(1+t)^2}{\cosh^2\lambda} (z'^*)^2 \left(-\frac{\sinh 2\lambda}{4} \right) \right]$$
$$= \mathrm{sech}\lambda \exp\left[-\frac{\tanh\lambda}{2} (1+t)^2 z'^{*2} \right]$$

在此基础上再对 $d^2 z'$ 进行积分得到

$$G = \int \frac{d^2 z'}{\pi} \exp\left[-|z'|^2 \cosh^2\lambda - \frac{\sinh 2\lambda}{4} (z'^2 + z'^{*2}) - \frac{\tanh\lambda}{2} (1+t)^2 z'^{*2} \right]$$
$$= \frac{1}{\sqrt{\cosh^2\lambda - \sinh^2\lambda (1+t)^2}}$$
$$= \frac{1}{\sqrt{1 - 2(-t)(\mathrm{i}\sinh\lambda)^2 + (-t)^2 (\mathrm{i}\sinh\lambda)^2}} \tag{10.5}$$

令

$$x = \mathrm{i}\sinh\lambda, \quad -t\mathrm{i}\sinh\lambda = t'$$

式 (10.5) 变为

$$G = \frac{1}{\sqrt{1 - 2t'x + t'^2}} \tag{10.6}$$

这恰是勒让德函数的母函数的形式. 故

$$\sum_m \frac{t^m}{m!}{}_m\langle \lambda | \lambda \rangle_m = \sum_m t'^m P_m(x) = \sum_m \frac{(-t\mathrm{i}\sinh\lambda)^m}{m!} P_m(\mathrm{i}\sinh\lambda) \tag{10.7}$$

所以减光子压缩态的归一化为

$${}_m\langle \lambda | \lambda \rangle_m = m! (-\mathrm{i}\sinh\lambda)^m P_m(\mathrm{i}\sinh\lambda) \tag{10.8}$$

10.2 勒让德函数新形式的出现

现在我们用另一途径求 ${}_m\langle\lambda\,|\lambda\rangle_m$, 就会发现新的勒让德函数出现在减光子单模压缩态的归一化的计算中. 我们新推导的勒让德多项式的表示是

$$x^m\sum_{l=0}^{[m/2]}\frac{m!}{2^{2l}\,(l!)^2\,(m-2l)!}\left(1-\frac{1}{x^2}\right)^l=P_m\,(x) \tag{10.9}$$

这可以与教科书上的勒让德多项式 $P_m\,(x)$ 表达式

$$P_m\,(x)=\sum_{l=0}^{[m/2]}(-1)^l\,\frac{(2m-2l)!}{2^m l!\,(m-l)!\,(m-2l)!}x^{m-2l}$$

一一对应而验证. 具体推导如下:

$S^\dagger\,(\lambda)$ 生成压缩变换

$$S^\dagger\,(\lambda)\,aS\,(\lambda)=a\cosh\lambda+a^\dagger\sinh\lambda$$

计算 $\left(a\cosh\lambda+a^\dagger\sinh\lambda\right)^m$ 的正规乘积展开. 由 Baker-Hausdorff 算符恒等式

$$\mathrm{e}^A\mathrm{e}^B=\mathrm{e}^B\mathrm{e}^A\mathrm{e}^{[A,B]}$$

在 $[[A,B],A]=[[A,B],B]=0$ 时成立, 我们得到

$$\begin{aligned}\exp\left[t\left(\mu a+\nu a^\dagger\right)\right]&=:\mathrm{e}^{t\nu a^\dagger}\mathrm{e}^{t\mu a}\exp\left(\frac{-1}{2}\left[t\nu a^\dagger,t\mu a\right]\right):=:\mathrm{e}^{t\nu a^\dagger}\mathrm{e}^{t\mu a}\exp\left(\frac{t^2}{2}\mu\nu\right):\\&=:\exp-\sqrt{2}\mathrm{i}t\sqrt{\mu\nu}\frac{\mathrm{i}}{\sqrt{2\mu\nu}}\left(\nu a^\dagger+\mu a\right)\exp\left[-\frac{\left(-\mathrm{i}t\sqrt{\mu\nu}\right)^2}{2}\right]:\end{aligned}\tag{10.10}$$

这里的 : : 表示算符的正规排序, 结合厄密多项式的母函数展开可得

$$\left(\mu a+\nu a^\dagger\right)^m=\left(-\mathrm{i}\sqrt{\frac{\mu\nu}{2}}\right)^m:\mathrm{H}_m\left(\mathrm{i}\sqrt{\frac{\mu}{2\nu}}a+\mathrm{i}\sqrt{\frac{\nu}{2\mu}}a^\dagger\right):$$

其中, H_m 是 m 阶厄密多项式, 所以

$$\left(a\cosh\lambda+a^\dagger\sinh\lambda\right)^m=(-\mathrm{i})^m\frac{(\sinh 2\lambda)^{m/2}}{2^m}:\mathrm{H}_m\left(\mathrm{i}\sqrt{\frac{\coth\lambda}{2}}a+\mathrm{i}\sqrt{\frac{\tanh\lambda}{2}}a^\dagger\right):$$

因此

$$
\begin{aligned}
|\lambda\rangle_m &= S(\lambda) S^{\dagger}(\lambda) a^m S(\lambda)|0\rangle \\
&= S(\lambda)\left(a\cosh\lambda + a^{\dagger}\sinh\lambda\right)^m |0\rangle \\
&= (-\mathrm{i})^m \frac{\sinh^{m/2} 2\lambda}{2^m} S(\lambda) \mathrm{H}_m\left(\mathrm{i}\sqrt{\frac{\tanh\lambda}{2}} a^{\dagger}\right)|0\rangle
\end{aligned} \tag{10.11}
$$

这说明减光子单模压缩态恰是压缩厄密多项式激发态.

再用关系

$$
\mathrm{H}_m(x) = \left.\frac{\partial^m}{\partial t^m} \exp\left(2xt - t^2\right)\right|_{t=0}
$$

我们就有

$$
\begin{aligned}
{}_m\langle\lambda|\lambda\rangle_m &= \frac{(\sinh 2\lambda)^{m/2}}{2^{2m}} \langle 0| \mathrm{H}_m\left(-\mathrm{i}\sqrt{\frac{\tanh\lambda}{2}} a\right) \mathrm{H}_m\left(\mathrm{i}\sqrt{\frac{\tanh\lambda}{2}} a^{\dagger}\right)|0\rangle \\
&= \frac{(\sinh 2\lambda)^{m/2}}{2^{2m}} \left.\frac{\partial^{2m}}{\partial t^m \partial \tau^m} \exp\left(-t^2-\tau^2\right)\langle 0| \mathrm{e}^{-\mathrm{i}\sqrt{2\tanh\lambda} a t} \mathrm{e}^{\mathrm{i}\sqrt{2\tanh\lambda} a^{\dagger}\tau}|0\rangle\right|_{t,\tau=0} \\
&= \frac{(\sinh 2\lambda)^{m/2}}{2^{2m}} \left.\frac{\partial^{2m}}{\partial t^m \partial \tau^m} \exp\left(-t^2-\tau^2+2\tau t\tanh\lambda\right)\right|_{t,\tau=0}
\end{aligned} \tag{10.12}
$$

这里的第二步我们又使用了 Baker-Hausdorff 公式. 而

$$
\begin{aligned}
&\left.\frac{\partial^{2m}}{\partial t^m \partial \tau^m} \exp\left(-t^2-\tau^2+2x\tau t\right)\right|_{t,\tau=0} \\
&\quad = \sum_{n,l,k=0}^{\infty} \frac{(-1)^{n+l}}{n!l!k!} (2x)^k \left.\frac{\partial^{2m}}{\partial t^m \partial \tau^m} \tau^{2n+k} t^{2l+k}\right|_{t,\tau=0} \\
&\quad = 2^m x^m m! \sum_{l=0}^{[m/2]} \frac{m!}{2^{2l}(l!)^2(m-2l)!}\left(\frac{1}{x^2}\right)^l
\end{aligned} \tag{10.13}
$$

这是新形式的勒让德函数的母函数, 所以

$$
\begin{aligned}
{}_m\langle\lambda|\lambda\rangle_m &= (\sinh\lambda)^{2m} \sum_{l=0}^{[m/2]} \frac{m!m!}{2^{2l}(l!)^2(m-2l)!} (\tanh\lambda)^{-2l} \\
&= (\sinh\lambda)^{2m} \sum_{l=0}^{[m/2]} \frac{m!m!}{2^{2l}(l!)^2(m-2l)!} \left(1 - \frac{-1}{\sinh^2\lambda}\right)^l \\
&= m!(-\mathrm{i}\sinh\lambda)^m P_m(\mathrm{i}\sinh\lambda)
\end{aligned} \tag{10.14}
$$

与上节的结论吻合. 所以归一化的态是

$$
\|\lambda\rangle_m = \left[m!(-\mathrm{i}\sinh\lambda)^m P_m(\mathrm{i}\sinh\lambda)\right]^{-1/2} a^m S(\lambda)|0\rangle \tag{10.15}
$$

10.3 关于勒让德函数的新积分公式和二项式定理

注意到一个关系

$$a^k f(a^\dagger)|0\rangle = \frac{\partial^k}{\partial a^{\dagger k}} f(a^\dagger)|0\rangle \tag{10.16}$$

证明如下:

$$\begin{aligned}
a^k f(a^\dagger)|0\rangle &= \left[a^k, f(a^\dagger)\right]|0\rangle \\
&= \left\{a^{k-1}\left[a, f(a^\dagger)\right] + a^{k-2}\left[a, f(a^\dagger)\right]a + \cdots + \left[a, f(a^\dagger)\right]a^{k-1}\right\}|0\rangle \\
&= a^{k-1}\frac{\partial}{\partial a^\dagger} f(a^\dagger)|0\rangle = a^{k-2}\left[a, \frac{\partial}{\partial a^\dagger} f(a^\dagger)\right]|0\rangle \\
&= a^{k-2}\frac{\partial^2}{\partial a^{\dagger 2}} f(a^\dagger)|0\rangle = \cdots = \frac{\partial^k}{\partial a^{\dagger k}} f(a^\dagger)|0\rangle
\end{aligned} \tag{10.17}$$

再用厄密多项式

$$\mathrm{e}^{x^2}\left(-\frac{\mathrm{d}}{\mathrm{d}x}\right)^n \mathrm{e}^{-x^2} = \mathrm{H}_n(x)$$

得到

$$\begin{aligned}
|\lambda\rangle_m = a^m S(\lambda)|0\rangle &= \left(-\mathrm{i}\sqrt{\frac{\tanh\lambda}{2}}\right)^m \operatorname{sech}^{1/2}\lambda \frac{(-1)^m \partial^m}{\partial\left(\mathrm{i}\sqrt{\frac{\tanh\lambda}{2}}a^\dagger\right)^m} \mathrm{e}^{(\tanh\lambda)a^{\dagger 2}/2}|0\rangle \\
&= \left(-\mathrm{i}\sqrt{\frac{\tanh\lambda}{2}}\right)^m \mathrm{H}_m\left(\mathrm{i}\sqrt{\frac{\tanh\lambda}{2}}a^\dagger\right) \operatorname{sech}^{1/2}\lambda \mathrm{e}^{(\tanh\lambda)a^{\dagger 2}/2}|0\rangle \\
&= \left(-\mathrm{i}\sqrt{\frac{\tanh\lambda}{2}}\right)^m \mathrm{H}_m\left(\mathrm{i}\sqrt{\frac{\tanh\lambda}{2}}a^\dagger\right) S(\lambda)|0\rangle
\end{aligned} \tag{10.18}$$

这是压缩态上的厄密激发. 比较得到

$$\begin{aligned}
{}_m\langle\lambda|\lambda\rangle_m &= m!(-\mathrm{i}\sinh\lambda)^m P_m(\mathrm{i}\sinh\lambda) \\
&= \left(\frac{\tanh\lambda}{2}\right)^m \operatorname{sech}\lambda \langle 0|\mathrm{e}^{(\tanh\lambda)a^2/2}\mathrm{H}_m\left(-\mathrm{i}\sqrt{\frac{\tanh\lambda}{2}}a\right) \\
&\quad \times \mathrm{H}_m\left(\mathrm{i}\sqrt{\frac{\tanh\lambda}{2}}a^\dagger\right)\mathrm{e}^{(\tanh\lambda)a^{\dagger 2}/2}|0\rangle
\end{aligned} \tag{10.19}$$

用相干态的完备性 $\int \frac{\mathrm{d}^2 z}{\pi} |z\rangle\langle z| = 1$, 可见

$$\begin{aligned}
\text{式 (10.18) 右边} &= \left(\frac{\tanh\lambda}{2}\right)^m \operatorname{sech}\lambda \langle 0| \int \frac{\mathrm{d}^2 z}{\pi} \mathrm{e}^{(\tanh\lambda)z^2/2} \mathrm{H}_m\left(-\mathrm{i}\sqrt{\frac{\tanh\lambda}{2}}z\right)|z\rangle \\
&\quad \langle z| \mathrm{H}_m\left(\mathrm{i}\sqrt{\frac{\tanh\lambda}{2}}z^*\right)\mathrm{e}^{(\tanh\lambda)z^{*2}/2}|0\rangle \\
&= \left(\frac{\tanh\lambda}{2}\right)^m \operatorname{sech}\lambda \int \frac{d^2 z}{\pi} \mathrm{e}^{-|z|^2+(\tanh\lambda)\left(z^2+z^{*2}\right)/2} \\
&\quad \mathrm{H}_m\left(-\mathrm{i}\sqrt{\frac{\tanh\lambda}{2}}z\right)\mathrm{H}_m\left(\mathrm{i}\sqrt{\frac{\tanh\lambda}{2}}z^*\right) \\
&= m!\,(-\mathrm{i}\sinh\lambda)^m P_m(\mathrm{i}\sinh\lambda)
\end{aligned} \tag{10.20}$$

这是关于勒让德函数的新积分公式.

类似地, 考虑光子增单模压缩态的归一化, 可得

$$\langle 0| S^\dagger(\lambda) a^k a^{\dagger k} S(\lambda) |0\rangle = k!\,(\cosh\lambda)^k P_k(\cosh\lambda) \tag{10.21}$$

由算符恒等式

$$a^{\dagger k} a^k = \vdots \mathrm{H}_{k,k}\left(a, a^\dagger\right) \vdots \tag{10.22}$$

$\vdots\ \vdots$ 代表反正规乘积, $\mathrm{H}_{k,k}$ 是双变数厄密多项式

$$\vdots \mathrm{H}_{k,k}\left(a, a^\dagger\right) \vdots = \sum_{l=0} \frac{k!k!}{(k-l)!l!(k-l)!}(-1)^l a^{m-l} a^{\dagger m-l}$$

得

$$\begin{aligned}
{}_m\langle\lambda|\lambda\rangle_m &= \langle 0| S^\dagger(\lambda) a^{\dagger m} a^m S(\lambda)|0\rangle = \langle 0| S^\dagger(\lambda) \vdots \mathrm{H}_{m,m}\left(a, a^\dagger\right) \vdots S(\lambda)|0\rangle \\
&= \sum_{l=0} \frac{m!m!}{(m-l)!l!(m-l)!}(-1)^l \langle 0| S^\dagger(\lambda) a^{m-l} a^{\dagger m-l} S(\lambda)|0\rangle \\
&= \sum_{l=0}^m \binom{m}{l}(-1)^l (\cosh\lambda)^{m-l} P_{m-l}(\cosh\lambda)
\end{aligned} \tag{10.23}$$

可见

$$(-\mathrm{i}\sinh\lambda)^m P_m(\mathrm{i}\sinh\lambda) = \sum_{l=0}^m \binom{m}{l}(-1)^l (\cosh\lambda)^{m-l} P_{m-l}(\cosh\lambda)$$

这是一个包含勒让德函数的二项式定理:

$$\sum_{l=0}^m \binom{m}{l}(-1)^l x^{m-l} P_{m-l}(x) = \left(-\mathrm{i}\sqrt{x-1}\right)^m P_m\left(\mathrm{i}\sqrt{x-1}\right) \tag{10.24}$$

10.4 泊松积分的量子力学观

根据在半径为 1 的球面上的值求球内部谐和函数的值称为 Dirichlet 问题. 例如一个圆柱体表面的温度分布已知, Dirichlet 问题就是求其内部的温度. 泊松积分出现在处理圆的 Dirichlet 问题中.

数学上泊松积分公式推导如下: 在柯西积分公式

$$f(z)=\frac{1}{2\pi\mathrm{i}}\int_c\frac{f(\xi)}{\xi-z}\mathrm{d}\xi \tag{10.25}$$

中让 $z=r\mathrm{e}^{\mathrm{i}\alpha}$, $r<1$, $\xi=\mathrm{e}^{\mathrm{i}\theta}$, $\mathrm{d}\xi=\mathrm{i}\xi\mathrm{d}\theta$, 就有

$$f(z)=\frac{1}{2\pi}\int_0^{2\pi}\frac{f(\xi)\xi}{\xi-z}\mathrm{d}\theta \tag{10.26}$$

因为 $\dfrac{1}{z^*}$ 落在单位圆外, 故

$$0=\frac{1}{2\pi}\int_0^{2\pi}\frac{f(\xi)\xi}{\xi-1/z^*}\mathrm{d}\theta=\frac{1}{2\pi}\int_0^{2\pi}\frac{f(\xi)z^*}{z^*-1/\xi}\mathrm{d}\theta \tag{10.27}$$

所以

$$f(z)=\frac{1}{2\pi}\int_0^{2\pi}f(\xi)\left(\frac{\xi}{\xi-z}+\frac{z^*}{\xi^*-z^*}\right)\mathrm{d}\theta=\frac{1}{2\pi}\int_0^{2\pi}f(\xi)\frac{1-|z|^2}{|\xi-z|^2}\mathrm{d}\theta \tag{10.28}$$

令 $v(r,\theta)$ 是 $f(z)$ 的实部 , 则

$$v(r,\theta)=\frac{1}{2\pi}\int_0^{2\pi}v(1,\theta)\frac{1-r^2}{1-2r\cos(\alpha-\theta)+r^2}\mathrm{d}\theta \tag{10.29}$$

圆上的函数 $v(1,\theta)$ 现在决定了圆内的函数 $v(r,\theta)$, 这是数学物理的一个基本问题之一. 上式可推广到

$$u\left(r\mathrm{e}^{\mathrm{i}\theta}\right)=\frac{1-r^2}{2\pi}\int_0^{2\pi}\mathrm{d}t\frac{U\left(\mathrm{e}^{\mathrm{i}t}\right)}{1+r^2-2r\cos(t-\theta)}\mathrm{d}t\quad(r<1) \tag{10.30}$$

其中, U 是在单位圆 $C_R:|z|=R$ 上的函数, 是连续的; $u\left(r\mathrm{e}^{\mathrm{i}\theta}\right)$ 在 C_R 内部是调和的. 当 $r\mathrm{e}^{\mathrm{i}\theta}$ 接近 C_R 内的任意点, 在其上 U 是连续的, 那么 $u\left(r\mathrm{e}^{\mathrm{i}\theta}\right)$ 在该点接近于 U 的值.

以下我们把它化为一个量子力学问题, 问: 在半径为 1 的圆盘上定义一个什么量子态, 它可以决定其内部的态? 换言之, 我们希望把在单位圆周上定义的态矢量推广到圆盘内. 我们用纠缠态表象来讨论, 希望得到泊松积分的量子力学对应.

从单位圆上的纠缠态 $\left|\xi=\mathrm{e}^{\mathrm{i}\varphi}\right\rangle$ 做傅里叶分解

$$\left|\xi=\mathrm{e}^{\mathrm{i}\varphi}\right\rangle=\sum_{s=-\infty}^{\infty}|s,1\rangle\mathrm{e}^{\mathrm{i}s\varphi} \tag{10.31}$$

其逆变换是

$$|s,1\rangle\equiv\int_0^{2\pi}\frac{\mathrm{d}\varphi}{2\pi}\left|\xi=\mathrm{e}^{\mathrm{i}\varphi}\right\rangle\mathrm{e}^{-\mathrm{i}s\varphi} \tag{10.32}$$

再从 $|s,1\rangle$ 进行态的谐和延展, 将 $\mathrm{e}^{\mathrm{i}s\theta}$ 延展到 $r^{|s|}\mathrm{e}^{\mathrm{i}s\theta},r\leqslant 1$, 得到

$$\left|r,\mathrm{e}^{\mathrm{i}\theta}\right\rangle\equiv\sum_{s=-\infty}^{\infty}r^{|s|}|s,1\rangle\mathrm{e}^{\mathrm{i}s\theta}\quad(0<r<1) \tag{10.33}$$

当 $s\geqslant 0$ 时, 这是解析延拓; 而当 $s<0$ 时, 这是共轭解析, 也是和谐的. $\left|r,\mathrm{e}^{\mathrm{i}\theta}\right\rangle$ 的和谐性体现在

$$\varDelta\left|r,\mathrm{e}^{\mathrm{i}\theta}\right\rangle=\sum_{s=-\infty}^{\infty}|s,1\rangle\varDelta\left(r^{|s|}\mathrm{e}^{\mathrm{i}s\theta}\right)=0 \tag{10.34}$$

这里 $\varDelta=\dfrac{\partial^2}{\partial r^2}+\dfrac{1}{r}\dfrac{\partial}{\partial r}+\dfrac{1}{r^2}\dfrac{\partial^2}{\partial\theta^2}$ 为拉普拉斯算符. 将式 (10.32) 代入式 (10.33) 得

$$\left|r,\mathrm{e}^{\mathrm{i}\theta}\right\rangle=\int_0^{2\pi}\left|\xi=\mathrm{e}^{\mathrm{i}\varphi}\right\rangle\left[\sum_{s=-\infty}^{\infty}r^{|s|}\mathrm{e}^{\mathrm{i}s(\theta-\varphi)}\right]\frac{\mathrm{d}\varphi}{2\pi}=\int_0^{2\pi}\left|\xi=\mathrm{e}^{\mathrm{i}\varphi}\right\rangle P_r(\theta-\varphi)\frac{\mathrm{d}\varphi}{2\pi} \tag{10.35}$$

其中已经令

$$P_r(\varphi)\equiv\sum_{s=-\infty}^{\infty}r^{|s|}\mathrm{e}^{\mathrm{i}s\varphi} \tag{10.36}$$

做变量替换 $\theta-\varphi\to\varphi$, 并利用 $P_r(\varphi)$ 的周期性, 得到

$$\left|r,\mathrm{e}^{\mathrm{i}\theta}\right\rangle=\int_0^{2\pi}\left|\xi=\mathrm{e}^{\mathrm{i}(\theta-\varphi)}\right\rangle P_r(\varphi)\frac{\mathrm{d}\varphi}{2\pi} \tag{10.37}$$

由

$$\int_0^{2\pi}P_r(\varphi)\frac{\mathrm{d}\varphi}{2\pi}=1 \tag{10.38}$$

可知 $P_r(\varphi)$ 恰为泊松积分核. 在 $\mathrm{d}\varphi$ 内 $P_r(\varphi)$ 可以理解为概率分布函数. 令 $z=r\mathrm{e}^{\mathrm{i}\varphi}$, 由式 (10.36) 可得

$$P_r(\varphi)=1+\sum_{q=1}^{\infty}z^q+\sum_{q=1}^{\infty}z^{*q}$$

$$
\begin{aligned}
&= 1 + \frac{z}{1-z} + \frac{z^*}{1-z^*} = 1 + 2\left(\frac{z}{1-z}\right) \\
&= \left(\frac{1+z}{1-z}\right) = \frac{1-|z|^2}{|1-z|^2} = \frac{1-r^2}{1+r^2-2r\cos\varphi}
\end{aligned} \tag{10.39}
$$

于是式 (10.37) 变为

$$
\begin{aligned}
\left|r, \mathrm{e}^{\mathrm{i}\theta}\right\rangle &= \int_0^{2\pi} \left|\xi = \mathrm{e}^{\mathrm{i}\varphi}\right\rangle \left(\frac{1+r\mathrm{e}^{\mathrm{i}(\theta-\varphi)}}{1-r\mathrm{e}^{\mathrm{i}(\theta-\varphi)}}\right) \frac{\mathrm{d}\varphi}{2\pi} \\
&= \int_0^{2\pi} \left|\xi = \mathrm{e}^{\mathrm{i}\varphi}\right\rangle \left(\frac{\mathrm{e}^{\mathrm{i}\varphi}+r\mathrm{e}^{\mathrm{i}\theta}}{\mathrm{e}^{\mathrm{i}\varphi}-r\mathrm{e}^{\mathrm{i}\theta}}\right) \frac{\mathrm{d}\varphi}{2\pi}
\end{aligned} \tag{10.40}
$$

因此

$$
\left|r, \mathrm{e}^{\mathrm{i}\theta}\right\rangle = \frac{1-r^2}{2\pi} \int_0^{2\pi} \mathrm{d}\varphi \frac{1}{1+r^2-2r\cos(\theta-\varphi)} \left|\xi = \mathrm{e}^{\mathrm{i}\varphi}\right\rangle \quad (r<1) \tag{10.41}
$$

对照式 (10.31), 可将式 (10.40) 或式 (10.41) 称为量子力学态矢量的泊松积分公式.

从式 (10.40) 可以得到

$$
\left\langle\psi\right| r, \mathrm{e}^{\mathrm{i}\theta}\rangle = \int_0^{2\pi} \left\langle\psi\right| \xi = \mathrm{e}^{\mathrm{i}\varphi}\rangle \mathrm{Re}\left(\frac{\mathrm{e}^{\mathrm{i}\varphi}+r\mathrm{e}^{\mathrm{i}\theta}}{\mathrm{e}^{\mathrm{i}\varphi}-r\mathrm{e}^{\mathrm{i}\theta}}\right) \frac{\mathrm{d}\varphi}{2\pi} \tag{10.42}
$$

因此波函数 $\langle\psi| r, \mathrm{e}^{\mathrm{i}\theta}\rangle$ 可由 $\langle\psi| \xi = \mathrm{e}^{\mathrm{i}\varphi}\rangle$ 来确定.

根据纠缠态 $|\xi\rangle$ 的性质可得

$$
\left(a_1^\dagger a_1 - a_2^\dagger a_2\right) \left|\xi = \mathrm{e}^{\mathrm{i}\varphi}\right\rangle = \mathrm{i}\frac{\partial}{\partial\varphi} |\xi\rangle \tag{10.43}
$$

利用式 (10.35) 得

$$
\begin{aligned}
&\left(a_1^\dagger a_1 - a_2^\dagger a_2\right) \left|r, \mathrm{e}^{\mathrm{i}\theta}\right\rangle \\
&= \int_0^{2\pi} \mathrm{i}\left(\frac{\partial}{\partial\varphi} \left|\xi = \mathrm{e}^{\mathrm{i}\varphi}\right\rangle\right) P_r(\theta-\varphi) \frac{\mathrm{d}\varphi}{2\pi} \\
&= -\mathrm{i}\int_0^{2\pi} \left|\xi = \mathrm{e}^{\mathrm{i}\varphi}\right\rangle \frac{\partial}{\partial\varphi} P_r(\theta-\varphi) \frac{\mathrm{d}\varphi}{2\pi} = \mathrm{i}\frac{\partial}{\partial\theta} \left|r, \mathrm{e}^{\mathrm{i}\theta}\right\rangle\rangle
\end{aligned} \tag{10.44}
$$

第 11 章

贝塞尔方程的量子力学观

如在第 2 章所见, 当用球坐标解亥姆霍兹方程 $\Delta u+k^2u=0$ 时, Δ 是拉普拉斯算符, 分离变量后其径向方程的解就是贝塞尔函数解, 热传导方程和静电势方程都有贝塞尔函数解. 在第 8 章我们已经指出汉克尔变换的积分核 (贝塞尔函数) 恰是两个诱导纠缠态表象之间的内积. 在本章我们要进一步指出贝塞尔方程本身也可以以量子力学观点来导出.

11.1 导致贝塞尔方程的一个算符恒等式

标准的拉普拉斯方程是

$$x^2\frac{\mathrm{d}^2}{\mathrm{d}x^2}J_\nu(x)+x\frac{\mathrm{d}}{\mathrm{d}x}J_\nu(x)+(x^2-\nu^2)J_\nu(x)=0 \tag{11.1}$$

$J_\nu(x)$ 是 ν 阶贝塞尔函数, 其中 ν 是整数. 有

$$J_m(x)=\sum_{k=0}^{\infty}\frac{(-1)^m}{k!(m+k)!}\left(\frac{x}{2}\right)^{m+2k} \tag{11.2}$$

我们要表述的是: 用量子力学的一个算符恒等式可以导致贝塞尔方程. 为此先证明

$$(a_1^\dagger a_2^\dagger-a_1a_2+1)^2+(a_1^\dagger+a_2)(a_1+a_2^\dagger)(a_1-a_2^\dagger)(a_1^\dagger-a_2)=(a_1^\dagger a_1-a_2^\dagger a_2)^2 \tag{11.3}$$

其中, a_1, a_2 是 Bose 算符, 满足 $\left[a_\mathrm{i},a_j^\dagger\right]=\delta_{\mathrm{i},j}$, $i,j=(1,2)$.

恒等式证明如下:

因为

$$\begin{cases}(a_1+a_2^\dagger)(a_1^\dagger-a_2)-(a_1^\dagger+a_2)(a_1-a_2^\dagger)=2(a_1^\dagger a_2^\dagger-a_1a_2+1)\\(a_1+a_2^\dagger)(a_1^\dagger-a_2)+(a_1^\dagger+a_2)(a_1-a_2^\dagger)=2(a_1^\dagger a_1-a_2^\dagger a_2)\end{cases} \tag{11.4}$$

根据

$$\begin{cases}[(a_1+a_2^\dagger),(a_1^\dagger+a_2)]=0,\quad [(a_1-a_2^\dagger),(a_1^\dagger-a_2)]=0\\[(a_1+a_2^\dagger),(a_1-a_2^\dagger)]=0,\quad [(a_1^\dagger+a_2),(a_1^\dagger-a_2)]=0\end{cases} \tag{11.5}$$

就有

$$\begin{aligned}\text{式 (11.3) 的左边}&=\left[\frac{(a_1+a_2^\dagger)(a_1^\dagger-a_2)-(a_1^\dagger+a_2)(a_1-a_2^\dagger)}{2}\right]^2\\&\quad+(a_1^\dagger+a_2)(a_1+a_2^\dagger)(a_1-a_2^\dagger)(a_1^\dagger-a_2)\\&=\left[\frac{(a_1+a_2^\dagger)(a_1^\dagger-a_2)+(a_1^\dagger+a_2)(a_1-a_2^\dagger)}{2}\right]^2\\&=(a_1^\dagger a_1-a_2^\dagger a_2)^2\end{aligned} \tag{11.6}$$

故此算符恒等式得证.

11.2 贝塞尔方程导出纠缠态表象的矩阵元

第 8 章我们引入了诱导纠缠态 $|s,r')$ 和 $|q,r\rangle$, q 与 s 是整数, 有

$$\begin{cases}|s,r')=\dfrac{1}{2\pi}\displaystyle\int_0^{2\pi}\mathrm{d}\varphi\left|\xi=r'\mathrm{e}^{\mathrm{i}\varphi}\right)\mathrm{e}^{-\mathrm{i}s\varphi}\\|q,r\rangle=\dfrac{1}{2\pi}\displaystyle\int_0^{2\pi}\mathrm{d}\theta\left|\eta=r\mathrm{e}^{\mathrm{i}\theta}\right\rangle\mathrm{e}^{-\mathrm{i}q\theta}\end{cases} \tag{11.7}$$

这里

$$\begin{cases} |\eta\rangle = \exp\left(-\dfrac{1}{2}|\eta|^2 + \eta a_1^\dagger - \eta^* a_2^\dagger + a_1^\dagger a_2^\dagger\right)|00\rangle \quad (\eta = \eta_1 + \mathrm{i}\eta_2) \\ |\xi) = \exp\left(-\dfrac{1}{2}|\xi|^2 + \xi a_1^\dagger + \xi^* a_2^\dagger - a_1^\dagger a_2^\dagger\right)|00\rangle \quad (\xi = \xi_1 + \mathrm{i}\xi_2) \end{cases} \tag{11.8}$$

是一对互为共轭的纠缠态, $|\eta\rangle$ 满足

$$\left(a_1 - a_2^\dagger\right)|\eta\rangle = \eta|\eta\rangle, \quad \left(a_2 - a_1^\dagger\right)|\eta\rangle = -\eta^*|\eta\rangle \tag{11.9}$$

$|\xi)$ 满足

$$\left(a_1 + a_2^\dagger\right)|\xi) = \xi|\xi), \quad \left(a_2 + a_1^\dagger\right)|\xi) = \xi^*|\xi) \tag{11.10}$$

诱导纠缠态具有完备性

$$\begin{cases} \sum\limits_{q=-\infty}^{\infty}\int_0^\infty 2r\mathrm{d}r\,|q,r\rangle\langle q,r| = 1, \quad \langle q,r|\,q',r'\rangle = \delta_{q,q'}\dfrac{1}{2r}\delta(r-r') \\ \sum\limits_{s=-\infty}^{\infty}\int_0^\infty 2r'\mathrm{d}r'\,|s,r')(s,r'| = 1, \quad (s,r'|\,s',r'') = \delta_{s,s'}\dfrac{1}{2r'}\delta(r'-r'') \end{cases} \tag{11.11}$$

$|q,r\rangle$ 满足本征方程

$$\begin{aligned} (a_1^\dagger a_1 - a_2^\dagger a_2)|q,r\rangle &= \frac{1}{2\pi}\int_0^{2\pi}\mathrm{d}\theta(ra_1^\dagger\mathrm{e}^{\mathrm{i}\theta} + ra_2^\dagger\mathrm{e}^{-\mathrm{i}\theta})\left|\eta = r\mathrm{e}^{\mathrm{i}\theta}\right\rangle\mathrm{e}^{-\mathrm{i}q\theta} \\ &= \frac{1}{2\pi}\int_0^{2\pi}\mathrm{d}\theta\left(-\mathrm{i}\frac{\partial}{\partial\theta}\left|\eta = r\mathrm{e}^{\mathrm{i}\theta}\right\rangle\right)\mathrm{e}^{-\mathrm{i}q\theta} = q|q,r\rangle \end{aligned} \tag{11.12}$$

和

$$(a_1 - a_2^\dagger)(a_1^\dagger - a_2)|q,r\rangle = r^2|q,r\rangle \tag{11.13}$$

另一方面, $|s,r')$ 满足的本征方程是

$$\begin{cases} (a_1^\dagger a_1 - a_2^\dagger a_2)|s,r') = s|s,r') \\ (a_1^\dagger + a_2)(a_1 + a_2^\dagger)|s,r') = r'^2|s,r') \end{cases} \tag{11.14}$$

让

$$(s=\nu, r'=1| \equiv (\nu,1|, \quad |q=\nu, r=x\rangle \equiv |\nu,x\rangle \tag{11.15}$$

我们要证明

$$\begin{aligned} &(\nu,1|\left[(a_1^\dagger a_2^\dagger - a_1a_2 + 1)^2 + (a_1^\dagger + a_2)(a_1 + a_2^\dagger)(a_1 - a_2^\dagger)(a_1^\dagger - a_2) - (a_1^\dagger a_1 - a_2^\dagger a_2)^2\right]|\nu,x\rangle \\ &= \left[x^2\frac{\mathrm{d}^2}{\mathrm{d}x^2} + x\frac{\mathrm{d}}{\mathrm{d}x} + (x^2 - \nu^2)\right](\nu,1|\,\nu,x\rangle = 0 \end{aligned} \tag{11.16}$$

证明 由式 (11.13) 和式 (11.14) 得到

$$\begin{cases} (\nu,1|(a_1^\dagger+a_2)(a_1+a_2^\dagger)(a_1-a_2^\dagger)(a_1^\dagger-a_2)\,|\nu,x\rangle - x^2\,(\nu,1|\,\nu,x\rangle \\ (\nu,1|(a_1^\dagger a_1-a_2^\dagger a_2)^2\,|\nu,x\rangle = v^2\,(\nu,1|\,\nu,x\rangle \end{cases} \tag{11.17}$$

为了计算 $(\nu,1|(a_1^\dagger a_2^\dagger-a_1a_2+1)^2\,|\nu,x\rangle$, 我们回忆

$$S\,(\lambda)\equiv\exp\left[\lambda(a_1^\dagger a_2^\dagger-a_1a_2+1)\right]=\int\frac{\mathrm{d}^2\eta}{\pi}\,|\eta/\mu\rangle\,\langle\eta|\quad(\mu=\mathrm{e}^\lambda) \tag{11.18}$$

即 $S\,(\lambda)$ 将 $|\eta\rangle$ 压缩为 $\left|\dfrac{\eta}{\mu}\right\rangle$, 故从 (11.18) 看出

$$S\,(\lambda)\,|q,r\rangle=|q,r/\mu\rangle\qquad\text{或}\quad S\,(\lambda)\,|\nu,x\rangle=|\nu,x/\mu\rangle \tag{11.19}$$

接着有

$$\begin{aligned}(a_1^\dagger a_2^\dagger-a_1a_2+1)^2\,|\nu,x\rangle&=\frac{\partial^2}{\partial\lambda^2}\mathrm{e}^{\lambda(a_1^\dagger a_2^\dagger-a_1a_2+1)}|_{\lambda=0}\,|\nu,x\rangle\\&=\frac{\partial^2}{\partial\lambda^2}S(\lambda)\,|\nu,x\rangle\,|_{\lambda=0}=\frac{\partial^2}{\partial\lambda^2}\left|\nu,x\mathrm{e}^{-\lambda}\right\rangle|_{\lambda=0}\\&=\frac{\partial}{\partial\lambda}\left[-x\mathrm{e}^{-\lambda}\frac{\partial}{\partial\,(x\mathrm{e}^{-\lambda})}\left|\nu,x\mathrm{e}^{-\lambda}\right\rangle\right]|_{\lambda=0}\\&=\left[\left(x\mathrm{e}^{-\lambda}\right)^2\frac{\partial^2}{\partial\,(x\mathrm{e}^{-\lambda})^2}+x\mathrm{e}^{-\lambda}\frac{\partial}{\partial\,(x\mathrm{e}^{-\lambda})}\right]\left|\nu,x\mathrm{e}^{-\lambda}\right\rangle|_{\lambda=0}\\&=\left(y^2\frac{\mathrm{d}^2}{\mathrm{d}y^2}+y\frac{\mathrm{d}}{\mathrm{d}y}\right)|\nu,y\rangle\,|_{y=x\mathrm{e}^{-\lambda},\ \lambda=0}\\&=\left(x^2\frac{\mathrm{d}^2}{\mathrm{d}x^2}+x\frac{\mathrm{d}}{\mathrm{d}x}\right)|\nu,x\rangle\end{aligned} \tag{11.20}$$

或

$$(\nu,1|\,(a_1^\dagger a_2^\dagger-a_1a_2+1)^2\,|\nu,x\rangle=\left(x^2\frac{\mathrm{d}^2}{\mathrm{d}x^2}+x\frac{\mathrm{d}}{\mathrm{d}x}\right)(\nu,1|\,\nu,x\rangle \tag{11.21}$$

把式 (11.20) 和式 (11.21) 代入 (11.17) 式的左边, 可得贝塞尔方程

$$\left[x^2\frac{\mathrm{d}^2}{\mathrm{d}x^2}+x\frac{\mathrm{d}}{\mathrm{d}x}+(x^2-\nu^2)\right](\nu,1|\,\nu,x\rangle=0 \tag{11.22}$$

即 $(\nu,1|\,\nu,x\rangle$ 满足贝塞尔方程. 回忆

$$(s,r'|\,q,r\rangle=\frac{1}{2}\delta_{s,q}J_s\,(rr') \tag{11.23}$$

是汉克尔变换核, 当 $s=\nu$, $r'=1$, $q=\nu$, $r=x$ 时, 上式即是贝塞尔函数

$$(\nu,1|\,\nu,x\rangle=\frac{1}{2}J_\nu\,(x) \tag{11.24}$$

这就给出了贝塞尔方程.

11.3 求 $\left(\frac{\mathrm{d}^2}{\mathrm{d}x^2}+\frac{1}{x}\frac{\mathrm{d}}{\mathrm{d}x}-\frac{\nu^2}{x^2}\right)|\nu,x\rangle$ 的汉克尔变换

在第 8 章已经给出了汉克尔变换的量子力学形式, 记

$$\langle q,r|\, g\rangle = g(q,r), \quad (s,r'|\, g\rangle = \mathcal{G}(s,r') \tag{11.25}$$

用 $\langle q,r|$ 的完备性得到 $g(q,r)$ 的汉克尔变换

$$\begin{aligned}\mathcal{G}(s,r') &= \sum_{q=-\infty}^{\infty}\int_0^{\infty}\mathrm{d}r^2\,(s,r'|\,q,r\rangle\langle q,r|\,g\rangle \\ &= \int_0^{\infty} r\mathrm{d}r J_s(rr')\,g(s,r) \equiv \mathcal{H}[g(s,r)]\end{aligned} \tag{11.26}$$

这是值得注意的, 因为现在我们知道汉克尔变换核的量子力学版本正好是 $|q,r\rangle$ 和 $(s,r'|$ 之间的变换, 或者我们说汉克尔变换由其量子力学表象实现—— $(s,r'|\,q,r\rangle$. 诱导纠缠态表象 $(s,r'|$ 容易得到其逆变换是

$$\begin{aligned}\langle q,r|\,g\rangle &= \sum_{s=-\infty}^{\infty}\int_0^{\infty}\mathrm{d}r'^2\,\langle q,r|\,s,r')(s,r'|\,g\rangle \\ &= \int_0^{\infty} r'\mathrm{d}r' J_s(rr')\,g(q,r') \\ &= \mathcal{H}^{-1}[g(q,r')]\end{aligned} \tag{11.27}$$

若想知道 $\left(\frac{\mathrm{d}^2}{\mathrm{d}x^2}+\frac{1}{x}\frac{\mathrm{d}}{\mathrm{d}x}-\frac{\nu^2}{x^2}\right)|\nu,x\rangle \equiv K(x)$ 的汉克尔变换:

$$\int_0^{\infty} K(x) J_\nu(x'x)\,x\mathrm{d}x \tag{11.28}$$

我们从

$$\begin{aligned}&\left[(a_1^\dagger a_2^\dagger - a_1a_2+1)^2-(a_1^\dagger a_1 - a_2^\dagger a_2)^2\right]|\nu,x\rangle \\ &= -(a_1^\dagger+a_2)(a_1+a_2^\dagger)(a_1-a_2^\dagger)(a_1^\dagger-a_2)\,|\nu,x\rangle \\ &= -x^2(a_1^\dagger+a_2)(a_1+a_2^\dagger)\,|\nu,x\rangle\end{aligned} \tag{11.29}$$

和

$$(a_1^\dagger+a_2)(a_1+a_2^\dagger)\,|\nu,x\rangle = -\left(\frac{\mathrm{d}^2}{\mathrm{d}x^2}+\frac{1}{x}\frac{\mathrm{d}}{\mathrm{d}x}-\frac{\nu^2}{x^2}\right)|\nu,x\rangle \tag{11.30}$$

得到

$$\left(\frac{\mathrm{d}^2}{\mathrm{d}x^2}+\frac{1}{x}\frac{\mathrm{d}}{\mathrm{d}x}-\frac{\nu^2}{x^2}\right)|\nu,x\rangle=-(a_1^\dagger+a_2)(a_1+a_2^\dagger)\sum_{s=-\infty}^{\infty}\int_0^\infty 2x'\mathrm{d}x'\,|s,x')\,(s,x'|\,\nu,x\rangle$$
$$=-\sum_{s=-\infty}^{\infty}\int_0^\infty 2x'\mathrm{d}x'x'^2\frac{1}{2}\delta_{s,\nu}J_s\left(xx'\right)|s,x')$$
$$=-\int_0^\infty x'\mathrm{d}x'J_\nu\left(xx'\right)x'^2\,|\nu,x') \tag{11.31}$$

其右边正是 $-x'^2\,|\nu,x')$ 的汉克尔变换, 故其反变换是

$$\int_0^\infty\left(\frac{\mathrm{d}^2}{\mathrm{d}x^2}+\frac{1}{x}\frac{\mathrm{d}}{\mathrm{d}x}-\frac{\nu^2}{x^2}\right)|\nu,x\rangle\,J_\nu\left(x'x\right)x\mathrm{d}x=-x'^2\,|\nu,x') \tag{11.32}$$

第12章

z-变换的量子力学观

离散信号系统的系统函数 (或者称传递函数) 一般均以该系统对单位抽样信号的响应的 z-变换 (z-transform) 表示. z-变换将离散系统 $f[n]$ 的时域数学模型——差分方程转化为较简单的频域数学模型——代数方程, 以简化求解. z 是个复变量, 它具有实部和虚部, 常常以极坐标形式表示, 即 $z = r\mathrm{e}^{\mathrm{i}\Omega}$, 其中 r 为幅值, Ω 为相角. 序列 $f[n]$ 在收敛情况下的 z-变换是

$$Z\{f[n]\} \equiv F(z) = F\left(r\mathrm{e}^{\mathrm{i}\Omega}\right) = \sum_{n=0}^{\infty} \frac{f[n]}{z^n} \tag{12.1}$$

以 z 的实部为横坐标、虚部为纵坐标构成的平面称为 z 平面, 即离散系统的复域平面. 由此可见, z-变换在离散系统中的地位与作用, 类似于连续系统中的拉氏变换 $F(s) = \int_0^{\infty} \mathrm{d}t\mathrm{e}^{-st} f(t)$. 例如序列 λ^n 的 z-变换是

$$F(z) = \sum_{n=0}^{\infty} \frac{\lambda^n}{z^n} = \frac{1}{1-\lambda z^{-1}} = \frac{z}{z-\lambda} \quad (|z| > |\lambda|) \tag{12.2}$$

式 (12.1) 的逆z-变换公式是

$$f[n]=\frac{1}{2\pi\mathrm{i}}\oint_{c}\frac{F(z)}{z^{1-n}}\mathrm{d}z \tag{12.3}$$

例如式 (12.2) 的逆z-变换是

$$\begin{aligned}f[n]&=\frac{1}{2\pi}\oint_{0}^{2\pi}\left(\sum_{n'=0}^{\infty}\frac{\lambda^{n'}}{z^{n'}}\right)z^{n}\mathrm{d}\Omega\\&=\frac{1}{2\pi}\oint_{0}^{2\pi}\left(\sum_{n'=0}^{\infty}\lambda^{n'}\right)\mathrm{e}^{\mathrm{i}\Omega\left(n-n'\right)}\mathrm{d}\Omega=\lambda^{n},\mathrm{d}z=\mathrm{i}z\mathrm{d}\Omega\end{aligned} \tag{12.4}$$

这里我们要指出数学 z-变换与量子力学中的数态 $|n\rangle$ 表象和相干态表象 $|(z)\rangle$ 之间的变换存在着一一对应. 为了显示这一点, 我们利用在第 1 章介绍的产生算符本征态 $|(z)\rangle_{\#}$:

$$a^{\dagger}|(z)\rangle_{\#}=z|(z)\rangle_{\#},\ {}_{\#}\langle(z)|a=z_{\#}\langle(z)|$$

特别是由 $|(z)\rangle_{\#}$ 与 $\langle(z)|$ 构成的完备性

$$\oint_{\partial C}\mathrm{d}z\left\{|(z)\rangle_{\#}\right\}\langle(z)|=I\Longleftrightarrow\oint_{\partial C}\mathrm{d}z|(z)\rangle\left\{_{\#}\langle(z)|\right\}=I \tag{12.5}$$

这里 ∂C 代表包围复平面的坐标原点的围道, I 是恒等算符. 本征态 $|(z)\rangle_{\#}$ 在福克空间中表示为

$$\begin{cases}|(z)\rangle_{\#}&=\sum_{n=0}^{\infty}\frac{(-1)^{n}}{\sqrt{n!}}\delta^{(n)}(z)|n\rangle=\exp\left(-a^{\dagger}\frac{\partial}{\partial z}\right)\delta(z)|0\rangle\\ {}_{\#}\langle(z)|&=\sum_{n=0}^{\infty}\langle n|\frac{(-1)^{n}}{\sqrt{n!}}\delta^{(n)}(z)=\langle 0|\exp\left(-a\frac{\partial}{\partial z}\right)\delta(z)\end{cases} \tag{12.6}$$

$\delta(z)$ 是围道积分型的 δ-函数:

$$\delta(z)=\frac{1}{\mathrm{i}2\pi z}|_{\partial C} \tag{12.7}$$

$\delta^{(n)}(z)$ 表示 $\delta(z)$ 的 n 阶导数:

$$\delta^{(n)}(z)=\frac{(-1)^{n}n!}{\mathrm{i}2\pi z^{n+1}}|_{\partial C}=\frac{(-1)^{n}n!}{z^{n}}\delta(z) \tag{12.8}$$

引入未归一的相干态 $\langle z\|=\langle 0|\mathrm{e}^{z^{*}a}$, 我们已经在第 1 章里证明正交关系是

$$\langle(z')|(z)\rangle_{\#}=\delta(z-z')$$

以下我们用量子力学的语言叙述 z-变换, 或是说 z-变换的量子力学版本. 在这个方法的帮助下, 可以得到一些新算符的性质.

12.1 z-变换的简单回顾

在 $f(t)$ 的拉普拉斯变换 $F(s)=\int_0^{\infty}\mathrm{d}t\mathrm{e}^{-st}f(t)$ 中, 把时间均匀分段, 在 $n<t<n+1$ 时间段内, 记 $f(t)\to f[n]$, 并让 $\mathrm{e}^{-s}\equiv\frac{1}{z}$, z 复数, 则拉普拉斯变换就过渡到对于 $f[n]$ 的 z-变换:

$$z\{f[n]\}\equiv F(z)=\sum_{n=0}^{\infty}\frac{f[n]}{z^n} \tag{12.9}$$

$f[n]$ 的收敛区域总是在 r_0 内部, 而 r_0 的值取决于序列 $f[n]$ 的具体形式, $|z|=r$, $r>r_0$, 例如当 $r_0=1$ 时, 则 $|r|>1$. $f[n]$ 与 $F(z)$ 的关系表示为

$$f[n]\overset{z}{\longleftrightarrow}F(z)$$

z-变换的逆变换是

$$f[n]=\frac{1}{2\pi\mathrm{i}}\oint\limits_{\partial C_z}\mathrm{d}z z^{n-1}F(z) \tag{12.10}$$

∂C_z 是中心在原点的逆时针封闭围道, 半径为 r. 做变换 $z\to z'=\frac{1}{z}$(注意: 相应的围道径迹也改变), 有

$$\tilde{F}(z)\equiv F\left(\frac{1}{z}\right)=\sum_{n=0}^{\infty}f[n]z^n \tag{12.11}$$

此式的收敛区域是在一个圆内, 半径是 $\frac{1}{r_0}$. 而

$$\begin{aligned}f[n]&=\frac{1}{2\pi\mathrm{i}}\oint\limits_{\partial C''_z}\mathrm{d}z\left(\frac{1}{z}\right)^{n-1}F\left(\frac{1}{z}\right)\left(-\frac{1}{z^2}\right)\\&=\frac{1}{2\pi\mathrm{i}}\oint\limits_{\partial C''_z}\mathrm{d}z\frac{1}{z^{n+1}}\tilde{F}(z)\end{aligned} \tag{12.12}$$

这里的 $\partial C''_z$ 代表积分逆时针绕着的围道, 其中心在原点, 半径为 r' $\left(r'<\frac{1}{r_0}\right)$. 记从 $f[n]$ 到 $\tilde{F}(z)$ 的变换为 $\tilde{z}$-变换, 相应地, 从 $\tilde{F}(z)$ 到 $f[n]$ 是逆 $\tilde{z}$-变换, $\tilde{z}$-变换从本质上讲等价于 z-变换. $f[n]$ 与 $\tilde{F}(z)$ 之间的对应记为

$$f[n]\overset{\tilde{z}}{\longleftrightarrow}\tilde{F}(z)$$

12.2 $\tilde{z}$-变换作为从 $|n\rangle$ 到 $|(z)\rangle$ 的变换

本节指出 $\tilde{z}$-变换从量子力学表象变换的角度看是从福克态到相干态的变换. 对于任意态矢量 $|f\rangle$, 我们可以用形成福克态 $|n\rangle$ 的序列

$$f[n] = \frac{\langle n|f\rangle}{\sqrt{n!}} \quad (n = 0, 1, 2, \cdots) \tag{12.13}$$

这里的 $\langle n|f\rangle$ 是 $|f\rangle$ 在福克空间的波函数, $\frac{1}{\sqrt{n!}}$ 是辅助系数. $|f\rangle$ 是归一化的:

$$\sum_{n=0}^{\infty} \langle f|n\rangle \langle n|f\rangle = \langle f|f\rangle = 1 \tag{12.14}$$

现在我们定义 $f[n]$ 到 $\tilde{F}(z)$ 的 $\tilde{z}$-变换, $\tilde{F}(z)$ 是

$$\tilde{F}(z) = \langle (z)|f\rangle, \quad \langle (z)| \equiv \sum_{n=0}^{\infty} \frac{z^n}{\sqrt{n!}} \langle n| \tag{12.15}$$

用完备性

$$\sum_{n=0}^{\infty} |n\rangle \langle n| = I \tag{12.16}$$

得到 $\tilde{F}(z)$

$$\begin{aligned} \tilde{F}(z) &= \langle (z)| \sum_{n=0}^{\infty} |n\rangle \langle n|f\rangle \\ &= \sum_{n=0}^{\infty} \frac{z^n \langle n|f\rangle}{\sqrt{n!}} \\ &= \sum_{n=0}^{\infty} z^n f[n] \end{aligned} \tag{12.17}$$

与 $\tilde{z}$-变换的定义一致. 另一方面, 用式 (12.13)~ 式 (12.17), 我们就知道逆变换 [$\tilde{F}(z)$ 到 $f[n]$ 的变换]

$$f[n] = \frac{1}{\sqrt{n!}} \langle n| \oint_{\partial C} \mathrm{d}z \left\{ |(z)\rangle_{\#} \right\} \langle (z)|f\rangle$$

$$= \frac{1}{\sqrt{n!}} \oint_{\partial C} \mathrm{d}z \frac{(-1)^n}{\sqrt{n!}} \delta^{(n)}(z) \tilde{F}(z)$$

$$= \frac{1}{2\pi \mathrm{i}} \oint_{\partial C} \mathrm{d}z \frac{\tilde{F}(z)}{z^{n+1}} \tag{12.18}$$

12.3 z-变换性质的量子力学观

$\tilde{z}$-变换具有与量子力学相伴的性质.

1. 在 z-域的定标 (尺度伸缩) 性质

对于 $\tilde{z}$-变换的定标 (尺度伸缩) 性质, $z_0^n f[n] \overset{\tilde{Z}}{\longleftrightarrow} \tilde{F}(z_0 z)$. 我们寻求量子力学对应, 引入算符 $\hat{A}$, 其定义是

$$\hat{A} \equiv \oint_{\partial C} \mathrm{d}z \left\{ |(z)\rangle_{\#} \right\} \langle z_0 z| \tag{12.19}$$

用产生算符本征态 $|(z)\rangle_{\#}$ 的定义和

$$f^{(n)}(0) = (-1)^n \oint_{\partial C} \mathrm{d}z f(z) \delta^{(n)}(z) \tag{12.20}$$

则有

$$\hat{A} = \oint_{\partial C} \mathrm{d}z \sum_{n=0}^{\infty} \frac{(-1)^n}{\sqrt{n!}} \delta^{(n)}(z) |n\rangle \sum_{m=0}^{\infty} \langle m| \frac{(z_0 z)^m}{\sqrt{m!}}$$

$$= \sum_{n=0}^{\infty} z_0^n |n\rangle \langle n| \tag{12.21}$$

所以

$$\langle n| \hat{A} = z_0^n \langle n| \tag{12.22}$$

另一方面, 用正交性又得

$$\langle (z)| \hat{A} = \langle (z_0 z)|$$

看出 $\tilde{z}$-变换 $z_0^n f[n] \xrightarrow{\tilde{Z}} \tilde{F}(z_0 z)$ 的量子对应为

$$\frac{z_0^n}{\sqrt{n!}}\langle n|f\rangle = \frac{1}{\sqrt{n!}}\langle n|\left\{\dot{A}|f\rangle\right\} \xrightarrow{\tilde{Z}} \langle (z)|\left\{\hat{A}|f\rangle\right\} = \langle (z_0 z)|f\rangle \tag{12.23}$$

2. 时间平移

$\tilde{z}$-变换 $f[n] \overset{\tilde{Z}}{\longleftrightarrow} \tilde{F}(z)$ 的时间平移性质是 $f[n-k]u[n-k] \overset{\tilde{Z}}{\longleftrightarrow} z^k\tilde{F}(z)$, 这里 $u[n-k]$ 是一个阶跃函数:

$$u[n-k] = \begin{cases} 0, & (n<k) \\ 1, & (n\geqslant k) \end{cases}$$

即 $f[n-k]u[n-k]$ 是将序列 $f[n]$ 向右边平移 k 步, 而且前头的 k 个数等于 0. 于是, 相应的量子力学“版本”为

$$\frac{1}{\sqrt{(n-k)!}}\langle n-k|f\rangle \quad (n\geqslant k, 0, n<k) = \frac{1}{\sqrt{n!}}\langle n|\left\{a^{\dagger k}|f\rangle\right\} \longleftrightarrow \langle (z)|\left\{a^{\dagger k}|f\rangle\right\} = z^k\langle (z)|f\rangle \tag{12.24}$$

3. 第一差分

序列 $f[n]$ 的第一差分定义为

$$\nabla f[n] = f[n] - f[n-1]u[n-1]$$

其 $\tilde{z}$-变换是 $\nabla f[n] \overset{\tilde{Z}}{\longleftrightarrow} (1-z)\tilde{F}(z)$. 那么它的量子力学“版本”为

$$\begin{aligned}\frac{1}{\sqrt{n!}}\langle n|f\rangle - \frac{1}{\sqrt{(n-1)!}}\langle n-1|f\rangle &= \frac{1}{\sqrt{n!}}\langle n|\left(1-a^{\dagger}\right)|f\rangle \\ &\longleftrightarrow \langle (z)|\left(1-a^{\dagger}\right)|f\rangle = (1-z^*)\langle (z)|f\rangle\end{aligned} \tag{12.25}$$

4. 累积量

累积量的 $\tilde{z}$-变换是 $\sum\limits_{j=0}^{n} f[j] \overset{\tilde{Z}}{\longleftrightarrow} \left[\frac{1}{1-z}\right]\tilde{F}(z)$. 为求相应的量子力学“版本”, 我们引入一个算符 $\hat{B}$:

$$\hat{B} \equiv \oint\limits_{\partial C} \mathrm{d}z \frac{1}{1-z}\left\{|(z)\rangle_{\#}\right\}\langle (z)|$$

施行围道积分给出

$$\begin{aligned}\hat{B} &= \oint_{\partial C} \mathrm{d}z \sum_{m=0}^{\infty} \frac{(-1)^m}{\sqrt{m!}} \delta^{(m)}(z) |m\rangle \sum_{n=0}^{\infty} \langle n| \frac{z^n}{\sqrt{n!}} \frac{1}{1-z} \\ &= \sum_{n=0}^{\infty} \sum_{m=n}^{\infty} \frac{1}{\sqrt{m!}\sqrt{n!}} |m\rangle \langle n| C_n^m n!(m-n)! \\ &= \sum_{n=0}^{\infty} \sum_{m=n}^{\infty} \frac{\sqrt{m!}}{\sqrt{n!}} |m\rangle \langle n| \\ &= \sum_{m=0}^{\infty} \sum_{n=0}^{m} \frac{\sqrt{m!}}{\sqrt{n!}} |m\rangle \langle n| \end{aligned} \tag{12.26}$$

故有

$$\frac{1}{\sqrt{n!}} \langle n| \hat{B} = \sum_{j=0}^{n} \frac{1}{\sqrt{j!}} \langle j| \tag{12.27}$$

另一方面,

$$\langle (z)| \hat{B} = \frac{1}{1-z} \langle (z)|$$

综合上述讨论, 相应的量子力学“版本”为

$$\begin{aligned}\sum_{j=0}^{n} \frac{1}{\sqrt{j!}} \langle j| f\rangle = \frac{1}{\sqrt{n!}} \langle n| \left\{ \hat{B} |f\rangle \right\} &\longleftrightarrow \\ \langle (z)| \left\{ \hat{B} |f\rangle \right\} = \frac{1}{1-z} \langle (z)| f\rangle \end{aligned} \tag{12.28}$$

5. 在 z-域中的微商

$\tilde{z}$-变换在 z-域中的微商性质表现为

$$nf[n] \overset{\tilde{Z}}{\longleftrightarrow} z\frac{\mathrm{d}\tilde{F}(z)}{\mathrm{d}z}$$

相应的量子力学“版本”为

$$\frac{1}{\sqrt{n!}} n \langle n| f\rangle = \frac{1}{\sqrt{n!}} \langle n| \left\{a^\dagger a |f\rangle\right\} \longleftrightarrow \langle (z)| \left\{a^\dagger a |f\rangle\right\} = z\frac{\mathrm{d}}{\mathrm{d}z} \langle (z)| f\rangle$$

类似地, $\tilde{z}$-变换

$$(n+1)(n+2)\cdots(n+k) f[n+k] \overset{\tilde{Z}}{\longleftrightarrow} \frac{\mathrm{d}^k \tilde{F}(z)}{\mathrm{d}z^k}$$

的量子力学“版本”为

$$\frac{1}{\sqrt{(n+k)!}} (n+1)(n+2)\cdots(n+k) \langle n+k| f\rangle$$

$$
\begin{aligned}
&= \frac{1}{\sqrt{n!}} \langle n| \left\{ a^k |f\rangle \right\} \longleftrightarrow \langle (z)| \left\{ a^k |f\rangle \right\} \\
&= \frac{\mathrm{d}^k}{\mathrm{d}z^k} \langle (z)| f\rangle
\end{aligned} \tag{12.29}
$$

6. 时间膨胀

从原始的序列 $f[n]$, 我们引入一个新序列 $f_{(k)}[n]$, 其定义为

$$
f_{(k)}[n] = \begin{cases} f[n/k] & (n是k的倍数) \\ 0 & (其他数组) \end{cases}
$$

$f_{(k)}[n]$ 的 $\tilde{z}$-变换是 $f_{(k)}[n] \overset{\tilde{Z}}{\longleftrightarrow} \tilde{F}\left(z^k\right)$. 为了求其量子力学“版本”, 我们引入一个算符 $\hat{C}$, 将其定义为

$$
\hat{C} = \oint_{\partial C} \mathrm{d}z \left\{ |(z)\rangle_{\#} \right\} \left\langle \left(z^k\right) \right|
$$

实施围道积分后得到

$$
\begin{aligned}
\hat{C} &= \oint_{\partial C} \mathrm{d}z \left\{ |(z)\rangle_{\#} \right\} \left\langle \left(z^k\right) \right| \\
&= \oint_{\partial C} \mathrm{d}z \sum_{m=0}^{\infty} \frac{(-1)^m}{\sqrt{m!}} \delta^{(m)}(z) |m\rangle \sum_{n=0}^{\infty} \langle n| \frac{\left(z^k\right)^n}{\sqrt{n!}} \\
&= \sum_{m=0}^{\infty} \frac{\sqrt{(km)!}}{\sqrt{m!}} |km\rangle \langle m|
\end{aligned} \tag{12.30}
$$

由此立即得出

$$
\frac{1}{\sqrt{n!}} \langle n| \hat{C} = \begin{cases} \frac{1}{\sqrt{(n/k)!}} \langle n/k| & (n是k的倍数) \\ 0 & (其他数组) \end{cases}
$$

另一方面, 由正交性得到

$$
\langle (z)| \hat{C} = \left\langle \left(z^k\right) \right|
$$

结合两方面的考虑, 量子力学“版本”为

$$
\begin{cases} \frac{1}{\sqrt{(n/k)!}} \langle n/k| f\rangle & (n是k的倍数) \\ 0 & (其他数组) \end{cases} = \frac{1}{\sqrt{n!}} \langle n| \left\{ \hat{C} |f\rangle \right\} \Longleftrightarrow \langle (z)| \left\{ \hat{C} |f\rangle \right\} = \left\langle \left(z^k\right) \right| f\rangle \tag{12.31}
$$

7. 卷积

两个序列 $f[n]$ 和 $g[n]$ 的卷积是

$$f[n]*g[n]=\sum_{n_1=0}^{n}f[n_1]g[n-n_1]$$

其 $\tilde{z}$-变换是

$$f[n]*g[n]\overset{\tilde{Z}}{\longleftrightarrow}\tilde{F}(z)\tilde{G}(z)$$

为了求其量子力学“版本”, 我们引入双模数态 $|n_1,n_2\rangle$, 其完备性是

$$\begin{aligned}&\sum_{n_1=0}^{\infty}\sum_{n_2=0}^{n}|n_1,n_2\rangle\langle n_1,n_2|\\&=\sum_{n_1=0}^{\infty}\sum_{n_2=0}^{n}|n_1,n-n_1\rangle\langle n_1,n-n_1|=I\end{aligned}\tag{12.32}$$

显然 $\tilde{F}(z)\tilde{G}(z)$ 应该等于双模相干态

$$\tilde{F}(z)\tilde{G}(z)=\langle(z_1=z,z_2=z)|f,g\rangle\tag{12.33}$$

其中, $\langle(z_1=z,z_2=z)|$ 是双模相干态, 于是

$$\begin{aligned}\tilde{F}(z)\tilde{G}(z)&=\langle(z_1=z,z_2=z)|\sum_{n=0}^{\infty}\sum_{n_1=0}^{n}|n_1,n-n_1\rangle\\&\quad\times\langle n_1,n-n_1|f,g\rangle\\&=\sum_{n=0}^{\infty}\sum_{n_1=0}^{n}\frac{z^n}{\sqrt{n_1!(n-n_1)!}}\langle n_1|f\rangle\langle n-n_1|g\rangle\\&=\sum_{n=0}^{\infty}z^n\left(\sum_{n_1=0}^{n}f[n_1]g[n-n_1]\right)\\&=\sum_{n=0}^{\infty}z^nf[n]*g[n]\end{aligned}\tag{12.34}$$

可以验证它, 即用

$$\begin{aligned}&\frac{1}{2\pi\mathrm{i}}\oint_{\partial C}\mathrm{d}z\frac{1}{z^{n+1}}\langle(z_1=z,z_2=z)|\\&=\sum_{n_1=0}^{n}\frac{z^n}{\sqrt{n_1!(n-n_1)!}}\langle n_1,n-n_1|\end{aligned}\tag{12.35}$$

其逆变换是

$$\begin{aligned}\sum_{n_1=0}^{n} f_{n_1} g_{n-n_1} &= \sum_{n_1=0}^{n} \frac{\langle n_1, n-n_1|}{\sqrt{n_1!(n-n_1)!}} |f,g\rangle \\ &= \frac{1}{2\pi \mathrm{i}} \oint_{\partial C} \mathrm{d}z \frac{1}{z^{n+1}} \langle (z_1 = z, z_2 = z)| f,g\rangle \\ &= \frac{1}{2\pi \mathrm{i}} \oint_{\partial C} \mathrm{d}z \frac{1}{z^{n+1}} \tilde{F}(z) \tilde{G}(z) \end{aligned} \tag{12.36}$$

两个序列的卷积 $f_n * g_n$ 的 $\tilde{z}$-变换的量子力学“版本”是

$$\sum_{n_1=0}^{n} \frac{z^n}{\sqrt{n_1!(n-n_1)!}} \langle n_1, n-n_1| f,g\rangle \longleftrightarrow \langle (z_1 = z, z_2 = z)| f,g\rangle \tag{12.37}$$

第13章

量子希尔伯特变换和梅林变换的量子力学观

13.1 $|x\rangle\langle x|$ 的希尔伯特变换—— X^{-1} 的正规排序展开

用 IWOP 方法我们已经导出了 $\hat{X}^n$ 的正规乘积展开, 那么 $\hat{X}^{-n}$ 的正规排序展开是什么?

先看 $\hat{X}^{-1}$ 的情况. 有的文献将一维类 Coulomb-势 $\hat{X}^{-1}$ 表示为

$$\frac{1}{\hat{X}} = \frac{1}{\mathrm{i}h}\int_{-\infty}^{p} \mathrm{d}p' \tag{13.1}$$

这是因为在动量表象 $\langle p|$ 中, $\hat{X}\to \mathrm{i}\frac{\mathrm{d}}{\mathrm{d}p}$, 故其逆 $\frac{1}{\hat{X}}$ 表现为积分运算. 那么 $\frac{1}{\hat{X}}$ 的正规乘积展开是什么呢? 用高斯型积分的坐标表象完备性可得

$$\frac{1}{\hat{X}}=\int_{-\infty}^{+\infty}\mathrm{d}x\frac{1}{x}|x\rangle\langle x|=\frac{1}{\sqrt{\pi}}\int_{-\infty}^{+\infty}\mathrm{d}x\frac{1}{x}:\mathrm{e}^{-(x-X)^2}: \tag{13.2}$$

这是一类量子希尔伯特变换. 经典函数 $f(x)$ 的希尔伯特变换的定义是:

$$g(y)=H[f(x)]=\frac{1}{\pi}\mathcal{P}\int_{-\infty}^{\infty}\frac{f(x)}{x-y}\mathrm{d}x$$

$\mathcal{P}$ 表示主值积分, 其反变换是

$$f(x)=H^{-1}[g(y)]=-\frac{1}{\pi}\mathcal{P}\int_{-\infty}^{\infty}\frac{g(y)}{y-x}\mathrm{d}y$$

注意式 (13.2) 中在实轴 $x=0$ 处有个单极点, 我们写下

$$\frac{1}{\hat{X}}=\lim_{A\to\infty,\epsilon\to+0}:\frac{1}{\sqrt{\pi}}\int_{-A}^{-\epsilon}\mathrm{d}x\frac{\exp\left[-\left(x-\hat{X}\right)^2\right]}{x}\mathrm{d}x+\frac{1}{\sqrt{\pi}}\int_{\epsilon}^{A}\mathrm{d}x\frac{\exp\left[-\left(x-\hat{X}\right)^2\right]}{x}:$$

在第一项中令 $x=-t$, 就得

$$\begin{aligned}\frac{1}{\hat{X}}&=\lim_{A\to\infty,\epsilon\to+0}:\frac{1}{\sqrt{\pi}}\int_{\epsilon}^{A}\mathrm{d}x\frac{-\exp\left[-\left(x+\hat{X}\right)^2\right]+\exp\left[-\left(x-\hat{X}\right)^2\right]}{x}:\\&=:\frac{1}{\sqrt{\pi}}\int_0^{+\infty}\mathrm{d}x\mathrm{e}^{-x^2}\frac{\exp(2x\hat{X})-\exp(-2x\hat{X})}{x}\exp(-\hat{X}^2):\end{aligned}$$

现在被积函数在 $x=0$ 和 $x\to+\infty$ 时都不发散了, 展开指数函数并用积分公式

$$\int_0^{+\infty}\mathrm{d}t\mathrm{e}^{-t}t^{\nu-1}=\Gamma(\nu)\quad(\mathrm{Re}(\nu)>0)$$

这里 $\Gamma(\nu)$ 是 Γ 函数, 得到

$$\begin{aligned}\frac{1}{\hat{X}}&=:\frac{1}{\sqrt{\pi}}\sum_{k=0}^{\infty}\frac{2^{2k+2}}{(2k+1)!}\int_0^{+\infty}\mathrm{d}x\mathrm{e}^{-x^2}x^{2k}\hat{X}^{2k+1}\exp[-\hat{X}^2]:\\&=:\frac{1}{\sqrt{\pi}}\sum_{k=0}^{\infty}\frac{2^{2k+1}}{(2k+1)!}\left(\int_0^{+\infty}\mathrm{d}t\mathrm{e}^{-t}t^{k-\frac{1}{2}}\right)\hat{X}^{2k+1}\exp[-\hat{X}^2]:\\&=:\frac{1}{\sqrt{\pi}}\sum_{k=0}^{\infty}\frac{2^{2k+1}}{(2k+1)!}\Gamma\left(k+\frac{1}{2}\right)\hat{X}^{2k+1}\exp(-\hat{X}^2):\end{aligned}$$

Γ 函数

$$\Gamma(k+\frac{1}{2})=\sqrt{\pi}2^{-k}(2k-1)!!$$

再用组合公式 (其证明见本节附录)

$$\sum_{k=0}^{n}\frac{x}{k+x}(-1)^k\binom{n}{k}=\frac{1}{\binom{n+x}{n}} \tag{13.3}$$

和

$$\binom{\lambda}{k}=\frac{\lambda(\lambda-1)\cdots(\lambda-k+1)}{k!}\quad (k\text{为整数})$$

以及重排双重求和指标的公式

$$\sum_{m=0}^{\infty}\sum_{l=0}^{\infty}A_m B_l=\sum_{n=0}^{\infty}\sum_{l=0}^{n}A_{n-l}B_l$$

可将式 (13.2) 简化为

$$\begin{aligned}\frac{1}{\hat{X}}&=:\sum_{k=0}^{\infty}\frac{2}{(2k+1)k!}\hat{X}^{2k+1}\sum_{m=0}^{\infty}\frac{(-1)^m\hat{X}^{2m}}{m!}:=:\sum_{n=0}^{\infty}\sum_{k=0}^{n}\frac{2(-1)^{n-k}}{(2k+1)k!(n-k)!}\hat{X}^{2n+1}:\\&=:2\sum_{n=0}^{\infty}\left[\sum_{k=0}^{n}\frac{\frac{1}{2}}{k+\frac{1}{2}}(-1)^k\binom{n}{k}\right]\frac{(-1)^n}{n!}\hat{X}^{2n+1}:\\&=:2\sum_{n=0}^{\infty}\frac{1}{\binom{n+1/2}{n}}\frac{(-1)^n}{n!}\hat{X}^{2n+1}:\end{aligned}$$

这就是 $\frac{1}{\hat{X}}$ 的正规乘积展开. 鉴于 $:\hat{X}^n:=2^{-n}\mathrm{H}_n(X)$, 故

$$\begin{aligned}\frac{1}{\hat{X}}&=:2\sum_{n=0}^{\infty}\frac{(-1)^n}{(n+\frac{1}{2})(n-\frac{1}{2})\cdots\frac{3}{2}}\hat{X}^{2n+1}:=:\sqrt{\pi}\sum_{n=0}^{\infty}\frac{(-1)^n}{\Gamma(n+\frac{3}{2})}\hat{X}^{2n+1}:\\&=\sqrt{\pi}\sum_{n=0}^{\infty}\frac{(-1)^n}{\Gamma(n+\frac{3}{2})2^{2n+1}}\mathrm{H}_{2n+1}(X)\end{aligned}$$

这是 $\frac{1}{\hat{X}}$ 用 $\mathrm{H}_{2n+1}(X)$ 展开的表达式. 为了验证此结果, 我们必须考察是否有 $\hat{X}\frac{1}{\hat{X}}=\frac{1}{\hat{X}}\hat{X}=1$. 事实上, 在两边左乘 $\hat{X}=\frac{1}{\sqrt{2}}\left(a+a^\dagger\right)$, 并用

$$[a,:f(a,a^\dagger):]=:\frac{\partial}{\partial a^\dagger}f(a,a^\dagger):$$

可得

$$\begin{aligned}\hat{X}\frac{1}{\hat{X}}&=\sum_{k=0}^{\infty}\frac{(-1)^n}{(2n+1)!!}\left[a:\left(a+a^\dagger\right)^{2n+1}:+:a^\dagger\left(a+a^\dagger\right)^{2n+1}:\right]\\&=\sum_{n=0}^{\infty}\frac{(-1)^n}{(2n+1)!!}\left[:\left(a+a^\dagger\right)^{2n+2}:+:(2n+1)\left(a^\dagger+a\right)^{2n}:\right]\end{aligned}$$

$$=:\sum_{n=0}^{\infty}\frac{(-1)^n}{(2n+1)!!}\left(a+a^{\dagger}\right)^{2n+2}:+:\sum_{n=1}^{\infty}\frac{(-1)^n}{(2n-1)!!}\left(a^{\dagger}+a\right)^{2n}:+1=1$$

另一方面, 用

$$[:f(a,a^{\dagger}):,a^{\dagger}]=:\frac{\partial}{\partial a}f(a,a^{\dagger}):$$

和类似的步骤, 可证 $\frac{1}{\hat{X}}\hat{X}=1$.

在式 (13.1) 中把 $\hat{X}$ 换为 x 得到

$$\frac{1}{x}=\sqrt{\pi}\sum_{n=0}^{\infty}\frac{(-1)^n}{\Gamma(n+\frac{3}{2})2^{2n+1}}\mathrm{H}_{2n+1}(x)$$

进而可求 $\hat{X}^{-n}$ 的正规乘积展开, 用性质

$$\frac{\mathrm{d}}{\mathrm{d}\hat{X}}:\hat{X}^n:=:\frac{\mathrm{d}}{\mathrm{d}\hat{X}}\hat{X}^n:$$

得到

$$\begin{aligned}
\frac{1}{\hat{X}^n}&=\frac{(-1)^{n-1}}{(n-1)!}\left(\frac{\mathrm{d}}{\mathrm{d}\hat{X}}\right)^{n-1}\frac{1}{\hat{X}}\\
&=\sqrt{\pi}\frac{(-1)^{n-1}}{(n-1)!}:\sum_{m=0}^{\infty}\frac{(-1)^m}{\Gamma\left(m+\frac{3}{2}\right)}\left(\frac{\mathrm{d}}{\mathrm{d}\hat{X}}\right)^{n-1}\hat{X}^{2m+1}:\\
&=\sqrt{\pi}(-1)^{n-1}:\sum_{m=\frac{[n-1]}{2}}^{\infty}\frac{(-1)^m}{\Gamma\left(m+\frac{3}{2}\right)}\binom{2m+1}{n-1}\hat{X}^{2m-n+2}:\\
&=\sqrt{\pi}(-1)^n:\sum_{m=\frac{[n-1]}{2}}^{\infty}\frac{(-1)^m}{\Gamma\left(m+\frac{1}{2}\right)}\binom{2m-1}{n-1}\hat{X}^{2m-n}:\\
&=\sqrt{\pi}(-1)^n:\sum_{m=\frac{[n-1]}{2}}^{\infty}\frac{(-1)^m}{\Gamma\left(m+\frac{1}{2}\right)2^{2m-n}}\binom{2m-1}{n-1}\mathrm{H}_{2m-n}\left(\hat{X}\right)
\end{aligned}$$

与下式的形式不同:

$$x^n=\sum_{k=0}^{[n/2]}\frac{n!}{2^nk!(n-2k)!}\mathrm{H}_{n-2k}(x) \tag{13.4}$$

特别地, 当 $n=2$ 时,

$$\frac{1}{\hat{X}^2}=\sqrt{\pi}:\sum_{m=0}^{\infty}\frac{(-1)^{m+1}(2m+1)}{\Gamma\left(m+\frac{3}{2}\right)}\hat{X}^{2m}:$$

现在用归纳法证明式 (13.3). 让

$$T_n \equiv \sum_{k=0}^{n} \frac{x}{k+x}(-1)^k \binom{n}{k}$$

则 $T_0 = 1$, 用

$$\binom{n}{k} = \binom{n-1}{k} + \binom{n-1}{k-1}$$

得到

$$\begin{aligned}
T_n &= 1 + \sum_{k=1}^{n} \frac{x}{k+x}(-1)^k \binom{n}{k} \\
&= 1 + \sum_{k=1}^{n-1} \frac{x}{k+x}(-1)^k \left[\binom{n-1}{k} + \binom{n-1}{k-1}\right] + (-1)^n \frac{x}{n+x} \\
&= T_{n-1} + \frac{x}{n}\sum_{k=1}^{n}(-1)^k \binom{n}{k}\frac{k}{k+x} \\
&= T_{n-1} + \frac{x}{n}\left[\sum_{k=1}^{n}(-1)^k \binom{n}{k} - \sum_{k=1}^{n}(-1)^k \binom{n}{k}\frac{x}{k+x}\right] \\
&= T_{n-1} - \frac{x}{n}T_n
\end{aligned}$$

于是我们立刻得到递推关系

$$\begin{aligned}
T_n &= \frac{n}{n+x}T_{n-1} = \frac{n}{n+x}\frac{n-1}{n+x-1}T_{n-2} \\
&= \cdots = \frac{n!}{(n+x)(n+x-1)\cdots(x+1)}T_0 = \frac{1}{\binom{n+x}{n}}
\end{aligned}$$

以上的推导还表明 e^{-x^2} 的希尔伯特变换是

$$H\left(\mathrm{e}^{-x^2}\right) = \frac{1}{\pi}P\int_{-\infty}^{\infty}\frac{\mathrm{e}^{-x^2}}{x-y}\mathrm{d}x = \frac{-2y}{\sqrt{\pi}}\,{}_1F_1\left(1,\frac{3}{2};-y^2\right) \tag{13.5}$$

这里 ${}_1F_1$ 是第一类合流超几何函数

$${}_pF_q(b_1,\cdots,b_p;c_1,\cdots,c_q;x) = \sum_{n=0}^{\infty}\frac{(b_1)_n\cdots(b_p)_n}{(c_1)_n\cdots(c_q)_n}\frac{x^n}{n!} \tag{13.6}$$

其中 c_q 不可为负或为 0,

$$(c_q)_n = c_q(c_q+1)\cdots(c_q+n-1) = \frac{\Gamma(c_q+n)}{\Gamma(c_q)} \tag{13.7}$$

特别地

$$
{}_1F_1\left(1;\frac{3}{2};-y^2\right)=\sum_{n=0}^{\infty}\frac{(1)_n}{\left(\frac{3}{2}\right)_n}\frac{\left(-y^2\right)^n}{n!} \tag{13.8}
$$

这表明算符 $|x\rangle\langle x|$ 的希尔伯特变换是

$$
\begin{aligned}
\sqrt{\pi}\hat{H}\left(|x\rangle\langle x|\right)&=H\left(:\mathrm{e}^{-\left(x-\hat{X}\right)^2}:\right) \\
&=\frac{1}{\pi}P\int_{-\infty}^{\infty}\frac{:\mathrm{e}^{-\left(x-\hat{X}\right)^2}:}{x-y}\mathrm{d}x=:\frac{2(X-y)}{\sqrt{\pi}}\,{}_1F_1\left(1,\frac{3}{2};-(\hat{X}-y)^2\right): \\
&=:\sum_{n=0}^{\infty}\frac{(-1)^n}{\Gamma(n+\frac{3}{2})}(\hat{X}-y)^{2n+1}:
\end{aligned} \tag{13.9}
$$

以上讨论说明 IWOP 方法开拓了量子希尔伯特变换的概念.

13.2 用希尔伯特变换和纠缠态表象导出 $\dfrac{1}{\hat{X}_1-\hat{X}_2-\lambda}$ 的正规乘积展开

两个带电粒子间的一维库伦位势算符是 $\left(\hat{X}_1-\hat{X}_2-\lambda\right)^{-1}$, 那么它的正规乘积展开是什么?

在 $\left(\hat{X}_1-\hat{X}_2\right)$ 的对角表象 $|x_1,x_2\rangle$ 里, $|x_1,x_2=|x_1\rangle\otimes|x_2\rangle\rangle$ 是两维坐标本征态, $\left(\hat{X}_1-\hat{X}_2\right)^{-1}|x_1,x_2\rangle=(x_1-x_2)^{-1}|x_1,x_2\rangle$, 当 $x_1=x_2$ 时出现奇异性. 为了尽量节约脑力, 我们代之以纠缠态表象

$$
|\eta\rangle=\exp\left(-\frac{|\eta|^2}{2}+\eta a_1^\dagger-\eta^* a_2^\dagger+a_1^\dagger a_2^\dagger\right)|00\rangle\quad(\eta=\eta_1+\mathrm{i}\eta_2) \tag{13.10}
$$

来讨论. $|\eta\rangle$ 满足本征方程

$$
\left(\hat{X}_1-\hat{X}_2\right)|\eta\rangle=\sqrt{2}\eta_1|\eta\rangle,\quad\left(\hat{P}_1+\hat{P}_2\right)|\eta\rangle=\sqrt{2}\eta_2|\eta\rangle \tag{13.11}
$$

用 IWOP 方法可证完备性

$$
\int\frac{\mathrm{d}^2\eta}{\pi}|\eta\rangle\langle\eta|=\int\frac{\mathrm{d}^2\eta}{\pi}:\exp\{-[\eta-(a_1-a_2^\dagger)\}[\eta^*-(a_1^\dagger-a_2)]:=1 \tag{13.12}
$$

这里 $d^2\eta = d\eta_1 d\eta_2$, 或

$$\int \frac{d^2\eta}{\pi} |\eta\rangle\langle\eta| = \int \frac{d^2\eta}{\pi} : \exp\left\{\left[-\eta_1 - \frac{1}{\sqrt{2}}\left(\hat{X}_1 - \hat{X}_2\right)\right]^2 - \left[\eta_2 - \frac{1}{\sqrt{2}}\left(\hat{P}_1 + \hat{P}_2\right)\right]^2\right\} := 1 \tag{13.13}$$

$|\eta\rangle$ 是正交的

$$\langle\eta|\,\eta'\rangle = \pi\delta^{(2)}(\eta - \eta') = \pi\delta(\eta_1 - \eta_1')\delta(\eta_2 - \eta_2') \tag{13.14}$$

$|\eta\rangle$ 可以分解为

$$|\eta\rangle = e^{-i\eta_2\eta_1/2} \int_{-\infty}^{\infty} dx\, |x\rangle_1 \otimes |x - \eta_1\rangle_2 e^{i\eta_2 x} \tag{13.15}$$

或在动量空间内分解为

$$|\eta\rangle = e^{i\eta_1\eta_2/2} \int_{-\infty}^{\infty} dp\, |p\rangle_1 \otimes |\eta_2 - p\rangle_2 e^{-i\eta_1 p} \tag{13.16}$$

用完备性可得

$$\begin{aligned} \frac{1}{\hat{X}_1 - \hat{X}_2 - \lambda} &= \int \frac{d^2\eta}{\pi} \frac{1}{\hat{X}_1 - \hat{X}_2 - \lambda} |\eta\rangle\langle\eta| \\ &= \int \frac{d^2\eta}{\pi} : \frac{1}{\eta_1 - \lambda} \exp\left\{\left[-\eta_1 - \frac{1}{\sqrt{2}}\left(\hat{X}_1 - \hat{X}_2\right)\right]^2 - \left[\eta_2 - \frac{1}{\sqrt{2}}\left(\hat{P}_1 + \hat{P}_2\right)\right]^2\right\} : \end{aligned} \tag{13.17}$$

对 η_2 积分导出

$$\frac{1}{\hat{X}_1 - \hat{X}_2 - \lambda} =: \frac{1}{\sqrt{\pi}} \int_{-\infty}^{\infty} d\eta_1 \frac{1}{\eta_1 - \lambda} \exp\left[-\eta_1 - \frac{1}{\sqrt{2}}\left(\hat{X}_1 - \hat{X}_2\right)\right]^2 : \tag{13.18}$$

在 $\eta_1 = \lambda$ 似乎有奇点, 同本章第一节相同的做法我们得到

$$\frac{1}{\hat{X}_1 - \hat{X}_2 - \lambda} =: \sqrt{\pi} \sum_{n=0}^{\infty} \frac{(-1)^n}{\Gamma(n + \frac{3}{2}) 2^{n+1}} \left(\hat{X}_1 - \hat{X}_2 - \lambda\right)^{2n+1} : \tag{13.19}$$

这就是 $\dfrac{1}{\hat{X}_1 - \hat{X}_2 - \lambda}$ 的正规乘积展开.

13.3 梅林变换的量子力学观

在数理方法中, 将

$$\int_0^{\infty} f(x) x^{s-1} dx \tag{13.20}$$

称为梅林变换. 我们在这里找它的量子力学“版本”.

定义算符

$$O=\frac{1}{2}\left[f\left(X\right)P_x+P_xf\left(X\right)\right]$$

其特例

$$\frac{1}{2}\left(XP_x+P_xX\right)=XP_x-\frac{\mathrm{i}}{2}\quad(\hbar=1)$$

在坐标表象里,

$$O=\frac{1}{2}\left[f\left(x\right)P_x+P_xf\left(x\right)\right]=f\left(x\right)P_x-\frac{\mathrm{i}}{2}f'\left(x\right)$$

中的 P_x 理解为在坐标表象里的微商运算, 建立本征函数方程

$$O\eta\left(x\right)=\lambda\eta\left(x\right)\tag{13.21}$$

为了求出 $\eta(x)$, 做变数变换

$$f\left(x\right)\frac{\mathrm{d}}{\mathrm{d}x}=\frac{\mathrm{d}}{\mathrm{d}y}$$

则

$$f\left(x\right)P_x=P_y,\quad y=\int^x\frac{\mathrm{d}\xi}{f\left(\xi\right)}\tag{13.22}$$

现在 $x=x(y)$, $O\eta(x)$ 变为

$$O\eta\left(x\left(y\right)\right)=P_y\eta\left[x\left(y\right)\right]-\frac{\mathrm{i}}{2}f'\left[x\left(y\right)\right]$$

所以

$$P_y\eta\left(x\left(y\right)\right)=\left\{\lambda+\frac{\mathrm{i}}{2}f'\left[x\left(y\right)\right]\right\}\eta\left(x\left(y\right)\right)\tag{13.23}$$

记

$$\eta\left[x\left(y\right)\right]=\breve{\eta}\left(y\right)$$

上述化为

$$P_y\breve{\eta}\left(y\right)=\left\{\lambda+\frac{\mathrm{i}}{2}f'\left[x\left(y\right)\right]\right\}\breve{\eta}\left(y\right),\quad P_y\rightarrow-\mathrm{i}\frac{\mathrm{d}}{\mathrm{d}y}$$

于是

$$\begin{aligned}\ln\breve{\eta}\left(y\right)&=\int\left[\mathrm{i}\lambda-\frac{1}{2}f'\left[x\left(y\right)\right]\right]\mathrm{d}y\\&=\mathrm{i}\lambda y-\frac{1}{2}\int\frac{\mathrm{d}f}{\mathrm{d}x}\frac{\mathrm{d}y}{\mathrm{d}x}\mathrm{d}x=\mathrm{i}\lambda y-\frac{1}{2}\int\frac{1}{f}\frac{\mathrm{d}f}{\mathrm{d}x}\mathrm{d}x\\&=\mathrm{i}\lambda y-\frac{1}{2}\ln f\end{aligned}\tag{13.24}$$

故在差一个积分常数的情况下，

$$\breve{\eta}(y)=\frac{1}{\sqrt{f[x(y)]}}\exp(\mathrm{i}\lambda y)=\eta[x(y)]=\frac{1}{\sqrt{f(x)}}\exp\left(\mathrm{i}\lambda\int^{x}\frac{\mathrm{d}\xi}{f(\xi)}\right)=\langle x|\eta\rangle$$

相应的未归一的本征态是

$$|\eta\rangle=\int_{-\infty}^{\infty}\mathrm{d}x\,|x\rangle\langle x|\eta\rangle=\int_{-\infty}^{\infty}\mathrm{d}x\frac{1}{\sqrt{f(x)}}\exp\left(\mathrm{i}\lambda\int^{x}\frac{\mathrm{d}\xi}{f(\xi)}\right)|x\rangle \tag{13.25}$$

因而任意 $\langle\eta|\varphi\rangle$ 可以展开为

$$\langle\eta|\varphi\rangle=\langle\eta|\int_{-\infty}^{\infty}\mathrm{d}x\,|x\rangle\langle x|\varphi\rangle=\int_{-\infty}^{\infty}\mathrm{d}x\frac{1}{\sqrt{f(x)}}\exp\left(-\mathrm{i}\lambda\int^{x}\frac{\mathrm{d}\xi}{f(\xi)}\right)\varphi(x)$$

特别地，当 $f(x)=x$ 时，

$$\begin{cases} y=\int^{x}\frac{\mathrm{d}\xi}{f(\xi)}=\ln x \qquad (x>0) \\ \breve{\eta}(y)=\exp\left(\mathrm{i}\lambda y-\frac{y}{2}\right)=x^{\mathrm{i}\lambda-1/2} \\ \langle\eta|\varphi\rangle=\int_{0}^{\infty}\mathrm{d}x x^{-\mathrm{i}\lambda-1/2}\varphi(x) \end{cases} \tag{13.26}$$

右边看作一个梅林变换.

第 14 章

两类新特殊函数

用算符厄密多项式方法我们已经知道单变量厄密多项式的逆展开是

$$x^n = \sum_{k=0}^{[n/2]} \frac{n!}{2^n k!(n-2k)!} \mathrm{H}_{n-2k}(x) \tag{14.1}$$

也可验明双变量厄密多项式的逆展开是

$$x^n y^m = \mathrm{i}^{m+n} \sum_{l} \frac{n!m!(-1)^l}{l!(m-l)!(n-l)!} \mathrm{H}_{m-l,n-l}(x,y) \tag{14.2}$$

这里 $\mathrm{H}_{n,m}(x,y)$ 的母函数是

$$\mathrm{e}^{-ts+tx+sy} = \sum_{n,m=0}^{\infty} \frac{s^n t^m}{n!m!} \mathrm{H}_{n,m}(x,y) \tag{14.3}$$

或

$$\mathrm{H}_{n,m}(x,y) = \frac{\partial^{n+m}}{\partial s^n \partial t^m} \mathrm{e}^{-ts+tx+sy}|_{t=s=0} = \sum_{l=0}^{\min(m,n)} \frac{n!m!(-1)^l}{l!(n-l)!(m-l)!} x^{n-l} y^{m-l} \tag{14.4}$$

在厄密多项式的基础上我们可以发明两类新特殊函数, 并可知道其母函数. 它们有潜在的物理应用.

14.1 第一类新特殊函数

如将上式的幂 x^{n-l} 换为: $x^{n-l} \to \mathrm{H}_{n-l}(fx)$, 即

$$\begin{aligned}&\sum_{l=0}^{\min(m,n)} \frac{n!m!(-1)^l}{l!(n-l)!(m-l)!} x^{n-l} y^{m-l} \\ &\to \sum_{l=0}^{\min(m,n)} \frac{n!m!(-1)^l}{l!(n-l)!(m-l)!} \mathrm{H}_{n-l}(fx) y^{m-l} \equiv \mathfrak{G}_{n,m}(fx,y)\end{aligned} \tag{14.5}$$

那么这样定义的 $\mathfrak{G}_{n,m}(x,y)$ 是否值得被认可是新的特殊函数呢? 如果是, 那么它的母函数又是什么呢? 答案是肯定的, 我们将用算符多项式方法来找到 $\mathfrak{G}_{n,m}(x,y)$, 其展开既包含幂级数, 也包含厄密多项式.

1. $\mathfrak{G}_{n,m}(x,y)$ 的物理背景

我们先看在什么情形下会出现 $\mathfrak{G}_{n,m}(x,y)$. 实际上, 当我们要求一个厄密多项式激发态 $\mathrm{H}_n\left(\sqrt{g}a^\dagger\right)|0\rangle$ 有 l 个光子的概率 , 就要计算

$$\langle l|\mathrm{H}_n\left(\sqrt{g}a^\dagger\right)|0\rangle = \frac{1}{\sqrt{l!}}\langle 0|a^l \mathrm{H}_n\left(\sqrt{g}a^\dagger\right)|0\rangle \tag{14.6}$$

其中, $\langle l| = \dfrac{1}{\sqrt{l!}}\langle 0|a^l$ 是一个数态. 由积分公式

$$\int_{-\infty}^{\infty} \frac{\mathrm{d}x}{\sqrt{\pi}} \mathrm{H}_n(fx) \mathrm{e}^{-(x-y)^2} = \left(1-f^2\right)^{\frac{n}{2}} \mathrm{H}_n\left(\frac{fy}{\sqrt{1-f^2}}\right) \tag{14.7}$$

及 IWOP 方法得到

$$\begin{aligned}\mathrm{H}_n(fX) &= \mathrm{H}_n(fX)\int_{-\infty}^{\infty} \mathrm{d}x\,|x\rangle\langle x| \\ &= \int_{-\infty}^{\infty} \frac{\mathrm{d}x}{\sqrt{\pi}} \mathrm{H}_n(fx) : \mathrm{e}^{-(x-X)^2} := \left(1-f^2\right)^{n/2} : \mathrm{H}_n\left(\frac{fX}{\sqrt{1-f^2}}:\right)\end{aligned} \tag{14.8}$$

当取

$$f = \sqrt{\frac{2g}{1+2g}}$$

有

$$\mathrm{H}_n\left(\sqrt{\frac{2g}{1+2g}}X\right)=\left(\frac{1}{1+2g}\right)^{n/2}:\mathrm{H}_n\left(\sqrt{2g}X\right):=\left(\frac{1}{1+2g}\right)^{n/2}:\mathrm{H}_n\left[\sqrt{g}\left(a+a^\dagger\right)\right]: \tag{14.9}$$

于是式 (14.6) 变成

$$\langle l|\mathrm{H}_n\left(\sqrt{g}a^\dagger\right)|0\rangle=(1+2g)^{n/2}\frac{1}{\sqrt{l!}}\langle 0|a^l\mathrm{H}_n\left(\sqrt{\frac{2g}{1+2g}}X\right)|0\rangle \tag{14.10}$$

所以

$$\langle l|\mathrm{H}_n\left(\sqrt{g}a^\dagger\right)|0\rangle=\frac{1}{\sqrt{l!}}\langle 0|a^l\mathrm{H}_n\left(\sqrt{\frac{2g}{1+2g}}X\right)|0\rangle \tag{14.11}$$

于是我们看到了出现算符 $a^l\mathrm{H}_n(fX)$, 其厄密共轭是 $\mathrm{H}_n(fX)a^{\dagger l}$. 用

$$\mathrm{e}^{fX}a^\dagger\mathrm{e}^{-fX}=a^\dagger+\left[f\frac{a+a^\dagger}{\sqrt{2}},a^\dagger\right]=a^\dagger+\frac{f}{\sqrt{2}} \tag{14.12}$$

可见

$$\begin{aligned}\mathrm{H}_n(fX)a^{\dagger l}&=\frac{\mathrm{d}^n}{\mathrm{d}t^n}\mathrm{e}^{-t^2+2tfX}|_{t=0}a^{\dagger l}=\frac{\mathrm{d}^n}{\mathrm{d}t^n}\left(a^\dagger+\sqrt{2}tf\right)^l\mathrm{e}^{-t^2+2tfX}|_{t=0}\\&=\sum_{k=0}^{n}\binom{n}{k}\frac{\mathrm{d}^k}{\mathrm{d}t^k}\left(a^\dagger+\sqrt{2}tf\right)^l\frac{\mathrm{d}^{n-k}}{\mathrm{d}t^{n-k}}\mathrm{e}^{-t^2+2tfX}|_{t=0}\end{aligned} \tag{14.13}$$

这里

$$\begin{aligned}\frac{\mathrm{d}^k}{\mathrm{d}t^k}\left(a^\dagger+\sqrt{2}tf\right)^l|_{t=0}&=\frac{\mathrm{d}^k}{\mathrm{d}t^k}\sum_{j=0}^{l}\binom{l}{j}a^{\dagger l-j}\left(\sqrt{2}tf\right)^j|_{t=0}\\&=\sum_{j=0}^{l}\binom{l}{j}a^{\dagger l-j}\left(\sqrt{2}f\right)^j\delta_{kj}k!=\left(\sqrt{2}f\right)^k k!a^{\dagger l-k}\binom{l}{k}\end{aligned} \tag{14.14}$$

所以 $\mathrm{H}_n(fX)a^{\dagger l}$ 的正规乘积展开是

$$\begin{aligned}\mathrm{H}_n(fX)a^{\dagger l}&=\sum_{k=0}^{n}\binom{n}{k}\left(\sqrt{2}f\right)^k k!a^{\dagger l-k}\binom{l}{k}\mathrm{H}_{n-k}(fX)\\&=\sum_{k=0}^{n}\frac{n!l!\left(\sqrt{2}f\right)^k}{(l-k)!k!(n-k)!}a^{\dagger l-k}\mathrm{H}_{n-k}(fX)\\&=\left(-\sqrt{2}f\right)^l\left(1-f^2\right)^{n/2}\\&\quad\times\sum_{k=0}^{\min(l,n)}\frac{n!l!(-1)^k}{(l-k)!k!(n-k)!}\left(\frac{-1}{\sqrt{2}f}\right)^{l-k}:a^{\dagger l-k}\mathrm{H}_{n-k}\left(fX/\sqrt{1-f^2}\right):\end{aligned} \tag{14.15}$$

与式 (14.5) 中的 $\mathfrak{G}_{n,m}(x,y)$ 对照可见

$$\mathrm{H}_n(fX)a^{\dagger l}=\left(-\sqrt{2}f\right)^l\left(1-f^2\right)^{n/2}:\mathfrak{G}_{n,l}\left(\frac{fX}{\sqrt{1-f^2}},\frac{-1}{\sqrt{2}f}a^{\dagger}\right): \tag{14.16}$$

这个例子说明, 当我们要计算厄密多项式激发态 $\mathrm{H}_n\left(\sqrt{g}a^{\dagger}\right)|0\rangle$ 有 l 个光子的概率, 我们就会遇到函数 $\mathfrak{G}_{n,m}(x,y)$.

类似地, 我们有

$$\begin{aligned}\mathrm{H}_n(X)a^l&=\frac{\mathrm{d}^n}{\mathrm{d}t^n}\mathrm{e}^{-t^2+2tX}|_{t=0}a^l=\frac{\mathrm{d}^n}{\mathrm{d}t^n}\left(a-\sqrt{2}t\right)^l\mathrm{e}^{-t^2+2tX}|_{t=0}\\&=\sum_{k=0}^{n}\binom{n}{k}\frac{\mathrm{d}^k}{\mathrm{d}t^k}\left(a-\sqrt{2}t\right)^l\frac{\mathrm{d}^{n-k}}{\mathrm{d}t^{n-k}}\mathrm{e}^{-t^2+2tX}|_{t=0}\\&=\sum_{k=0}^{n}\frac{n!l!\left(-\sqrt{2}\right)^k}{(l-k)!k!(n-k)!}a^{l-k}\mathrm{H}_{n-k}(X)\end{aligned} \tag{14.17}$$

再用 $\mathrm{H}_n(X)$ 的反正规乘积展开

$$\mathrm{H}_n(X)=2^{n/2}\vdots\mathrm{H}_n\left(\frac{X}{\sqrt{2}}\right)\vdots \tag{14.18}$$

比较得到

$$\mathrm{H}_n(X)a^l=2^{n/2}\sum_{k=0}^{n}\frac{n!l!(-1)^k}{(l-k)!k!(n-k)!}a^{l-k}\vdots\mathrm{H}_{n-k}\left(\frac{X}{\sqrt{2}}\right)\vdots\equiv\vdots\mathfrak{G}_{n,l}\left(a,\frac{X}{\sqrt{2}}\right)\vdots \tag{14.19}$$

2. $\mathfrak{G}_{n,l}(x,y)$ 的母函数

用算符厄密多项式方法求 $\mathfrak{G}_{n,l}(x,y)$ 的母函数. 我们考虑

$$\begin{aligned}\sum_{l=0}^{\infty}\sum_{n=0}^{\infty}\frac{t^n\tau^l}{n!l!}\mathrm{H}_n(X)a^l&=\mathrm{e}^{-t^2+2tX}\mathrm{e}^{\tau a}=\mathrm{e}^{-t^2+\sqrt{2}t\left(a+a^{\dagger}\right)}\mathrm{e}^{\tau a}\\&=\mathrm{e}^{-t^2+\sqrt{2}ta}\mathrm{e}^{\sqrt{2}ta^{\dagger}}\mathrm{e}^{\tau a}\mathrm{e}^{-t^2}\\&=\mathrm{e}^{-2t^2-\sqrt{2t\tau}}\mathrm{e}^{\tau a+\sqrt{2}ta}\mathrm{e}^{\sqrt{2}ta^{\dagger}}\end{aligned} \tag{14.20}$$

导致

$$\sum_{n,l}\frac{t^n\tau^l}{n!l!}\vdots\mathfrak{G}_{n,l}\left(a,\frac{X}{\sqrt{2}}\right)\vdots=\mathrm{e}^{-2t^2-\sqrt{2t\tau}}\vdots\mathrm{e}^{(\tau a+2tX)}\vdots \tag{14.21}$$

此式两边都在反正规乘积内部, 所以让 $\dfrac{X}{\sqrt{2}}\to x, a\to y, \sqrt{2t}\to t$, 我们就得到 $\mathfrak{G}_{n,l}(x,y)$ 的母函数

$$\sum_{n,l}\frac{t^n\tau^l}{n!l!}\mathfrak{G}_{n,l}(x,y)=\mathrm{e}^{-2t^2-\sqrt{2t\tau}}\mathrm{e}^{\left(\tau x+2\sqrt{2}ty\right)} \tag{14.22}$$

14.2 第二类新特殊函数

将

$$\mathrm{H}_{n,m}(x,y)=\sum_{l=0}^{\min(m,n)}\frac{n!m!(-1)^l}{l!(n-l)!(m-l)!}x^{n-l}y^{m-l} \tag{14.23}$$

中的 $x^{n-l}y^{m-l}$ 换成 $\mathrm{H}_{n-l}(\mathrm{i}x)\mathrm{H}_{m-l}(\mathrm{i}y)$, 我们就有了新的特殊函数

$$\mathfrak{F}_{n,m}(x,y)=(2\mathrm{i})^{-n-m}\sum_{l=0}^{\min(m,n)}\frac{4^l n!m!}{l!(n-l)!(m-l)!}\mathrm{H}_{n-l}(\mathrm{i}x)\mathrm{H}_{m-l}(\mathrm{i}y) \tag{14.24}$$

我们将给出其母函数

$$\exp\left(sx+ty-st+\frac{s^2}{4}+\frac{t^2}{4}\right)=\sum_{n,m=0}^{\infty}\frac{s^n t^m}{n!m!}\mathfrak{F}_{n,m}(x,y) \tag{14.25}$$

或

$$\mathfrak{F}_{n,m}(x,y)=\frac{\mathrm{d}^n\mathrm{d}^m}{\mathrm{d}s^n\mathrm{d}t^m}\exp\left(sx+ty-st+\frac{s^2}{4}+\frac{t^2}{4}\right)|_{t=s=0} \tag{14.26}$$

这样的函数 $\mathfrak{F}_{n,m}(x,y)$ 会出现在如下物理背景:

考虑

$$\begin{aligned}\mathrm{H}_n(a)\mathrm{H}_m(a^\dagger)&=\frac{\mathrm{d}^n}{\mathrm{d}t^n}\mathrm{e}^{2ta-t^2}|_{t=0}\frac{\mathrm{d}^m}{\mathrm{d}\tau^m}\mathrm{e}^{2\tau a^\dagger-\tau^2}|_{\tau=0}\\&=\frac{\mathrm{d}^n\mathrm{d}^m}{\mathrm{d}t^n\mathrm{d}\tau^m}:\mathrm{e}^{-t^2-\tau^2+2ta+2\tau a^\dagger+4t\tau}:|_{t=\tau=0}\\&=:\frac{\mathrm{d}^n}{\mathrm{d}t^n}[\mathrm{e}^{-t^2+2ta}\mathrm{H}_m(2t+a^\dagger)]:|_{t=0}\\&=:\sum_{l=0}^{n}\binom{n}{l}\frac{\mathrm{d}^{n-l}}{\mathrm{d}t^{n-l}}\mathrm{e}^{-t^2+2ta}\frac{\mathrm{d}^l}{\mathrm{d}t^l}\mathrm{H}_m(2t+a^\dagger)|_{t=0}:\\&=\sum_l\frac{4^l m!n!}{(n-l)!l!(m-l)!}\mathrm{H}_{m-l}(a^\dagger)\mathrm{H}_{n-l}(a)\\&=(2\mathrm{i})^{n+m}:\mathfrak{F}_{n,m}(-\mathrm{i}a^\dagger,-\mathrm{i}a):\end{aligned} \tag{14.27}$$

在推导中用了 $\frac{\mathrm{d}^l}{\mathrm{d}t^l}\mathrm{H}_m(t)=\frac{2^l m!}{(m-l)!}\mathrm{H}_{m-l}(t)$. 于是两个厄密多项式激发的相干态的内积就等于

$$\langle z|\mathrm{H}_n(a)\mathrm{H}_m(a^\dagger)|z\rangle=(2\mathrm{i})^{n+m}\mathfrak{F}_{n,m}(-\mathrm{i}z^*,-\mathrm{i}z) \tag{14.28}$$

如果在式 (14.8) 中作替代 $x \to X,\ y \to Y$, 注意到 $[X,Y]=0$, 就有

$$\mathrm{e}^{-ts+tX+sY} = \sum_{n,m=0} \frac{s^n t^m}{n!m!} \mathrm{H}_{n,m}(X,Y) \tag{14.29}$$

以及

$$\mathrm{H}_{n,m}(X,Y) = \frac{\partial^{n+m}}{\partial s^n \partial t^m} \mathrm{e}^{-ts+tX+sY}|_{t=s=0} = \sum_{l=0}^{\min(m,n)} \frac{n!m!(-1)^l}{l!(n-l)!(m-l)!} X^{n-l} Y^{m-l} \tag{14.30}$$

再用

$$X^n = (2\mathrm{i})^{-n} : \mathrm{H}_n(\mathrm{i}X) : \tag{14.31}$$

它是以下推导的自然结果:

$$\sum_{n=0} \frac{(2t)^n}{n!} X^n = \mathrm{e}^{2tX} = \mathrm{e}^{\sqrt{2}t\left(a+a^\dagger\right)} =: \mathrm{e}^{2(-\mathrm{i}t)\mathrm{i}X-(-\mathrm{i}t)^2} := \sum_n \frac{(-\mathrm{i}t)^n}{n!} : \mathrm{H}_n(\mathrm{i}X) : \tag{14.32}$$

将式 (14.31) 代入式 (14.30) 就有

$$\frac{\partial^{n+m}}{\partial s^n \partial t^m} \mathrm{e}^{-ts+tX+sY}|_{t=s=0} = (2\mathrm{i})^{-n-m} \sum_{l=0}^{\min(m,n)} \frac{4^l n!m!}{l!(n-l)!(m-l)!} : \mathrm{H}_{n-l}(\mathrm{i}X) \mathrm{H}_{m-l}(\mathrm{i}Y) : \tag{14.33}$$

另一方面

$$\mathrm{e}^{-ts+tX+sY} =: \exp\left(sX + \frac{s^2}{4} + tY + \frac{t^2}{4} - st\right) : \tag{14.34}$$

于是

$$\begin{aligned} &\frac{\partial^{n+m}}{\partial s^n \partial t^m} : \exp\left(sX + \frac{s^2}{4} + tY + \frac{t^2}{4} - st\right) : |_{t=s=0} \\ &= (2\mathrm{i})^{-n-m} \sum_{l=0}^{\min(m,n)} \frac{4^l n!m!}{l!(n-l)!(m-l)!} : \mathrm{H}_{n-l}(\mathrm{i}X) \mathrm{H}_{m-l}(\mathrm{i}Y) : \end{aligned} \tag{14.35}$$

此式的两边都是处在正规乘积内, 这意味着

$$\exp\left(sx + ty - st + \frac{s^2}{4} + \frac{t^2}{4}\right) = \sum_{n,m=0}^{\infty} \frac{s^n t^m}{n!m!} \mathfrak{F}_{n,m}(x,y) \tag{14.36}$$

这里

$$\mathfrak{F}_{n,m}(x,y) = (2\mathrm{i})^{-n-m} \sum_{l=0}^{\min(m,n)} \frac{4^l n!m!}{l!(n-l)!(m-l)!} \mathrm{H}_{n-l}(\mathrm{i}x) \mathrm{H}_{m-l}(\mathrm{i}y) \tag{14.37}$$

此即我们要找的新特殊函数, 其母函数为 $\exp\left(sx + ty - st + \dfrac{s^2}{4} + \dfrac{t^2}{4}\right)$.

按照

$$\mathrm{H}_n'(\mathrm{i}x) = 2\mathrm{i}n\mathrm{H}_{n-1}(\mathrm{i}x) \tag{14.38}$$

从式 (14.37) 我们得到

$$\frac{\partial}{\partial x}\mathfrak{F}_{n,m}(x,y) = (2\mathrm{i})^{-n-m}\sum_{l=0}^{\min(m,n)}\frac{4^l n!m!}{l!(n-l)!(m-l)!}2\mathrm{i}(n-l)\mathrm{H}_{n-l-1}(\mathrm{i}x)\mathrm{H}_{m-l}(\mathrm{i}y) \tag{14.39}$$

$$= n(2\mathrm{i})^{-n-m+1}\sum_{l=0}^{\min(m,n)}\frac{4^l(n-1)!m!}{l!(n-l-1)!(m-l)!}\mathrm{H}_{n-l-1}(\mathrm{i}x)\mathrm{H}_{m-l}(\mathrm{i}y)$$

$$= n\mathfrak{F}_{n-1,m}(x,y)$$

类似地, 有

$$\frac{\partial}{\partial y}\mathfrak{F}_{n,m}(x,y) = (2\mathrm{i})^{-n-m}\sum_{l=0}^{\min(m,n)}\frac{4^l n!m!}{l!(n-l)!(m-l)!}\mathrm{H}_{n-l}(\mathrm{i}x)\mathrm{H}_{m-l}'(\mathrm{i}y) \tag{14.40}$$

$$= m\mathfrak{F}_{n,m-1}(x,y)$$

于是有 $\dfrac{\partial^2}{\partial x\,\partial y}\mathfrak{F}_{n,m}(x,y) = nm\mathfrak{F}_{n-1,m-1}(x,y)$.

我们得到一个新的算符恒等式

$$\mathrm{H}_{n,m}(X,Y) =: \mathfrak{F}_{n,m}(X,Y): \tag{14.41}$$

进一步, 从式 (14.36) 看出

$$\sum_{n,m}\frac{s^n t^m}{n!m!}\mathfrak{F}_{n,m}(\mathrm{i}X,\mathrm{i}Y) = \exp\left(\mathrm{i}sX + \mathrm{i}tY - st + \frac{s^2}{4} + \frac{t^2}{4}\right) \tag{14.42}$$

$$=: \exp(\mathrm{i}sX + \mathrm{i}tY - st):$$

$$= \sum_{n,m}\frac{s^n t^m}{n!m!}:\mathrm{H}_{n,m}(\mathrm{i}X,\mathrm{i}Y):$$

于是给出

$$\mathfrak{F}_{n,m}(\mathrm{i}X,\mathrm{i}Y) =: \mathrm{H}_{n,m}(\mathrm{i}X,\mathrm{i}Y): \tag{14.43}$$

用高斯型积分的坐标表象完备性

$$\int_{-\infty}^{\infty}\mathrm{d}x\,|x\rangle\langle x| = \int_{-\infty}^{\infty}\frac{\mathrm{d}x}{\sqrt{\pi}}:\mathrm{e}^{-(x-X)^2}:= 1 \tag{14.44}$$

我们有

$$\mathrm{H}_{n,m}(X,Y)=\iint_{-\infty}^{\infty}\frac{\mathrm{d}x\mathrm{d}y}{\pi}:\mathrm{e}^{-(x-X)^2-(y-Y)^2}:\mathrm{H}_{n,m}(x,y)=:\mathfrak{F}_{n,m}(X,Y): \tag{14.45}$$

这意味着得到一个新的积分公式:

$$\frac{1}{\pi}\iint_{-\infty}^{\infty}\mathrm{d}x'\mathrm{d}y'\mathrm{e}^{-\left(x'-x\right)^2-\left(y'-y\right)^2}\mathrm{H}_{n,m}(x',y')=\mathfrak{F}_{n,m}(x,y) \tag{14.46}$$

另一方面又有

$$\begin{aligned}\mathfrak{F}_{n,m}(\mathrm{i}X,\mathrm{i}Y)&=\iint_{-\infty}^{\infty}\mathrm{d}x\mathrm{d}y\mathfrak{F}_{n,m}(\mathrm{i}x,\mathrm{i}y)\left|x,y\right\rangle\left\langle x,y\right| \\ &=\frac{1}{\pi}\iint_{-\infty}^{\infty}\mathrm{d}x\mathrm{d}y:\mathrm{e}^{-(x-X)^2-(y-Y)^2}:\mathfrak{F}_{n,m}(\mathrm{i}x,\mathrm{i}y)=:\mathrm{H}_{n,m}(\mathrm{i}X,\mathrm{i}Y):\end{aligned} \tag{14.47}$$

这指示了新积分

$$\frac{1}{\pi}\iint_{-\infty}^{\infty}\mathrm{d}x'\mathrm{d}y'\mathrm{e}^{-\left(x'-x\right)^2-\left(y'-y\right)^2}\mathfrak{F}_{n,m}(\mathrm{i}x,\mathrm{i}y)=\mathrm{H}_{n,m}(\mathrm{i}x,\mathrm{i}y) \tag{14.48}$$

下面介绍一下新积分公式的应用.

我们知道双变量厄密多项式激发的真空态是

$$\mathrm{H}_{n,m}(X,Y)\left|00\right\rangle=\frac{1}{(2\mathrm{i})^{n+m}}\sum_{l=0}^{\min(m,n)}\frac{4^l n!m!}{l!(n-l)!(m-l)!}\mathrm{H}_{n-l}\left(\frac{\mathrm{i}a^\dagger}{\sqrt{2}}\right)\mathrm{H}_{m-l}\left(\frac{\mathrm{i}b^\dagger}{\sqrt{2}}\right)\left|00\right\rangle \tag{14.49}$$

这是一个纠缠态. 进一步, 从式 (14.36) 和 $\left[\left(a+b^\dagger\right),\left(b+a^\dagger\right)\right]=0$, 可知

$$\exp\left[s\left(a+b^\dagger\right)+t\left(b+a^\dagger\right)-st+\frac{s^2}{4}+\frac{t^2}{4}\right]=\sum_{n,m}\frac{s^n t^m}{n!m!}\mathfrak{F}_{n,m}\left(a+b^\dagger,b+a^\dagger\right) \tag{14.50}$$

用 Baker-Hausdorff 公式

$$\begin{aligned}&\exp\left[s\left(a+b^\dagger\right)+t\left(b+a^\dagger\right)-st+\frac{s^2}{4}+\frac{t^2}{4}\right] \\ &=:\exp\left[s\left(a+b^\dagger\right)+t\left(b+a^\dagger\right)-\left(\frac{-\mathrm{i}s}{2}\right)^2-\left(\frac{-\mathrm{i}t}{2}\right)^2\right]: \\ &=\sum_{n,m}\frac{\left(\frac{-\mathrm{i}s}{2}\right)^n\left(\frac{-\mathrm{i}t}{2}\right)^m}{n!m!}:\mathrm{H}_n\left[\mathrm{i}\left(a+b^\dagger\right)\right]\mathrm{H}_m\left[\mathrm{i}\left(b+a^\dagger\right)\right]:\end{aligned} \tag{14.51}$$

比较式 (14.47) 与式 (14.48) 我们得到以下算符恒等式:

$$\mathfrak{F}_{n,m}\left(a+b^\dagger,b+a^\dagger\right)=\left(\frac{-\mathrm{i}}{2}\right)^{m+n}:\mathrm{H}_n\left[\mathrm{i}\left(a+b^\dagger\right)\right]\mathrm{H}_m\left[\mathrm{i}\left(b+a^\dagger\right)\right]: \tag{14.52}$$

将 $\mathfrak{F}_{n,m}\left(a+b^{\dagger},b+a^{\dagger}\right)$ 作用于双模真空态给出

$$\mathfrak{F}_{n,m}\left(a+b^{\dagger},b+a^{\dagger}\right)|00\rangle=\left(\frac{-\mathrm{i}}{2}\right)^{m+n}\mathrm{H}_n\left(\mathrm{i}b^{\dagger}\right)\mathrm{H}_m\left(\mathrm{i}a^{\dagger}\right)|00\rangle \tag{14.53}$$

另一方面, 得到

$$:\exp\left[s\left(a+b^{\dagger}\right)+t\left(b+a^{\dagger}\right)-st+\frac{s^2}{4}+\frac{t^2}{4}\right]:=\sum_{n,m}\frac{s^n t^m}{n!m!}:\mathfrak{F}_{n,m}\left(a+b^{\dagger},b+a^{\dagger}\right): \tag{14.54}$$

使用 Baker-Hausdorff 公式可见式 (14.54) 的左边等于

$$\exp\left[s\left(a+b^{\dagger}\right)+t\left(b+a^{\dagger}\right)+\frac{s^2}{4}+\frac{t^2}{4}\right]=\sum_{n,m}\frac{\left(\frac{-\mathrm{i}s}{2}\right)^n\left(\frac{-\mathrm{i}t}{2}\right)^m}{n!m!}\mathrm{H}_n\left[\mathrm{i}\left(a+b^{\dagger}\right)\right]\mathrm{H}_m\left[\mathrm{i}\left(b+a^{\dagger}\right)\right] \tag{14.55}$$

于是对比式 (14.54) 和式 (14.55), 我们推导出另一个算符恒等式

$$\mathrm{H}_n\left[\mathrm{i}\left(a+b^{\dagger}\right)\right]\mathrm{H}_m\left[\mathrm{i}\left(b+a^{\dagger}\right)\right]=(2\mathrm{i})^{m+n}:\mathfrak{F}_{n,m}\left(a+b^{\dagger},b+a^{\dagger}\right): \tag{14.56}$$

即

$$\mathrm{H}_n\left[i\left(a+b^{\dagger}\right)\right]\mathrm{H}_m\left[i\left(b+a^{\dagger}\right)\right]|00\rangle=(2\mathrm{i})^{m+n}\mathfrak{F}_{n,m}\left(b^{\dagger},a^{\dagger}\right)|00\rangle \tag{14.57}$$

使用纠缠态表象

$$\int\frac{\mathrm{d}^2\xi}{\pi}|\xi\rangle\langle\xi|=\int\frac{\mathrm{d}^2\xi}{\pi}:\mathrm{e}^{-\left[\xi-\left(a+b^{\dagger}\right)\right]\left[\xi^*-\left(a^{\dagger}+b\right)\right]}:=1 \tag{14.58}$$

这里

$$|\xi\rangle=\exp\left(-\frac{|\xi|^2}{2}+a^{\dagger}\xi+b^{\dagger}\xi^*-a^{\dagger}b^{\dagger}\right)|00\rangle \tag{14.59}$$

服从本征态方程

$$\left(a+b^{\dagger}\right)|\xi\rangle=\xi|\xi\rangle,\quad\left(b+a^{\dagger}\right)|\xi\rangle=\xi^*|\xi\rangle \tag{14.60}$$

用式 (14.54)、式 (14.55) 和式 (14.57) 我们有

$$\begin{aligned}\mathrm{H}_n\left[\mathrm{i}\left(a+b^{\dagger}\right)\right]\mathrm{H}_m\left[\mathrm{i}\left(b+a^{\dagger}\right)\right]&=\mathrm{H}_n\left[\mathrm{i}\left(a+b^{\dagger}\right)\right]\mathrm{H}_m\left[\mathrm{i}\left(b+a^{\dagger}\right)\right]\int\frac{\mathrm{d}^2\xi}{\pi}|\xi\rangle\langle\xi|\\&=\int\frac{\mathrm{d}^2\xi}{\pi}\mathrm{H}_n(\mathrm{i}\xi)\mathrm{H}_m(\mathrm{i}\xi^*):\mathrm{e}^{-\left[\xi-\left(a+b^{\dagger}\right)\right]\left[\xi^*-\left(a^{\dagger}+b\right)\right]}:\\&=(2\mathrm{i})^{m+n}:\mathfrak{F}_{n,m}\left(a+b^{\dagger},b+a^{\dagger}\right):\end{aligned} \tag{14.61}$$

从这里我们推导出算符公式

$$\int\frac{\mathrm{d}^2\xi}{\pi}\mathrm{H}_n(\mathrm{i}\xi)\mathrm{H}_m(\mathrm{i}\xi^*)\mathrm{e}^{-[\xi-\lambda][\xi^*-\lambda^*]}=(2\mathrm{i})^{m+n}\mathfrak{F}_{n,m}(\lambda,\lambda^*) \tag{14.62}$$

现在我们考虑如何求厄密多项式态 $\mathrm{H}_m\left(\mathrm{i}a^{\dagger}\right)|0\rangle$ 的归一化, 使用相干态的完备关系

$$\int \frac{\mathrm{d}^2 z}{\pi}|z\rangle\langle z|=\int \frac{\mathrm{d}^2 z}{\pi}:\mathrm{e}^{-\left[z^*-a^{\dagger}\right][z-a]}:=1 \quad\left(|z\rangle=\mathrm{e}^{-|z|^2/2+z a^{\dagger}}|0\rangle\right) \tag{14.63}$$

和式 (14.42) 得到

$$\begin{aligned}
\mathrm{H}_m(-\mathrm{i}a) \mathrm{H}_m\left(\mathrm{i}a^{\dagger}\right) & =(-1)^m \mathrm{H}_m(\mathrm{i}a) \mathrm{H}_m\left(\mathrm{i}a^{\dagger}\right) \\
& =(-1)^m \int \frac{\mathrm{d}^2 z}{\pi} \mathrm{H}_m(\mathrm{i}z)|z\rangle\langle z| \mathrm{H}_m\left(\mathrm{i}z^*\right) \\
& =(-1)^m \int \frac{\mathrm{d}^2 z}{\pi} \mathrm{H}_n(\mathrm{i}z) \mathrm{H}_m\left(\mathrm{i}z^*\right):\mathrm{e}^{-\left[z^*-a^{\dagger}\right][z-a]}: \\
& =4^m:\mathfrak{F}_{m,m}\left(a^{\dagger}, a\right):
\end{aligned} \tag{14.64}$$

然后得到厄密多项式激发态 $\mathrm{H}_m\left(\mathrm{i}a^{\dagger}\right)|0\rangle$ 的归一化是

$$\langle 0| \mathrm{H}_m(-\mathrm{i}a) \mathrm{H}_m\left(\mathrm{i}a^{\dagger}\right)|0\rangle=4^m \mathfrak{F}_{m,m}(0,0) \tag{14.65}$$

总的来说, 通过厄密多项式算符的方法以及 IWOP 方法, 我们发现了一个新的特殊函数, 跟单变量和双变量的厄密多项式关系密切. 此方法可以应用在推导光量子态的正规排序上.

(参见文献: Fan H Y, Wan Z L, Wu Z. A new kind of special function and its application[J]. Chin. Phys. B, 2015, 24: 100302.)

第 15 章

双变量厄密多项式的新母函数公式

单变量厄密多项式 $\mathrm{H}_n(x)$ 在量子力学理论中的用途是屡见不鲜的, 在 4.2 节我们引入了双变量厄密多项式 $\mathrm{H}_{m,n}(x,y)$, 本章我们进一步讨论其多种母函数公式及应用. 双变量厄密多项式作为一个特殊函数在量子理论中也十分重要, 只是以往人们没有深入研究算符排序论而使它恍如隔世. 双变量厄密多项式虽然与拉盖尔多项式本质相同, 但我们将它作为单变量厄密多项式的非简并情形来推广和研究, 则其境遇将大不相同, 待本章细细道来.

15.1 从相干态表象引出双变量厄密多项式

用有序算符内的积分方法可从相干态表象 $|z\rangle = D(z)|0\rangle, D(z) = \exp\left(za^\dagger - z^*a\right)$ 是平移算符, 引出双变量厄密多项式. 具体做法是: 将 $|z\rangle$ 的完备性纳入正规乘积形式

$$\int \frac{\mathrm{d}^2 z}{\pi}|z\rangle\langle z| = \int \frac{\mathrm{d}^2 z}{\pi} : \mathrm{e}^{-(z^*-a^\dagger)(z-a)} : = 1 \quad (\mathrm{d}^2 z \equiv \mathrm{d}x\mathrm{d}y,\ z = x + \mathrm{i}y) \tag{15.1}$$

$::$ 代表正规乘积. 用积分公式

$$\int \frac{\mathrm{d}^2 z}{\pi} z^{*k} z^l \mathrm{e}^{-|z|^2} = \delta_{kl} \tag{15.2}$$

我们有

$$\begin{aligned}
\int \frac{\mathrm{d}^2 z}{\pi} z^{*m} z^n \mathrm{e}^{-(z^*-\lambda)(z-\sigma)} &= \int \frac{\mathrm{d}^2 z}{\pi} (z^* + \lambda)^m (z+\sigma)^n \mathrm{e}^{-|z|^2} \\
&= \sum_k \sum_l \binom{m}{l} \binom{n}{k} \lambda^{m-k} \sigma^{n-l} \int \frac{\mathrm{d}^2 z}{\pi} z^{*k} z^l \mathrm{e}^{-|z|^2} \\
&= \sum_l \binom{m}{l} \binom{n}{l} \lambda^{m-l} \sigma^{n-l} \\
&= \sum_{l=0}^{\min(m,n)} \frac{m!n!(-\mathrm{i})^{m+n}}{l!(m-l)!(n-l)!} (-1)^l (\mathrm{i}\lambda)^{m-l} (\mathrm{i}\sigma)^{n-l} \\
&= (-\mathrm{i})^{m+n} \mathrm{H}_{m,n}(\mathrm{i}\lambda, \mathrm{i}\sigma)
\end{aligned} \tag{15.3}$$

在最后一步参考了在 4.2 节出现的双变量厄密多项式 $\mathrm{H}_{m,n}(x,y)$:

$$\mathrm{H}_{m,n}(x,y) = \sum_{l=0}^{\min(m,n)} \frac{m!n!}{l!(m-l)!(n-l)!} (-1)^l x^{m-l} y^{n-l} \tag{15.4}$$

其母函数为

$$\exp(tx + \tau y - t\tau) = \sum_{n,m=0}^{\infty} \frac{t^n \tau^m}{n!m!} \mathrm{H}_{m,n}(x,y) \tag{15.5}$$

对照单变量 $\mathrm{H}_n(q)$ 的母函数

$$\mathrm{e}^{2\lambda q - \lambda^2} = \sum_{m=0}^{\infty} \frac{\lambda^m}{m!} \mathrm{H}_m(q) \tag{15.6}$$

可知式 (15.6) 是式 (15.5) 的简并情形. 于是就可导出一个有用的积分公式

$$I_1 \equiv \int \frac{\mathrm{d}^2 z}{\pi} z^m z^{*n} \exp\left(-\zeta|z|^2 + \xi z + \eta z^*\right) \tag{15.7}$$

$$
\begin{aligned}
&= \frac{\partial^{n+m}}{\partial t^m \partial \tau^n} \int \frac{d^2 z}{\pi} \exp\left[-\zeta |z|^2 + (\xi + t) z + (\eta + \tau) z^*\right] |_{t,\tau=0} \\
&= \frac{1}{\zeta} \frac{\partial^{n+m}}{\partial t^m \partial \tau^n} \exp\left(\frac{\xi\eta + t\tau + t\eta + \xi\tau}{\zeta}\right)\Big|_{t,\tau=0} \\
&= \frac{1}{\zeta} e^{\xi\eta/\zeta} \frac{\partial^{n+m}}{\partial t^m \partial \tau^n} \exp\left[-\left(\frac{-it}{\sqrt{\zeta}}\right)\left(\frac{-i\tau}{\sqrt{\zeta}}\right) + \left(\frac{-it}{\sqrt{\zeta}}\right)\left(\frac{i\eta}{\sqrt{\zeta}}\right) + \left(\frac{-i\tau}{\sqrt{\zeta}}\right)\left(\frac{i\xi}{\sqrt{\zeta}}\right)\right]\Big|_{t,\tau=0} \\
&= (-i)^{m+n} \zeta^{-(n+m)/2-1} e^{\xi\eta/\zeta} H_{m,n}\left(\frac{i\eta}{\sqrt{\zeta}}, \frac{i\xi}{\sqrt{\zeta}}\right)
\end{aligned}
$$

或者

$$
\int \frac{d^2 z}{\pi} z^n z^{*m} \exp\left(-\zeta |z|^2 + \xi z + \eta z^*\right) = (-i)^{m+n} \zeta^{-(n+m)/2-1} e^{\xi\eta/\zeta} H_{m,n}\left(\frac{i\xi}{\sqrt{\zeta}}, \frac{i\eta}{\sqrt{\zeta}}\right) \tag{15.8}
$$

特别地, 取 $\zeta = 1$, 得

$$
\int \frac{d^2 z}{\pi} z^m z^{*n} \exp\left(-\zeta |z|^2 + \xi z + \eta z^*\right) = (-i)^{m+n} \zeta^{-(n+m)/2-1} e^{\xi\eta/\zeta} H_{m,n}\left(\frac{i\eta}{\sqrt{\zeta}}, \frac{i\xi}{\sqrt{\zeta}}\right) \tag{15.9}
$$

由此就可导出简洁的算符公式

$$
a^l a^{\dagger n} = a^l \int \frac{d^2 z}{\pi} |z\rangle\langle z| a^{\dagger n} = \int \frac{d^2 z}{\pi} : e^{-(z^* - a^\dagger)(z-a)} : z^l z^{*n} = (-i)^{l+n} : H_{l,n}(i\eta, i\xi) : \tag{15.10}
$$

注意与下式的区分

$$
a^{\dagger n} a^l =: H_{n,l}\left(a^\dagger, a\right) : \tag{15.11}
$$

事实上, 它可以从

$$
e^{ta^\dagger} e^{sa} = \sum_{n,l} \frac{t^n s^l}{n! l!} = e^{sa} e^{ta^\dagger} e^{-st} = \vdots e^{ta^\dagger + sa - st} \vdots = \sum_{n,l} \frac{t^n s^l}{n! l!} \vdots H_{n,l}\left(a^\dagger, a\right) \vdots \tag{15.12}
$$

得到. 双变量厄密多项式本身的物理意义可见下一节.

15.2 双变量厄密多项式的物理解释

双变量厄密多项式在物理上有许多很重要的应用. 本节我们将给出它的一个物理解释. 考虑一个受迫的量子谐振子, 它的哈密顿量为

$$
H(t) = \omega a^\dagger a + f(t) a + a^\dagger f^*(t) \tag{15.13}
$$

这个动力学机制能产生相干态. 我们将看到: 双变量厄密多项式恰好就是该模型的时间演化算符在从初态 $|m\rangle$ 到终态 $|n\rangle$ 的跃迁振幅. 这里, $f(t)$ 是一个外源. 在相互作用表象, 从 t_0 到 t 时间等分成段, 演化算符为

$$\begin{aligned}U(t,t_0)&=T\exp\left\{-\mathrm{i}\int_{t_0}^{t}\mathrm{d}s\left[f^*(s)a^\dagger(s)+f(s)a(s)\right]\right\}\\&=U(t,t_n)U(t_n,t_{n-1})\cdots U(t_1,t_0)\end{aligned}\tag{15.14}$$

这里 T 表示时序算符的编时乘积, 因 $\dfrac{t-t_0}{n}=t_{\mathrm{i}}-t_{\mathrm{i}-1}$, 根据 Baker-Hausdorff 公式计算得

$$\begin{aligned}&U(t_2,t_1)U(t_1,t_0)\\&\quad=\exp\left\{-\mathrm{i}\int_{t_0}^{t_2}\mathrm{d}s\left[f^*(s)a^\dagger(s)+f(s)a(s)\right]\right\}\\&\quad\quad\times\exp\left\{-\frac{1}{2}\int_{t_1}^{t_2}\mathrm{d}s\int_{t_0}^{t_1}\mathrm{d}s'\left[f(s)f^*(s')\mathrm{e}^{\mathrm{i}\omega\left(s'-s\right)}-f^*(s)f(s')\mathrm{e}^{-\mathrm{i}\omega\left(s'-s\right)}\right]\right\}\end{aligned}\tag{15.15}$$

通过连续的逐项相乘得

$$\begin{aligned}U(t,t_0)&=\exp\left\{-\mathrm{i}\int_{t_0}^{t}ds\left[f^*(s)a^\dagger(s)+f(s)a(s)\right]\right\}\\&\quad\times\exp\left\{-\frac{1}{2}\sum_{j=1}^{n-1}\int_{t_j}^{t_{j+1}}\int_{t_0}^{t_j}dsds'\left[f(s)f^*(s')\mathrm{e}^{\mathrm{i}\omega\left(s'-s\right)}-f^*(s)f(s')\mathrm{e}^{-\mathrm{i}\omega\left(s'-s\right)}\right]\right\}\\&=\exp\left[-\mathrm{i}a^\dagger\int_{t_0}^{t}dsf^*(s)\mathrm{e}^{\mathrm{i}\omega s}\right]\exp\left[-\mathrm{i}a\int_{t_0}^{t}dsf(s)\mathrm{e}^{-\mathrm{i}\omega s}\right]\\&\quad\times\exp\left[-\int_{t_0}^{t}ds\int_{t_0}^{s}ds'f^*(s')f(s)\mathrm{e}^{\mathrm{i}\omega\left(s'-s\right)}\right]\end{aligned}\tag{15.16}$$

很显然, 从真空态到真空态的跃迁振幅为

$$\begin{aligned}\langle0|U(t,t_0)|0\rangle&=\exp\left[-\int_{t_0}^{t}\mathrm{d}s\int_{t_0}^{s}\mathrm{d}s'f^*(s')f(s)\mathrm{e}^{\mathrm{i}\omega\left(s'-s\right)}\right]\\&=\exp\left[-\int_{t_0}^{t}\mathrm{d}s\int_{t_0}^{t}\mathrm{d}s'f^*(s')f(s)\mathrm{e}^{\mathrm{i}\omega\left(s'-s\right)}\theta(s-s')\right]\end{aligned}\tag{15.17}$$

这里 $\theta(s-s')$ 是时间阶跃函数, 即

$$\theta(t-t_0)=\begin{cases}1&(t>t_0)\\0&(t<t_0)\end{cases}\tag{15.18}$$

取 $U(t,t_0)$ 的非归一化相干态矩阵元得

$$\langle z|U(t,t_0)|z_0\rangle=\exp(z^*z_0-\mathrm{i}z^*\beta-\mathrm{i}z_0\beta^*)\langle0|U(t,t_0)|0\rangle\tag{15.19}$$

这里

$$|z\rangle = \mathrm{e}^{za^\dagger}|0\rangle \tag{15.20}$$

是未归一化的相干态

$$\beta^* = \int_{t_0}^{t} \mathrm{d}s f(s)\mathrm{e}^{-\mathrm{i}\omega s}, \quad \beta = \int_{t_0}^{t} \mathrm{d}s f^*(s)\mathrm{e}^{\mathrm{i}\omega s} \tag{15.21}$$

式 (15.19) 说明的是系统从初始时刻 t_0 的 $|z_0\rangle$ 态到末时刻 t 的 $|z\rangle$ 的跃迁振幅. 插入粒子态的完备性得

$$\langle z|U(t,t_0)|z_0\rangle = \sum_{n,m=0}^{\infty} \langle z|m\rangle\langle m|U(t,t_0)|n\rangle\langle n|z_0\rangle = \sum_{n,m=0}^{\infty} \frac{z^{*m}}{\sqrt{m!}}\langle m|U(t,t_0)|n\rangle\frac{z_0^n}{\sqrt{n!}} \tag{15.22}$$

联立式 (15.8) 和式 (15.11) 得

$$\exp(z_0 z^* - \mathrm{i}z^*\beta - \mathrm{i}z_0\beta^*) = \frac{1}{\langle 0|U(t,t_0)|0\rangle}\sum_{n,n'=0}^{\infty} \frac{z^{*m}}{\sqrt{m!}}\langle m|U(t,t_0)|n\rangle\frac{z_0^n}{\sqrt{n!}} \tag{15.23}$$

将式 (15.12) 与双变量厄密多项式的母函数定义式比较得到

$$\frac{1}{\langle 0|U(t,t_0)|0\rangle}\langle m|U(t,t_0)|n\rangle = \frac{1}{\sqrt{m!n!}}(-\mathrm{i})^{n+m}\mathrm{H}_{m,n}(\beta,\beta^*) \tag{15.24}$$

可见双变量厄密多项式恰好就是该模型的时间演化算符在 t_0 初态 $|n\rangle$ 到终态 $\langle m|$ 在 t 时的跃迁振幅, 精确到一个常数.

15.3 双变量厄密多项式的重要母函数公式

在第 4 章我们已经导出

$$\sum_{l=0} \frac{\lambda^l}{l!}\mathrm{H}_{l+m,l+n}(x,y) = (1+\lambda)^{-(n+m)/2-1}\mathrm{e}^{\lambda xy/(1+\lambda)}\mathrm{H}_{m,n}\left(\frac{x}{\sqrt{1+\lambda}},\frac{y}{\sqrt{1+\lambda}}\right) \tag{15.25}$$

用其可以导出算符恒等式

$$\begin{aligned}\sum_{k=0} \frac{z^k}{k!}\mathrm{H}_{n+k}(X)\mathrm{H}_{m+k}(X) &= \sum_{k=0} \frac{z^k}{k!}2^{n+m+k} :X^{n+k}::X^{m+k}: \\ &= \sum_{k=0} \frac{z^k}{k!}\sum_{s=0} \frac{(n+k)!(m+k)!2^{m+n+2k}}{2^s(n+k-s)!s!(m+k-s)!} :X^{m+n+2k-2s}:\end{aligned} \tag{15.26}$$

$$= \left(-\sqrt{2}\mathrm{i}\right)^{m+n} \sum_{k=0} \frac{z^k}{k!} : \mathrm{H}_{m+k,n+k}\left(\sqrt{2}\mathrm{i}X, \sqrt{2}\mathrm{i}X\right):$$

$$= \left(-\mathrm{i}\sqrt{\frac{2}{z+1}}\right)^{m+n} : \mathrm{e}^{-zX^2/(1+z)} \mathrm{H}_{m,n}\left(\frac{\sqrt{2}\mathrm{i}X}{\sqrt{1+z}}, \frac{\sqrt{2}\mathrm{i}X}{\sqrt{1+z}}\right):$$

现在我们继续考察

$$\sum_{n=0}^{\infty} \frac{z^n}{n!} \mathrm{H}_{m,n}(x,y) \mathrm{H}_{m,n}(x',y') \tag{15.27}$$

证明 回忆纠缠态表象

$$|\xi\rangle = \exp\left(-\frac{1}{2}|\xi|^2 + \xi a^\dagger + \xi^* b^\dagger - a^\dagger b^\dagger\right)|00\rangle \quad (\xi = \xi_1 + \mathrm{i}\xi_2)$$

它遵守本征方程

$$(a + b^\dagger)|\xi\rangle = \xi|\xi\rangle, \quad (a^\dagger + b)|\xi\rangle = \xi^*|\xi\rangle$$

其完备性是

$$\int \frac{\mathrm{d}^2\xi}{\pi} |\xi\rangle\langle\xi| = \iint_{-\infty}^{\infty} \frac{\mathrm{d}\xi_1 \mathrm{d}\xi_2}{\pi} : \mathrm{e}^{-\left[\xi - \left(a+b^\dagger\right)\right]\left[\xi^* - \left(a^\dagger + b\right)\right]} := 1 \tag{15.28}$$

则

$$\mathrm{H}_{m,n}\left(a + b^\dagger, a^\dagger + b\right) = \int \frac{\mathrm{d}^2\xi}{\pi} |\xi\rangle\langle\xi| \mathrm{H}_{m,n}(\eta, \eta^*)$$

$$= \int \frac{\mathrm{d}^2\xi}{\pi} \mathrm{H}_{m,n}(\xi, \xi^*) : \exp\left\{-\left[\xi^* - \left(a^\dagger + b\right)\right]\left[\xi - \left(a + b^\dagger\right)\right]\right\}:$$

用

$$\mathrm{H}_{m,n}(\eta, \eta^*) = \mathrm{i}^{m+n} \mathrm{e}^{|\eta|^2} \int \frac{\mathrm{d}^2 z}{\pi} z^n z^{*m} \exp(-|z|^2 - \mathrm{i}\eta z - \mathrm{i}\eta^* z^*)$$

代入得到

$$\mathrm{H}_{m,n}\left(a + b^\dagger, a^\dagger + b\right)$$

$$= \mathrm{i}^{m+n} \int \frac{\mathrm{d}^2\eta}{\pi} \int \frac{\mathrm{d}^2 z}{\pi} z^n z^{*m} : \exp\left[-|z|^2 - \mathrm{i}\eta z - \mathrm{i}\eta^* z^* + \eta\left(a^\dagger + b\right) + \eta^*\left(a + b^\dagger\right)\right]:$$

$$= \mathrm{i}^{m+n} \int \frac{\mathrm{d}^2 z}{\pi} z^n z^{*m} : \delta\left(a^\dagger + b - \mathrm{i}z\right) \delta\left(a + b^\dagger - \mathrm{i}z^*\right):$$

$$=: \left(a + b^\dagger\right)^m \left(a^\dagger + b\right)^n :$$

用算符厄密多项式方法我们考虑

$$\sum_{n=0}^{\infty} \frac{z^n}{n!} \mathrm{H}_{m,n}\left(a + b^\dagger, a^\dagger + b\right) \mathrm{H}_{m,n}\left(c + d^\dagger, c^\dagger + d\right) \tag{15.29}$$

$$= \sum_{n=0}^{\infty} \frac{z^n}{n!} :\left(a+b^{\dagger}\right)^m \left(a^{\dagger}+b\right)^n :: \left(c+d^{\dagger}\right)^m \left(c^{\dagger}+d\right)^n :$$

$$=: \left(a+b^{\dagger}\right)^m \left(c+d^{\dagger}\right)^m \mathrm{e}^{z\left(a^{\dagger}+b\right)\left(c^{\dagger}+d\right)} :$$

$$= \mathrm{e}^{za^{\dagger}c^{\dagger}} \sum_l \sum_k \binom{m}{l}\binom{m}{k} b^{\dagger l} \mathrm{d}^{\dagger k} \mathrm{e}^{za^{\dagger}d} \mathrm{e}^{zbc^{\dagger}} \mathrm{e}^{zbd} a^{m-l} c^{m-k}$$

$$= \mathrm{e}^{z\left(a^{\dagger}+b\right)\left(c^{\dagger}+d\right)} \sum_l \sum_k \binom{m}{l}\binom{m}{k} \left(b^{\dagger}-zc^{\dagger}-zd\right)^l \left(d^{\dagger}-za^{\dagger}-zb\right)^k a^{m-l} c^{m-k}$$

$$= \mathrm{e}^{z\left(a^{\dagger}+b\right)\left(c^{\dagger}+d\right)} \sum_l \sum_k \binom{m}{l}\binom{m}{k} :\left(b^{\dagger}-zc^{\dagger}-zd\right)^l \left(d^{\dagger}-za^{\dagger}-zb\right)^k a^{m-l} c^{m-k}:$$

$$= \mathrm{e}^{z\left(a^{\dagger}+b\right)\left(c^{\dagger}+d\right)} :\left(a+b^{\dagger}-zc^{\dagger}-zd\right)^m \left(c+d^{\dagger}-za^{\dagger}-zb\right)^m :$$

$$= z^m \mathrm{e}^{z\left(a^{\dagger}+b\right)\left(c^{\dagger}+d\right)} \mathrm{H}_{m,m}\left[\mathrm{i}\left(\frac{a+b^{\dagger}}{\sqrt{z}}-\sqrt{z}\left(c^{\dagger}+d\right)\right), \mathrm{i}\left(\frac{c+d^{\dagger}}{\sqrt{z}}-\sqrt{z}\left(a^{\dagger}+b\right)\right)\right]$$

这就表明

$$\sum_{n=0}^{\infty} \frac{z^n}{n!} \mathrm{H}_{m,n}(x,y) \mathrm{H}_{m,n}(x',y') = (-z)^m \mathrm{e}^{zyy'} \mathrm{H}_{m,m}\left[\mathrm{i}\left(\sqrt{z}y'-\frac{x}{\sqrt{z}}\right), \mathrm{i}\left(\sqrt{z}y-\frac{x'}{\sqrt{z}}\right)\right] \tag{15.30}$$

我们再证明双变量厄密多项式另一个重要的母函数公式:

$$\sum_{m,n=0}^{\infty} \mathrm{H}_{m,n}(\xi,\eta) \mathrm{H}_{m,n}(\rho,\kappa) \frac{t^n s^m}{m!n!} = \mathrm{e}^{\xi\eta} \frac{1}{1-ts} \exp\left[\frac{1}{1-ts}\left(-\xi\eta+t\kappa\eta+s\xi\rho-ts\kappa\rho\right)\right] \tag{15.31}$$

证明 用算符厄密多项式方法我们考虑

$$\sum_{m,n=0}^{\infty} \mathrm{H}_{m,n}\left(a+b^{\dagger}, a^{\dagger}+b\right) \mathrm{H}_{m,n}\left(c+d^{\dagger}, c^{\dagger}+d\right) \frac{t^n s^m}{m!n!} \tag{15.32}$$

$$= \sum_{m,n=0}^{\infty} :\left[\left(a+b^{\dagger}\right)\left(c+d^{\dagger}\right)\right]^m \left[\left(a^{\dagger}+b\right)\left(c^{\dagger}+d\right)\right]^n \frac{t^n s^m}{m!n!}:$$

$$=: \exp\left[s\left(a+b^{\dagger}\right)\left(c+d^{\dagger}\right)+t\left(a^{\dagger}+b\right)\left(c^{\dagger}+d\right)\right]:$$

$$= \exp\left(ta^{\dagger}c^{\dagger}+sb^{\dagger}\mathrm{d}^{\dagger}\right) :\exp\left(sb^{\dagger}c+tc^{\dagger}b+ta^{\dagger}d+sad^{\dagger}\right): \exp(sac+tbd)$$

我们要证明它等于

$$\exp\left[\left(a+b^{\dagger}\right)\left(a^{\dagger}+b\right)\right] \frac{1}{1-ts} \exp\left\{\frac{1}{1-ts}\left[-\left(a+b^{\dagger}\right)\left(a^{\dagger}+b\right)+t\left(c^{\dagger}+d\right)\left(a^{\dagger}+b\right)\right.\right.$$

$$\left.\left.+s\left(a+b^{\dagger}\right)\left(c+d^{\dagger}\right)-ts\left(c+d^{\dagger}\right)\left(c^{\dagger}+d\right)\right]\right\} \equiv U \tag{15.33}$$

事实上, 用两个双模纠缠态表象的直积

$$\int \frac{d^2\xi}{\pi} \int \frac{d^2 v}{\pi} |\xi\rangle |v\rangle \ \langle\xi| \ \langle v| = 1$$

$|\xi\rangle$ 属于 $(a+b^{\dagger}), \left(a^{\dagger}+b\right); |v\rangle$ 属于 $(c+d^{\dagger}), \left(c^{\dagger}+d\right)$, 以及 IWOP 方法得到

$$\begin{aligned}
U &= \int \frac{d^2\xi}{\pi} \int \frac{d^2 v}{\pi} U |\xi\rangle |v\rangle \ \langle\xi| \ \langle v| \qquad (15.34)\\
&= \frac{1}{1-ts} \int \frac{d^2\xi}{\pi} \int \frac{d^2 v}{\pi} e^{|\xi|^2} \exp\left\{\frac{1}{1-ts}[-|\xi|^2 + tv^*\xi^* + s\xi v - ts|v|^2]\right\} |\xi\rangle |v\rangle \ \langle\xi| \langle v| \\
&= \frac{1}{1-ts} \int \frac{d^2\xi}{\pi} \int \frac{d^2 v}{\pi} :\exp\left\{\frac{1}{1-ts}[-|\xi|^2 + tv^*\xi^* + s\xi v - ts|v|^2] - |v|^2\right. \\
&\quad + \xi\left(a^{\dagger}+b\right) + \xi^*(a+b^{\dagger}) - (a+b^{\dagger})\left(a^{\dagger}+b\right) \\
&\quad \left. + v\left(c^{\dagger}+d\right) + v^*(c+d^{\dagger}) - \left(c^{\dagger}+d\right)(c+d^{\dagger})\right\}: \\
&= \int \frac{d^2 v}{\pi} :\exp\left[(1-ts)\left(\frac{sv}{1-ts} + a^{\dagger} + b\right)\left(\frac{tv^*}{1-ts} + a + b^{\dagger}\right) - \frac{|v|^2}{1-ts}\right. \\
&\quad \left. + v\left(c^{\dagger}+d\right) + v^*(c+d^{\dagger}) - \left(c^{\dagger}+d\right)(c+d^{\dagger}) - (a+b^{\dagger})\left(a^{\dagger}+b\right)\right] \\
&= \int \frac{d^2 v}{\pi} \exp\left\{-|v|^2 + v\left[c^{\dagger}+d+s(a+b^{\dagger})\right] + v^*\left[c+d^{\dagger}+t\left(a^{\dagger}+b\right)\right]\right. \\
&\quad \left. - ts(a+b^{\dagger})\left(a^{\dagger}+b\right) - \left(c^{\dagger}+d\right)(c+d^{\dagger})\right\}: \\
&=: \exp\left\{\left[c^{\dagger}+d+s(a+b^{\dagger})\right]\left[c+d^{\dagger}+t\left(a^{\dagger}+b\right)\right] - ts(a+b^{\dagger})\left(a^{\dagger}+b\right)\right. \\
&\quad \left. - \left(c^{\dagger}+d\right)(c+d^{\dagger})\right\}: \\
&=: \exp\left[t\left(a^{\dagger}+b\right)\left(c^{\dagger}+d\right) + s(a+b^{\dagger})(c+d^{\dagger})\right]:
\end{aligned}$$

我们得到

$$\sum_{m,n=0}^{\infty} H_{m,n}(\xi,\eta) H_{m,n}(\rho,\kappa) \frac{t^n s^m}{m!n!} = e^{\xi\eta} \frac{1}{1-ts} \exp\left[\frac{1}{1-ts}(-\xi\eta + t\kappa\eta + s\xi\rho - ts\kappa\rho)\right] \tag{15.35}$$

特别地, 当 $\eta = \xi^*, \kappa = \rho^*$ 时, 有

$$\begin{aligned}
&\sum_{m,n=0}^{\infty} H_{m,n}(\xi,\xi^*) H_{m,n}(\rho,\rho^*) \frac{t^n s^m}{m!n!} \\
&= e^{|\xi|^2} \frac{1}{1-ts} \exp\left[\frac{1}{1-ts}(-|\xi|^2 + t\rho^*\xi^* + s\xi\rho - ts|\rho|^2)\right] \qquad (15.36)
\end{aligned}$$

第 16 章

IWOP方法直接导出李群和李代数表示

在量子力学问世不久, 维格就设法用群论来研究变换理论, 后来的追随者把群论用于固体物理和粒子物理. 现在李群和李代数表示论已经成为数学物理中的一部分重要内容. 我们要指出的是 IWOP 方法可以直接导致李群和李代数表示的自然出现. 本章给出 dialtion 变换、两粒子相对坐标和总动量的互换换的表示, 以及转动群的类算符的计算.

16.1 单模 dialtion 变换

在坐标表象中, 用不对称的 Ket-Bra 构成如下积分:

$$\int_{-\infty}^{\infty}\frac{\mathrm{d}x}{\sqrt{\mu}}|\frac{x}{\mu}\rangle\langle x|=\int_{-\infty}^{\infty}\frac{\mathrm{d}x}{\sqrt{\pi\mu}}\mathrm{e}^{-\frac{x^2}{2\mu^2}+\sqrt{2}\frac{x}{\mu}a^\dagger-\frac{a^{\dagger 2}}{2}}|0\rangle\langle 0|\mathrm{e}^{-\frac{x^2}{2}+\sqrt{2}xa-\frac{a^2}{2}}$$

$$
= \int_{-\infty}^{\infty} \frac{\mathrm{d}x}{\sqrt{\pi\mu}} : \exp\left[-\frac{x^2}{2}\left(1+\frac{1}{\mu^2}\right) + \sqrt{2}x\left(\frac{a^\dagger}{\mu}+a\right) - \frac{1}{2}(a+a^\dagger)^2\right] :
$$

取 $\mu = \mathrm{e}^\lambda$, 上式变为

$$
\begin{aligned}
\int_{-\infty}^{\infty} \frac{\mathrm{d}x}{\sqrt{\mu}} |\frac{x}{\mu}\rangle\langle x| &= \sqrt{\frac{2\mu}{1+\mu^2}} : \exp\left[\frac{\left(a^\dagger/\mu+a\right)^2}{1+1/\mu^2} - \frac{1}{2}\left(a+a^\dagger\right)^2\right] : \\
&= (\lambda)^{1/2} \mathrm{e}^{-\frac{a+2}{2}\tanh\lambda} : \mathrm{e}^{(\lambda-1)a^\dagger a} : \mathrm{e}^{\frac{a^2}{2}\tanh\lambda} \\
&= \mathrm{e}^{-\frac{a^\dagger}{2}\tanh\lambda} \mathrm{e}^{(a^\dagger a+\frac{1}{2})\ln\lambda} \mathrm{e}^{\frac{a^2}{2}\tanh\lambda} \equiv S_1
\end{aligned}
$$

这恰是单模压缩算符, 它导致变换

$$
S_1 a S_1^{-1} = a\cosh\lambda + a^\dagger \sinh\lambda
$$

S_1 中所含的三个算符满足封闭李代数

$$
\begin{aligned}
\left[\frac{a^\dagger}{2}, \frac{a^2}{2}\right] &= a^\dagger a + \frac{1}{2} \\
\left[\frac{a^2}{2}, a^\dagger a + \frac{1}{2}\right] &= \frac{a^2}{2} \\
\left[\frac{a^{\dagger 2}}{2}, a^\dagger a + \frac{1}{2}\right] &= -\frac{a^{\dagger 2}}{2}
\end{aligned}
$$

值得指出的是, 这里只用了 IWOP 方法积分就得到了这些以往只有在群表示论中才出现的东西.

16.2 双模 dialtion 变换

用纠缠态

$$
|\eta\rangle = \exp\left(-\frac{1}{2}|\eta|^2 + \eta a_1^\dagger - \eta^* a_2^\dagger + a_1^\dagger a_2^\dagger\right)|0,0\rangle \quad (\eta = \eta_1 + \mathrm{i}\eta_2)
$$

$\left[a_\mathrm{i}, a_j^\dagger\right] = \delta_{\mathrm{i},j}$, 和 IWOP 方法我们构建和积分

$$
S_2 \equiv \int \frac{\mathrm{d}^2\eta}{\pi\mu} |\eta/\mu\rangle\langle\eta|
$$

$$
\begin{aligned}
&= \int \frac{\mathrm{d}^2\eta}{\pi\mu} : \exp\left[-\frac{|\eta|^2}{2}\left(1+\frac{1}{\mu^2}\right)+\eta\left(\frac{a_1^\dagger}{\mu}-a_2\right)+\eta^*\left(a_1-\frac{a_2^\dagger}{\mu}\right)\right.\\
&\quad \left. + a_1^\dagger a_2^\dagger + a_1a_2 - a_1^\dagger a_1 - a_2^\dagger a_2\right] :\\
&= \frac{2\mu}{1+\mu^2} : \exp\left\{\frac{\mu^2}{1+\mu^2}\left(\frac{a_1^\dagger}{\mu}-a_2\right)\left(a_1-\frac{a_2^\dagger}{\mu}\right)-\left(a_1-a_2^\dagger\right)\left(a_1^\dagger-a_2\right)\right\} :\\
&= \mathrm{e}^{a_1^\dagger a_2^\dagger \tanh\lambda}\mathrm{e}^{(a_1^\dagger a_1+a_2^\dagger a_2+1)\ln\lambda}\mathrm{e}^{-a_1a_2\tanh\lambda} \qquad (\mu=\mathrm{e}^\lambda)
\end{aligned}
$$

这恰是双模压缩算符. 相应的李代数是

$$
\begin{aligned}
\left[a_1a_2, a_1^\dagger a_2^\dagger\right] &= a_1^\dagger a_1 + a_2^\dagger a_2 + 1\\
\left[a_1a_2, a_1^\dagger a_1 + a_2^\dagger a_2 + 1\right] &= a_1a_2\\
\left[a_1^\dagger a_2^\dagger, a_1^\dagger a_1 + a_2^\dagger a_2 + 1\right] &= -a_1^\dagger a_2^\dagger
\end{aligned}
$$

$U_2|00\rangle$ 是双模压缩态, 这说明双模压缩与纠缠共存.

16.3　两粒子相对坐标和总动量的互换

令 $\eta=\eta_1+\mathrm{i}\eta_2$, 将 $|\eta\rangle$ 记为

$$
|\eta\rangle = \exp\left[-\frac{1}{2}|\eta|^2+(\eta_1+\mathrm{i}\eta_2)a_1^\dagger-(\eta_1-\mathrm{i}\eta_2)a_2^\dagger+a_1^\dagger a_2^\dagger\right]|00\rangle \equiv |\eta_1,\eta_2\rangle \quad (\eta=\eta_1+\mathrm{i}\eta_2) \tag{16.1}
$$

置换 η_1 与 η_2, 构建如下算符积分, 并用 IWOP 方法,

$$
\begin{aligned}
U &\equiv \int \mathrm{d}\eta_1\mathrm{d}\eta_2 |\eta_1,\eta_2\rangle\langle\eta_2,\eta_1|\\
&= \int \mathrm{d}\eta_1\mathrm{d}\eta_2 \exp\left[-\frac{1}{2}|\eta|^2+(\eta_1+\mathrm{i}\eta_2)a_1^\dagger-(\eta_1-\mathrm{i}\eta_2)a_2^\dagger+a_1^\dagger a_2^\dagger\right]|00\rangle\\
&\quad \times\langle 00|\exp\left[-\frac{1}{2}|\eta|^2+(\eta_2-\mathrm{i}\eta_1)a_1-(\eta_2+\mathrm{i}\eta_1)a_2+a_1a_2\right]\\
&=: \int \mathrm{d}\eta_1\mathrm{d}\eta_2 \exp\left[-|\eta|^2+\eta_1\left(a_1^\dagger-\mathrm{i}a_1-a_2^\dagger-\mathrm{i}a_2\right)+\mathrm{i}\eta_2\left(a_1^\dagger-\mathrm{i}a_1+\mathrm{i}a_2+a_2^\dagger\right)\right.\\
&\quad \left. -a_1^\dagger a_1-a_2^\dagger a_2+a_1a_2+a_1^\dagger a_2^\dagger\right] :
\end{aligned}
$$

$$=: \exp\left[\frac{1}{4}\left(a_1^\dagger - \mathrm{i}a_1 - \mathrm{i}a_2 - a_2^\dagger\right)^2 - \frac{1}{4}\left(a_1^\dagger - \mathrm{i}a_1 + \mathrm{i}a_2 + a_2^\dagger\right)^2 - a_1^\dagger a_1 - a_2^\dagger a_2 + a_1 a_2 + a_1^\dagger a_2^\dagger :\right.$$

$$=: \exp\left\{\left[-\left(a_1^\dagger - \mathrm{i}a_1\right)\left(\mathrm{i}a_2 + a_2^\dagger\right)\right] - a_1^\dagger a_1 - a_2^\dagger a_2 + a_1 a_2 + a_1^\dagger a_2^\dagger\right\}$$

$$=: \exp(\mathrm{i}a_1 a_2^\dagger - \mathrm{i}a_2 a_1^\dagger - a_1^\dagger a_1 - a_2^\dagger a_2) :$$

$$=: \exp\left[\left(a_1^\dagger, a_2^\dagger\right)\begin{pmatrix} -1 & -\mathrm{i} \\ i & -1 \end{pmatrix}\begin{pmatrix} a_1 \\ a_2 \end{pmatrix}\right] := \exp\left[\left(a_1^\dagger, a_2^\dagger\right)\ln\begin{pmatrix} 0 & -\mathrm{i} \\ i & 0 \end{pmatrix}\begin{pmatrix} a_1 \\ a_2 \end{pmatrix}\right]$$

U 变换使得

$$U a_1^\dagger U^{-1} = \mathrm{i}a_2^\dagger, \quad U a_1 U^{-1} = -\mathrm{i}a_2,$$
$$U a_2^\dagger U^{-1} = -\mathrm{i}a_1^\dagger, \quad U a_2 U^{-1} = \mathrm{i}a_1$$

由此导出

$$U(X_1 - X_2)U^{-1} = \frac{1}{\sqrt{2}}\left(\mathrm{i}a_2^\dagger - \mathrm{i}a_2 - \mathrm{i}a_1 + \mathrm{i}a_1^\dagger\right) = P_1 + P_2$$
$$U(P_1 + P_2)U^{-1} = X_1 - X_2$$

这是两粒子相对坐标和总动量的互换.

16.4 从欧几里得转动到量子转动

用 $\mathfrak{P}$-排序算符内的积分方法导出 $\int \mathrm{d}^3\boldsymbol{x}\,|R\boldsymbol{x}\rangle\langle\boldsymbol{x}| = \mathrm{e}^{(-\mathrm{i}P)_l(\ln R)_{lk}X_k}$.

将三维经典欧几里得转动 $\boldsymbol{x} \to R\boldsymbol{x}$ 通过坐标表象影射为量子算符:

$$D(R) = \int \mathrm{d}^3\boldsymbol{x}\,|R\boldsymbol{x}\rangle\langle\boldsymbol{x}|$$

这里 $|\boldsymbol{x}\rangle$ 是三维坐标本征态, $R(\alpha,\beta,\gamma)$ 是以三个欧拉角表征的 3×3 欧几里得转动矩阵, 其转动方式如下: 定义一个跟随矢量 $\boldsymbol{x}$ 运动的坐标系叫作本体坐标系, 先将矢量 $\boldsymbol{x}$ 绕固定 z 轴转 α 角, 再绕新的本体坐标系的 y' 轴转 β 角, 最后绕更新的本体坐标系的 z'' 轴转 γ 角,

$$R_z(\alpha) = \begin{pmatrix} \cos\alpha & -\sin\alpha & 0 \\ \sin\alpha & \cos\alpha & 0 \\ 0 & 0 & 1 \end{pmatrix}, \quad R_y(\beta) = \begin{pmatrix} \cos\beta & 0 & \sin\beta \\ 0 & 1 & 0 \\ -\sin\beta & 0 & \cos\beta \end{pmatrix}$$

$$R_z(\gamma)=\begin{pmatrix}\cos\gamma & -\sin\gamma & 0\\ \sin\gamma & \cos\gamma & 0\\ 0 & 0 & 1\end{pmatrix}$$

最终的效果即为三次转动的合成, 那么矩阵 R 为

$$\begin{aligned}R&=R_z(\alpha)R_y(\beta)R_z(\gamma)\\&=\begin{pmatrix}\cos\alpha\cos\beta\cos\gamma-\sin\alpha\sin\gamma & -\cos\alpha\cos\beta\sin\gamma-\sin\alpha\cos\gamma & \cos\alpha\sin\beta\\ \sin\alpha\cos\beta\cos\gamma+\cos\alpha\sin\gamma & -\sin\alpha\cos\beta\sin\gamma+\cos\alpha\cos\gamma & \sin\alpha\sin\beta\\ -\sin\beta\cos\gamma & \sin\beta\sin\gamma & \cos\beta\end{pmatrix}\end{aligned}$$

用动量表象完备性

$$\frac{1}{\sqrt{(2\pi)^3}}\mathrm{e}^{-\mathrm{i}\boldsymbol{p}\cdot\boldsymbol{x}}|\boldsymbol{p}\rangle\langle\boldsymbol{x}|=|\boldsymbol{p}\rangle\langle\boldsymbol{p}|\boldsymbol{x}\rangle\langle\boldsymbol{x}|=\delta(p-\boldsymbol{P})\delta(x-\boldsymbol{X})$$

得到

$$\begin{aligned}D(R)&=\int\mathrm{d}^3\boldsymbol{x}\left(\int\mathrm{d}^3\boldsymbol{p}|\boldsymbol{p}\rangle\langle\boldsymbol{p}|\right)|R\boldsymbol{x}\rangle\langle\boldsymbol{x}|=\frac{1}{\sqrt{(2\pi)^3}}\int\mathrm{d}^3\boldsymbol{x}\int\mathrm{d}^3\boldsymbol{p}|\boldsymbol{p}\rangle\langle\boldsymbol{x}|\mathrm{e}^{-\mathrm{i}\boldsymbol{p}R\boldsymbol{x}}\\&=\frac{1}{\sqrt{(2\pi)^3}}\int\mathrm{d}^3\boldsymbol{x}\int\mathrm{d}^3\boldsymbol{p}\mathrm{e}^{-\mathrm{i}\boldsymbol{p}\cdot\boldsymbol{x}}|\boldsymbol{p}\rangle\langle\boldsymbol{x}|\mathrm{e}^{-\mathrm{i}\boldsymbol{p}(R-1)\boldsymbol{x}}\\&=\int\mathrm{d}^3\boldsymbol{x}\int\mathrm{d}^3\boldsymbol{p}\mathrm{e}^{-\mathrm{i}\boldsymbol{p}(R-1)\boldsymbol{x}}\delta(p-\boldsymbol{P})\delta(x-\boldsymbol{X})\\&=\mathfrak{P}\mathrm{e}^{-\mathrm{i}\boldsymbol{P}(R-1)\boldsymbol{X}}\end{aligned}\tag{16.2}$$

这里 $\mathfrak{P}$ 意指动量算符在坐标算符左边的排序, 称为 $\mathfrak{P}$-排序, 由 $\mathfrak{P}$-排序算符内的积分理论得到

$$D(R)=\int\mathrm{d}^3\boldsymbol{x}|R\boldsymbol{x}\rangle\langle\boldsymbol{x}|=\mathrm{e}^{(-\mathrm{i}P)_l(\ln R)_{lk}X_k}$$

这里自然就出现了 $\ln R$.

16.5 用 IWOP 方法求类算符的显式

转动问题总是与角动量 J_x,J_y,J_z 联系在一起. 所有有相同转角 ψ 的转动构成一个类, 其相应的算符是

$$\begin{aligned}C(\psi)&\equiv\int_0^{2\pi}\mathrm{d}\phi\int_0^{\pi}\sin\theta\mathrm{d}\theta\mathrm{e}^{\mathrm{i}\psi\cdot\boldsymbol{J}}\\&=\int_0^{2\pi}\mathrm{d}\phi\int_0^{\pi}\sin\theta\mathrm{d}\theta\exp\left[\mathrm{i}\psi\left(J_x\sin\theta\cos\phi+J_y\sin\theta\sin\phi+J_z\cos\theta\right)\right]\end{aligned}$$

如何求其显式呢? 由于 J_x,J_y,J_z 互相不对易, 所以此积分不能按通常做法进行. 为了克服此困难, 引入 $J_\pm=J_x\pm\mathrm{i}J_y,J_z=J_3$, 满足

$$\begin{aligned}&[J_z,J_\pm]=\pm\hbar J_\pm,\quad [J_+,J_-]=2J_z\\&\left[J_\pm,\boldsymbol{J}^2\right]=0,\quad \boldsymbol{J}^2=J_x^2+J_y^2+J_z^2=J_-J_++J_z^2\end{aligned}$$

用双模玻色算符来表示 $J_\pm$, J_z(称为 Schwinger 玻色实现)

$$J_-=b^\dagger a,\quad J_+=a^\dagger b,\quad J_z=\frac{1}{2}\left(a^\dagger a-b^\dagger b\right)$$

这里 $\left[a,a^\dagger\right]=\left[b,b^\dagger\right]=1$. 于是就可以用相干态表象将转动算符 $\mathrm{e}^{\mathrm{i}\psi\cdot\boldsymbol{J}}$ 化为正规乘积形式

$$\begin{aligned}\mathrm{e}^{\mathrm{i}\psi\cdot\boldsymbol{J}}&=\mathrm{e}^{\mathrm{i}\psi\cdot\boldsymbol{J}}\int\frac{\mathrm{d}^2z_1\mathrm{d}^2z_2}{\pi^2}\left|z_1,z_2\right\rangle\left\langle z_1,z_2\right|\\&=\frac{\mathrm{d}^2z_1\mathrm{d}^2z_2}{\pi^2}\mathrm{e}^{\mathrm{i}\psi\cdot\boldsymbol{J}}\exp\left(z_1a^\dagger+z_2b^\dagger\right)\mathrm{e}^{\mathrm{i}\psi\cdot\boldsymbol{J}}\mathrm{e}^{-\mathrm{i}\psi\cdot\boldsymbol{J}}\left|0,0\right\rangle\left\langle z_1,z_2\right|\mathrm{e}^{-\left(|z_1|^2+|z_2|^2\right)}\\&=:\exp\left[\left(\cos\frac{\psi}{2}+\mathrm{i}\sin\frac{\psi}{2}\cos\theta-1\right)a^\dagger a+\left(\cos\frac{\psi}{2}-\mathrm{i}\sin\frac{\psi}{2}\cos\theta-1\right)b^\dagger b\right.\\&\qquad\left.+\mathrm{i}\sin\theta\sin\frac{\psi}{2}\left(\mathrm{e}^{\mathrm{i}\phi}b^\dagger a+\mathrm{e}^{-\mathrm{i}\phi}ba^\dagger\right)\right]:\\&=:\exp\left[\left(\cos\frac{\psi}{2}-1\right)\left(a^\dagger a+b^\dagger b\right)+2\mathrm{i}\sin\frac{\psi}{2}\cos\theta J_z+\mathrm{i}\sin\theta\sin\frac{\psi}{2}\left(\mathrm{e}^{\mathrm{i}\phi}J_-+\mathrm{e}^{-\mathrm{i}\phi}J_+\right)\right]:\\&=:\exp\left[\left(\cos\frac{\psi}{2}-1\right)\left(a^\dagger a+b^\dagger b\right)+2\mathrm{i}\sin\frac{\psi}{2}(\cos\theta J_z+J_x\sin\theta\cos\phi+J_y\sin\theta\sin\phi)\right]:\end{aligned}$$

在正规乘积内部, 玻色算符可以交换, 故可视为积分的参量, 现在我们可以用 IWOP 方法对 θ 积分, 并用

$$\int_0^{2\pi}\mathrm{d}\phi\int_0^{\pi}\sin\theta\mathrm{d}\theta f\left(m\sin\theta\cos\phi+n\sin\theta\sin\phi+k\cos\theta\right)$$

$$= 2\pi \int_{-1}^{1} f\left(u\sqrt{m^2+n^2+k^2}\right) \quad (m^2+n^2+k^2>0)$$

可得

$$\begin{aligned} C(\psi) &= \int_0^{2\pi} \mathrm{d}\phi \int_0^{\pi} \sin\theta \mathrm{d}\theta \mathrm{e}^{\mathrm{i}\psi\cdot \boldsymbol{J}} \\ &= 2\pi \int_{-1}^{1} :\exp\left[u\sqrt{J_x^2+J_y^2+J_z^2} 2\mathrm{i}\sin\frac{\psi}{2} + \left(\cos\frac{\psi}{2}-1\right)(a^\dagger a + b^\dagger b)\right] \\ &= 4\pi \frac{\sin\frac{\psi t}{2}}{t\sin\frac{\psi}{2}} \end{aligned}$$

其中

$$t = a^\dagger a + b^\dagger b + 1$$

用

$$\csc x = \frac{1}{x} + \frac{x}{6} + \frac{7}{360}x^3 + \cdots$$

及展开 $\sin x$ 的幂级数得到

$$\begin{aligned} C(\psi) &= 4\pi \left[\sum_{k=0}^{\infty} \frac{(-1)^k}{(2k+1)!} t^{2k} \left(\frac{\psi}{2}\right)^{2k+1}\right] \left(\frac{2}{\psi} + \frac{\psi}{12} + \frac{7}{360\times 8}\psi^3 + \cdots\right) \\ &= 4\pi \left[1 - \frac{1}{3!}\psi^2 J^2 + \frac{1}{5!}\psi^4 J^2 \left(J^2 - \frac{1}{3}\right) - \cdots\right] \end{aligned}$$

右边都是 $\boldsymbol{J}^2$ 的函数, $\boldsymbol{J}^2$ 是与 J_x, J_y, J_z 都对易的 Casimir 算符, 这符合类算符的定义.

附录

从集合的角度看待IWOP方法

大致的讨论

2016 年 7 月末, 合肥酷暑, 范洪义先生刚刚从武夷山出差回来就跟我谈起了他的新书的编写工作. 事实上, 他一个月前就让我和他一起完成这本书的编写, 然而由于许多个人事务要处理, 一直耽误着没有任何进展. 现在正值悠闲的暑期, 可以抽出许多自由支配的时间, 便想下决心和范洪义先生一起把这本书一鼓作气写完. 当然主要内容还是范洪义先生执笔, 我就负责全部的排版工作以及小部分内容的撰写.

范洪义先生将大半辈子都献给了自己发明的有序算符内的积分方法 (IWOP) , 在此基础上写了相当多的文章和专著. 这个方法从诞生的那一天起就成了令范洪义先生引以为豪的瑰宝, 大概也可以说成是 "法宝"; 因为有了这一套东西, 一些本来前景黯淡的领

域便立马焕发出了蓬勃的生机. 正如范洪义先生常常用来“刁难”年轻人的那个奇形怪状的积分:

$$\int_{-\infty}^{+\infty}\left|\frac{x}{2}\right\rangle\langle x|\mathrm{d}x$$

在 IWOP 方法之前, $\left|\frac{x}{2}\right\rangle\langle x|$ 或者 $\left|\frac{x}{\mu}\right\rangle\langle x|$ $(\mu\neq 1)$ 这样的表达式是没有意义的 (只有 $|x\rangle\langle x|$ 能在量子力学中表达完备性关系), 更遑论对它进行积分了.

我学习以及思考过范洪义先生的理论, 不过常常只是浮于表面, 要不然就是一知半解. 现在的年轻人总是不能静下心来仔细研读老一辈科学工作者的文章, 这一点我是颇为惭愧的. 我曾经也班门弄斧写过一篇关于 IWOP 方法的个人理解给范洪义先生看, 主要内容大约是从集合论的角度阐述这个理论; 但我并没有认真对待那篇小文章, 写完就扔在了脑后一直没去管. 然而范洪义先生却一直记得, 最近又跟我提起来让我再整理一下思路, 然后编到他的新书里面. 这颇让我感到“受宠若惊”, 因为之前从没想过能在范洪义先生的书里面发表自己的观点! 所以我会很小心翼翼地对待这次机会, 努力把自己的想法表达清晰.

以下是我对 IWOP 方法的拙见.

抛开物理, 我们从数学的角度看待范洪义先生的理论 (感觉 IWOP 方法看上去更像一个数学理论吧!). 原始的数学就是从抽象化开始的: 从一个苹果, 两块石头, 三只小鸟等抽象出了数字 1, 2, 3, $\cdots$. 母鸡也许知道自己下了多少个鸡蛋 (比如说五个吧), 被蛇偷走一个之后也会很着急, 如果把鸡蛋换成鸭蛋它或许就没那么敏感了 (毕竟不是自己的孩子); 因为它只对实物敏感, 而不是数字, 也永远不会明白这背后蕴含着 $5-1=4$ 的道理. 有了这些抽象化的过程我们就能抛开实物对象, 用抽象的数字来描述所有东西的数学关系了; 也就是说有了 $5-1=4$, 不仅能表达鸡蛋少了一个这件事, 还能用在鹅蛋鸭蛋, 或者其他不是蛋的东西 $\cdots\cdots$ 此外, 矩阵也是这个道理, 压缩、旋转、反演 $\cdots\cdots$ 这些变换 (或者说操作) 在矩阵出现之前都用具体的一句话来描述: “某某绕某轴旋转某角度”“某某平移了某个长度”$\cdots\cdots$ 数学抽象之后我们不仅能用矩阵描述这一切变换, 而且带来了非常方便的可运算特性——这一点是及其重要的.

而上面这一切跟范洪义先生的理论有什么关系呢? 我的理解是, 范洪义先生的理论做了和上面说的同样的工作; 只不过上面提到的抽象化对象是实际物体和几何变换, 而范洪义先生面对的是量子力学中的算符. 当然量子力学中许多算符都是有具体表达式的, 也有一些对应的运算规则, 但是现有的这些东西是根本不够用来构建完整的算符运算体系的. 原因有两个: 其一是有些算符没有具体的表示, 在运算上根本无法下手; 其二是算符的非对易性, 我们无法像处理普通数字那样处理算符. 最经典的例子就是上面提

到的奇形怪状的积分表达式:

$$\int_{-\infty}^{+\infty} \frac{\mathrm{d}x}{\sqrt{\mu}} \left| \frac{x}{\mu} \right\rangle \langle x|$$

首先我们不知道积分核 $\left| \frac{x}{\mu} \right\rangle \langle x|$ 究竟是什么玩意儿; 就像我们在积分号里面放一个苹果 $\int_{-\infty}^{+\infty} (Apple)$ 或一只猫 $\int_{-\infty}^{+\infty} (Cat)$, 谁也不知道该如何处理. 其次就算我们知道了 $\left| \frac{x}{\mu} \right\rangle \langle x|$ 的算符表示, 也无法放心大胆地去使用积分公式, 因为算符有着令人烦恼的非对易性. 关于非对易的算符式难以积分这一点我们可以举一个简单的例子, 考虑如下算符系数的不定积分:

$$\int (Ax+B)^2 \,\mathrm{d}x$$

其中, 系数 A 和 B 是不对易的算符.

如不展开积分核, 直接用积分公式算得 (忽略积分常数)

$$\int (Ax+B)^2 \,\mathrm{d}x = \frac{1}{3} A^{-1} (Ax+B)^3 \tag{附 1}$$

如展开积分核

$$\begin{aligned} \int (Ax+B)^2 \,\mathrm{d}x &= \int \left[A^2x^2 + (AB+BA)x + B^2 \right] \mathrm{d}x \\ &= \frac{1}{3} A^2x^3 + \frac{1}{2} (AB+BA)x^2 + B^2x \end{aligned} \tag{附 2}$$

这两个结果是否相等呢? 我们展开式 (附 1) 的积分结果是

$$\begin{aligned} &\frac{1}{3} A^{-1} (Ax+B)^3 \\ &\quad = \frac{1}{3} A^{-1} \left[A^2x^2 + (AB+BA)x + B^2 \right] (Ax+B) \\ &\quad = \frac{1}{3} A^{-1} \left[A^3x^3 + \left(BA^2 + A^2B + ABA \right) x^2 + \left(AB^2 + B^2A + BAB \right) x + B^3 \right] \end{aligned}$$

忽略积分常数, 两种结果的非常数项部分是有很大不同的, 这些差异就来源于非对易性. 那么哪个结果是正确的呢? 道理上对于算符系数的单项式的积分是可以直接用积分公式的, 同样对于展开成若干单项相加的多项式也是可以直接用积分公式的; 因为这两种情况不涉及不同项的交叉相乘的计算. 所以说式 (附 2) 是最可靠的方法, 因为式 (附 2) 把积分内核展开成了多个单项的和式, 再用积分公式就没有争议了.

总的来说, 在没有 IWOP 方法之前, 对算符式的积分需要事先把积分内核展开来. 然而函数的种类繁多, 积分内核的展开形式可能会十分复杂, 甚至需要展开成无穷多项的幂级数; 再加上各算符系数之间存在的对易关系, 对于大部分积分我们基本上很难找到一个简洁的结果. 而 IWOP 方法带来的方便之处在于, 找到了一种在不违背算符非对易性的前提下直接对算符式进行积分的方法, 有效地避免了展开积分内核的繁琐过程.

探寻 IWOP 理论的数学依据

什么是 IWOP

我们来仔细讨论一下范洪义先生的正规乘积排序算符内的积分理论.

正规乘积内算符的主要性质:

(1) 算符 $a,a^\dagger$ 在正规乘积内是对易的, 即 $:a^\dagger a:=:aa^\dagger:=a^\dagger a$.

(2) C 数可以自由出入正规乘积记号, 并且可以对正规乘积内的 C 数进行积分或微分运算, 前者要求积分收敛.

(3) 正规乘积内部的正规乘积记号可以取消, 即 $:f(a^\dagger,a):g(a^\dagger,a)::=:f(a^\dagger,a)g(a^\dagger,a):$.

(4) 正规乘积与正规乘积的和满足

$$:f(a^\dagger,a):+:g(a^\dagger,a):=:\left[f(a^\dagger,a)+g(a^\dagger,a)\right]:$$

(5) 厄密共轭操作可以进入 : : 内部进行, 即 $:(W\ \cdots\ V):^\dagger=:(W\ \cdots\ V)^\dagger:$.

(6) 正规乘积内部以下两个等式成立:

$$:\frac{\partial}{\partial a}f(a,a^\dagger):=\left[:f(a,a^\dagger):,a^\dagger\right]$$

$$:\frac{\partial}{\partial a^\dagger}f(a,a^\dagger):=\left[:f(a,a^\dagger):,a\right]$$

这里面的正规符号 : : 以及各种名词概念可以参考范洪义先生书中的介绍, 其他一些量子光学的书里面也有相关介绍, 我不再赘述. IWOP 方法最关键的地方在于在算符的运算中使用了正规符号, 并且意识到 "正规乘积内的算符对易" 这样的准则. 这条准则并不像看上去那样简单, 这导致很多人都不敢用; 事实上, 在严谨的逻辑证明这条准则之前, 确实是要谨慎对待这条准则.

一些约定和定义

为了能够更好地从数学上讲清楚 IWOP 方法, 我们先来约定几个定义和一些表述.

定义 1 我们把由算符和普通变量组合成的函数称为算符函数, 比如说 $\hat{F}_1(x)=\hat{A}x^2+\hat{B}$, $\hat{F}_2(x,y)=\hat{A}x+\hat{B}y^2$, $\hat{F}_3(x)=\hat{B}\mathrm{e}^{\hat{A}x}\cdots\cdots$ 其中函数的变量是普通的 C 数, 而算符在此类函数中以系数或者常数的角色存在着.

如果某个算符函数中包含 n 个不同的算符 $A_1,A_2,\cdots,A_n$, 我们则称此函数为 n 元算符的单变量函数 $F(A_1,A_2,\cdots,A_n;x)$, 当然也有 n 元算符函数 m 变量函数

$F(A_1,A_2,\cdots,A_n;x_1,x_2,\cdots,x_m)$; 后面我们提到的算符函数都只考虑单变量函数, 多变量的情况可以同理推广.

定义 2 若只考虑基本初等函数, 则算符函数可以跟普通函数一样, 可以展开成幂级数的形式. 我们把 $F(A_1,A_2,\cdots,A_n;x)$ 幂级数展开后的每一项前面的系数都统称为算符系数, 比如说 A_1A_2, $A_1A_2A_1$, $A_1^2A_2$, $(A_1A_2A_1+A_2A_1^2),\cdots$.

定义 3 如果两个算符 A 和 B 满足 $AB=R(BA)$, 则称 $R(X)$ 是 A 和 B 的对易关系. 特别地, 当 $R(X)=X$ 时, 则有 $AB=BA$, 称算符 A 和 B 对易, 否则称 A 和 B 不对易. 若 $R(X)=X+1$, 则即为量子力学中常见的对易关系 $AB-BA=1$.

定义 4 由定义 2 可知, 由 m_1 个 A_1, m_2 个 $A_2,\cdots,m_n$ 个 A_n 构成的 n 元算符系数的所有可能形式之间唯一的差别就是算符的位置不同, 我们称这些乘积项之间互为 "同形"; 所有同形的 n 元算符系数构成一个集合, 我们称其为 " 同形集", 用 $\mathfrak{S}$ 表示. 比如说 $A_1A_2A_1$ 和 $A_1^2A_2$ 互为同形; 此外同形单项算符相加后的多项算符式也互为同形, 比如 $A_1A_2A_1+A_2A_1^2$ 和 $A_1^2A_2+A_2A_1^2$ 以及 $2A_1^2A_2$ 互为同形.

定义 5 同形集合 $\mathfrak{S}$ 中所有元素都能通过给定的规则 M 映射到 $\mathfrak{S}$ 中唯一的一个元素 s 上, 我们称这种映射操作为 " 排序", 这种排序方式称为 "M 排序"; 并称元素 s 具有 M 排序的排序结构. 比如正规排序就是把一种算符元全部排在左边, 另一种算符元全部排在右边 (a^nb^m). 我们还可以发明其他各种各样的排序规则, 比如说 $abababa^k\cdots,aabbaabba^k\cdots,a^mb^na^k\cdots$.

两条重要的性质

我们要提两条很简单、明显但却十分重要的性质.

第一条性质就是定义 5 中提到的排序的唯一性, 我们重新表述成如下定理:

在同形集合 $\mathfrak{S}$ 和排序规则 M 确定的情况下, 集合 $\mathfrak{S}$ 中的所有元素都会被排序规则 M 映射到唯一的元素 s 上, 这里的 s 也属于同形集合 $\mathfrak{S}$, 且 s 符合排序规则 M 规定的排序结构; 或者说集合 $\mathfrak{S}$ 中具有 $\mathfrak{X}$ 排序结构的元素有且仅有一个.

比如说我们有同形集合 $\mathfrak{S}$ 如下:

$$\mathfrak{S}=\{A_1A_2A_1,A_1^2A_2,A_2A_1^2\}$$

排序规则 M 选为正规排序——所有的 A_1 在左, 所有的 A_2 在右; 这样一来, 同形集合 $\mathfrak{S}$ 中的所有元素都被排序对应到 $A_1^2A_2$, 而这样的元素必然是唯一的, 这一点是很显然的事实.

第二条性质是对于算符式求导积分的性质:

对于一个展开成幂级数的算符式, 对其进行的求导或积分的运算只对积分变量 x 起作用, 求导积分运算不会影响到算符系数.

举个例子就能很容易说明.

$$\begin{aligned} F(A_1, A_2; x) &= \mathrm{e}^{A_1 A_2 x} \\ &= 1 + A_1 A_2 x + \frac{1}{2!} A_1 A_2 A_1 A_2 x^2 + \cdots \end{aligned}$$

对 $F(A_1, A_2; x)$ 的积分可以先对展开后的每一项积分后再求和; 而在每一项的积分中, 算符系数完全可以拿到积分号前面; 求导运算同理. 这条性质可以总结成下面这句话:

对算符幂级数的求导或积分运算不改变每一项算符系数的排序结构.

IWOP 方法为什么是对的

我们来探讨 "正规乘积内的算符对易" 这一规则的来历.

在此之前我想稍微提一下傅里叶变换的核心内涵 ——傅里叶变换把时域函数变换到了频域. 有些在时域中难以解决的微积分问题变换到频域中会很简单, 比如说解某些微分方程, 我们可以把时域中的微分方程变换到频域中算出来结果再变换回到时域中.

IWOP 方法的核心精髓类似傅里叶变换, 为了方便讨论我们也定义两个 " 空间", 分别叫做 " 非对易空间" 和 " 对易空间". 比如说量子光学中一个很经典的式子

$$|0\rangle\langle 0| =: \exp\left(-a^{\dagger} a\right):$$

算符 $|0\rangle\langle 0|$ 属于非对易空间, 正规符号内的 $\exp\left(-a^{\dagger} a\right)$ 则属于对易空间. IWOP 方法本质上就是做了这么一件事: 将把非对易空间的算符式子拿到对易空间里面积分或微分, 然后再把得到结果变换回到非对易空间.

于是我们不禁要问: 凭什么经过这样一圈变换后的得到的结果跟对原式直接积分得到的结果相同?

我们要用到上一小节的两个重要性质. 首先在我们眼中任何算符函数都可以展开成一个算符幂级数; 求导和积分运算是不改变幂级数中每一项的算符系数的排序结构; 这样一来也就是说, 如果我们对一个正规排序后的算符函数 (也就是每一项的算符系数都是正规排序的) 直接积分后的新函数也必然是正规排序的.

然后我们得弄清楚 " 非对易空间" 和 " 对易空间" 之间是如何变换的. 我们参考定义 4 和定义 5, 事实上 " 对易空间" 可以看作算符所在的同形集合 $\mathfrak{S}$, 而 " 非对易空间" 是这样的同形集合经过定义 5 的排序规则 M 作用后映射到的某个元素 s; 正规符号正

是规定了这样的排序规则. 不难发现对易空间的表达式不是唯一的, 也就是正规符号 : : 中的式子不是唯一的, 可以是同形集合 $\mathfrak{S}$ 中的任意一个元素; 但是 $\mathfrak{S}$ 中具有正规排序结构的元素有且仅有一个, 这也是我们得到的两个重要性质之一.

同形集合中正规排序结构的唯一性保证了在一圈变换后积分得到的结果跟对原式直接积分得到的结果是同一个结果. 也就是说既然直接积分得到的结果是正规的, 变换到同形集合 $\mathfrak{S}$ 中进行积分后再变回来也是正规的; 根据正规元素的唯一性我们不难得出这两个结果必然是同样的结果.

回顾一下 IWOP 方法的具体做法: 在对算符函数 F 积分之前先找到这样一个同形集合 $\mathfrak{S}$, 满足 $F \in \mathfrak{S}$, 且 F 是 $\mathfrak{S}$ 中的唯一的那个拥有正规排序结构的元素 (寻找这样的同形集合有具体的技巧, 可参考范教授的书); 然后对同形集合 $\mathfrak{S}$ 中的任意一个元素 (通常选择表达式最简洁的那个元素) 套用微分积分公式, 过程中无视算符的非对易性; 而后对得到的结果进行正规排序 (此过程也有具体的技巧) 后得到最终结果. 比如说面对稍微复杂一点的算符函数, 如 e 指数函数和三角函数 (可参考范教授书中的若干例子), 假如我们能在 $F(x)$ 的同形集合中找到一个简洁的同形函数, 就能够在积分中避免复杂的幂级数展开并且无视算符的非对易性质了.

(吴　泽)

后记

近十年来, 笔者陆续出版了十几本专著, 都是我 50 多年来从事科研与教学的心得, 是在积累成果的基础上写就的. 只有远见卓识的选题研究才有可持续性, 可写的论文才可能如涓涓细流, 自成干渠, 聚水成库. 成果积累不是“1+1=2”, 而是积水可成广袤汹涌之势, 有望再次突破某个缺口.

一个人的科研工作如果没有成果积累, 那么, 他的工作即使不是偶然性的, 也很难持久和扩大. 系列成果的形成, 意味着这些成果的内涵有根有基, 有长远的价值, 要么它们来自同一个科学思想或理念, 要么基于某一方法创新, 贯穿成链, 成了一门学问, 就像科苑里种植了一颗大树, 枝叶繁茂. 已故的中国科大老校长严济慈就鼓励学子们将来能在科苑里种一棵树. 实际上, 对于一个科研人员来说, 成果积累意味着他掌握了新的思想、技术或某种科研模式, 并且使之成为以后新发现或新发明的生长点, 并有望形成学派, 甚至开拓出新的前沿领域. 科学史上, 某些学派的长盛不衰, 以及父子、师徒、夫妻获得诺贝尔奖的事例时有发生, 正是成果积累的必然结果.

另一方面, 论文的价值需要时间的检验, 成果的积累 (写书) 也有利于后人的检验. 不断地受验证, 就会普及.

能积累的成果往往是有美感的, 不美的东西人不爱看, 即使看了也记不住.

明末学者方以智曾将其研究成果写成《物理小识》一书, 提出了“宙轮于宇”的见解, 即时空是相寓相成的, 这个时空观先于爱因斯坦. 那么有才的人, 却为清廷迫害, 只好隐居逃禅, 在拜谒文天祥墓的途中客死他乡. 2017 年清明节过后不久, 笔者与池州学院吴伟锋自驾车专程去拜谒方以智的墓地, 问路多次, 终于寻到时已是日落时分. 笔者也是学物理的, “词客有灵应识我”, 惺惺相惜, 特为茅草丛生的孤坟野魂作诗一首, 以表感慨:

一路寻圣迹, 问询村落间.
有名却隔代, 无求也罹难.
入土就荒冢, 在天列仙班.
曾著物理书, 惜乎少流传.

谨以此文献给中国物理先贤方以智.

范洪义

2021 年 4 月